今すぐ使えるかんたん

Gmail入門

改訂3版

Imasugu Tsukaeru Kantan Series : Gmail

技術評論社

本書の使い方

- 本書の各セクションでは、画面を使った操作の手順を追うだけで、Gmailの各機能の使い方がわかるようになっています。
- 操作の流れに番号を付けて示すことで、操作手順を追いやすくしてあります。

セクションという単位ごとに機能を順番に解説しています。

セクション名は具体的な作業を示しています。

セクションの解説内容のまとめを表しています。

キーワードを表示しています。

操作内容の見出しです。

番号付きの記述で操作の順番が一目瞭然です。

操作の基本的な流れ以外は、番号がない記述になっています。

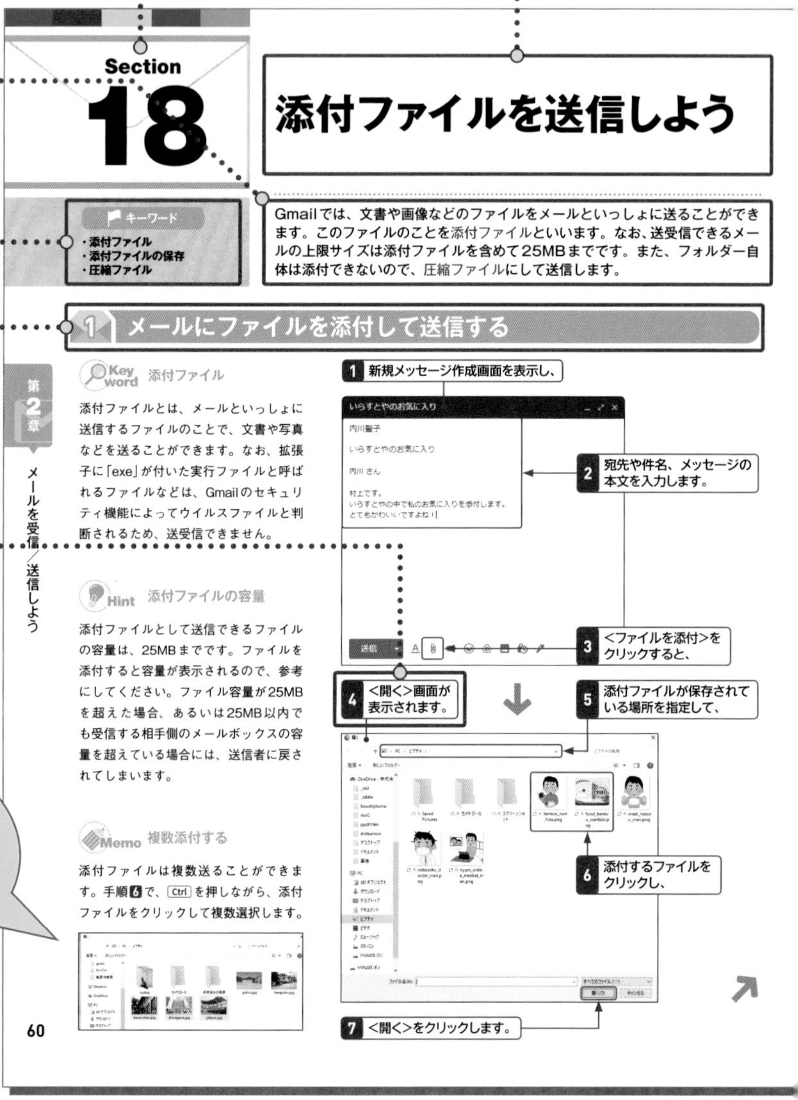
Section 18

添付ファイルを送信しよう

キーワード
・添付ファイル
・添付ファイルの保存
・圧縮ファイル

Gmailでは、文書や画像などのファイルをメールといっしょに送ることができます。このファイルのことを添付ファイルといいます。なお、送受信できるメールの上限サイズは添付ファイルを含めて25MBまでです。また、フォルダー自体は添付できないので、圧縮ファイルにして送信します。

1 メールにファイルを添付して送信する

第2章 メールを受信／送信しよう

Key word 添付ファイル

添付ファイルとは、メールといっしょに送信するファイルのことで、文書や写真などを送ることができます。なお、拡張子に「exe」が付いた実行ファイルと呼ばれるファイルなどは、Gmailのセキュリティ機能によってウイルスファイルと判断されるため、送受信できません。

Hint 添付ファイルの容量

添付ファイルとして送信できるファイルの容量は、25MBまでです。ファイルを添付すると容量が表示されるので、参考にしてください。ファイル容量が25MBを超えた場合、あるいは25MB以内でも受信する相手側のメールボックスの容量を超えている場合には、送信者に戻されてしまいます。

Memo 複数添付する

添付ファイルは複数送ることができます。手順6で、Ctrlを押しながら、添付ファイルをクリックして複数選択します。

1 新規メッセージ作成画面を表示し、

2 宛先や件名、メッセージの本文を入力します。

3 <ファイルを添付>をクリックすると、

4 <開く>画面が表示されます。

5 添付ファイルが保存されている場所を指定して、

6 添付するファイルをクリックし、

7 <開く>をクリックします。

60

読者が抱く
小さな疑問を予測して、
できるだけていねいに
解説しています！

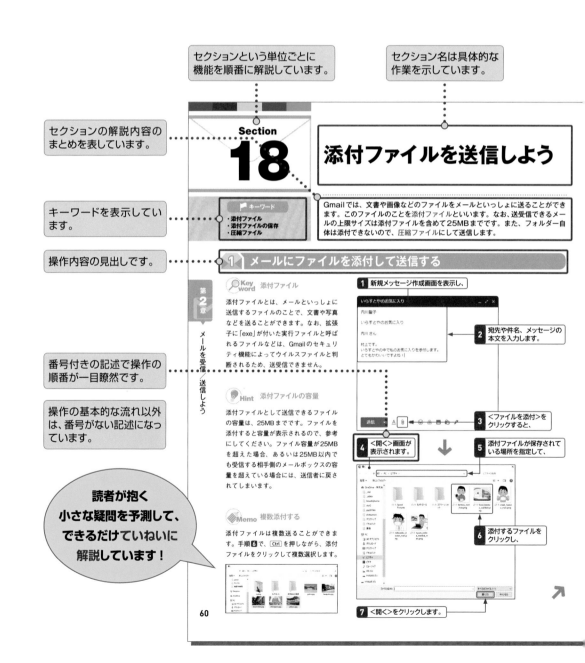

ページの端には、次の4種類の「解説」を配置しています。

Memo 補足説明

Hint 便利な操作

Key word 用語の解説

Step up 応用操作解説

薄くてやわらかい
上質な紙を使っているので、
開いたら閉じにくい書籍に
なっています！

8 ファイルが添付されるので、

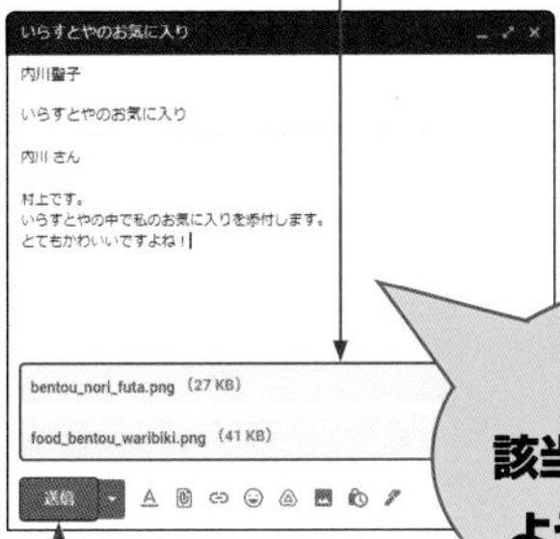

9 <送信>をクリックします。

大きな画面で
該当箇所がよくわかる
ようになっています！

Hint 添付ファイルをとりやめる

添付したファイルを削除するには、添付ファイル名右の☒をクリックします。

Memo 添付忘れの確認メッセージ

メッセージ文に「添付」という単語が書かれていると、Gmailは添付ファイルが在すると判断します。ファイルが添付いない場合は、<送信>をクリッ認のメッセージが表示されまでよければ<OK>、添付<キャンセル>をクリックしルを添付します。

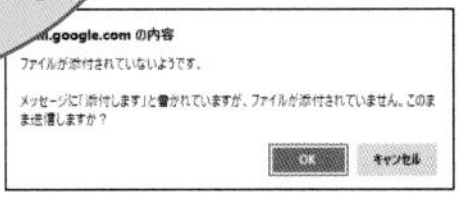

ページ上部には、セクション名とセクション番号を表示しています。

章が探しやすいように、ページの両側に章の見出しを表示しています。

Step up フォルダーは圧縮して添付する

メールに添付できるファイルは、通常の文書や写真などのファイル、あるいは圧縮ファイルです。フォルダー自体は添付できないので、フォルダー内のファイルを個別に指定するか、フォルダーを圧縮します。フォルダーを圧縮するには、フォルダーを右クリックして<送る>をクリックし、<圧縮（zip形式）フォルダー>をクリックすると、同名の圧縮ファイルが作成されます。この操作は、事前にエクスプローラーで行っておくとよいでしょう。

なお、左ページの手順4の<開く>画面でも、同様の手順でフォルダーを圧縮することは可能です。

1 フォルダーを右クリックし、

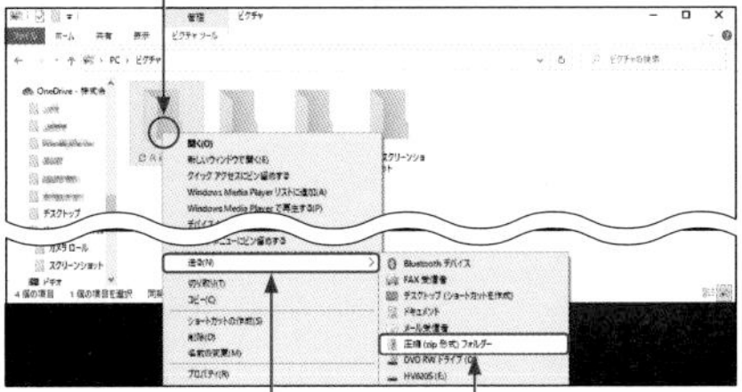

2 <送る>をクリックして、

3 <圧縮（zip形式）フォルダー>をクリックします。

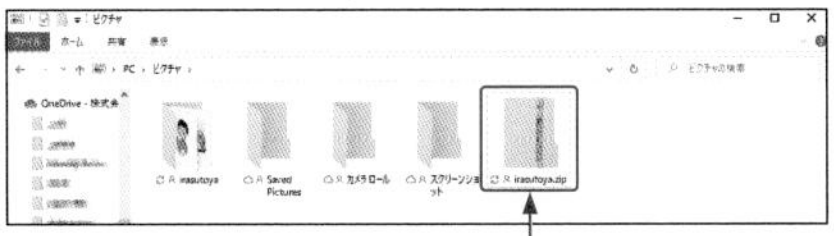

4 圧縮フォルダーが作成されます。

61

側注以外に図解などが必要な場合は、枠外の「解説」として説明しています。

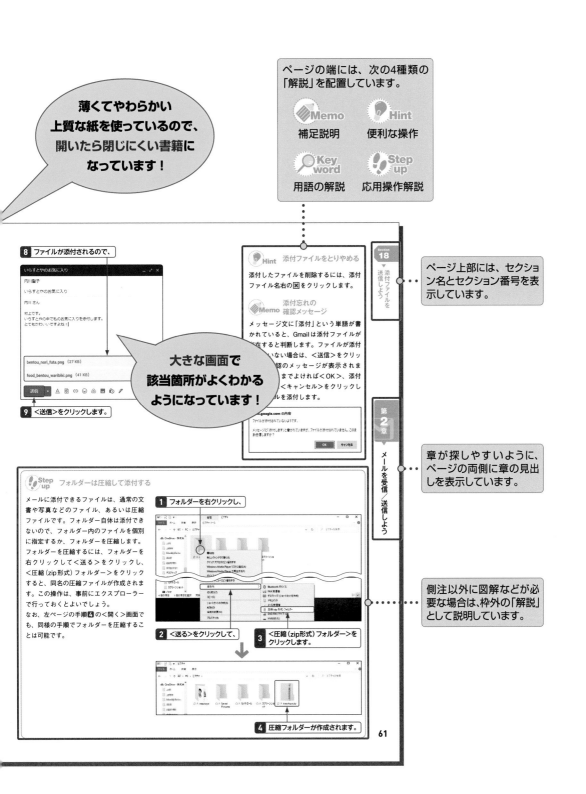

本書の表記について

- 本書の解説は、基本的にマウスを使って操作することを前提としています。
- お使いのパソコンのタッチパッド、タッチ対応モニターを使って操作する場合は、各操作を次のように読み替えてください。

クリック（左クリック）

クリック（左クリック）の操作は、画面上にある要素やメニューの項目を選択したり、ボタンを押したりする際に使います。

マウスの左ボタンを1回押します。

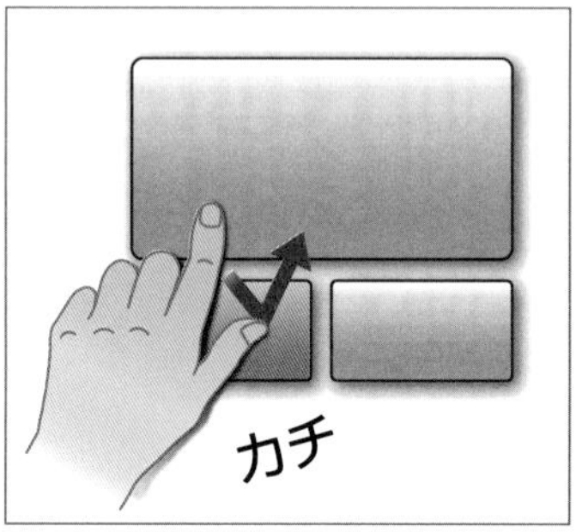

タッチパッドの左ボタン（機種によっては左下の領域）を1回押します。

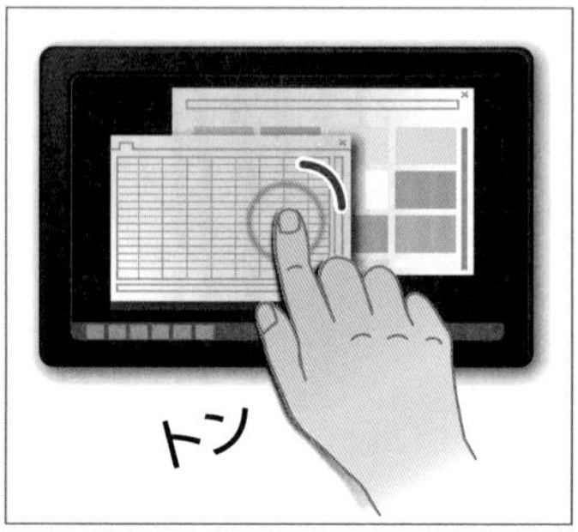

タッチ対応モニターの画面を1回、トンと叩きます。

右クリック

右クリックの操作は、操作対象に関する特別なメニューを表示する場合などに使います。

マウスの右ボタンを1回押します。

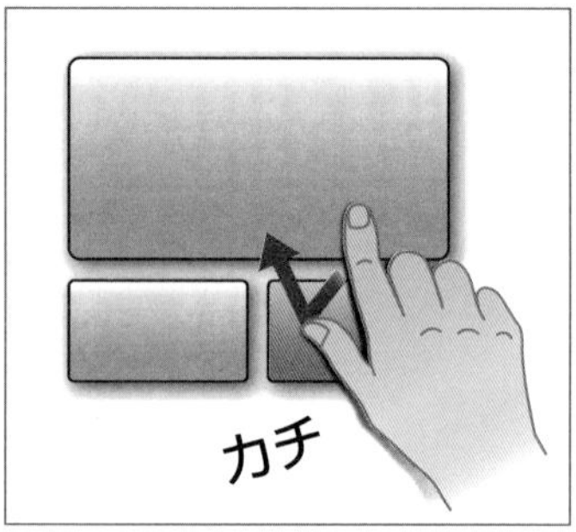

タッチパッドの右ボタン（機種によっては右下の領域）を1回押します。

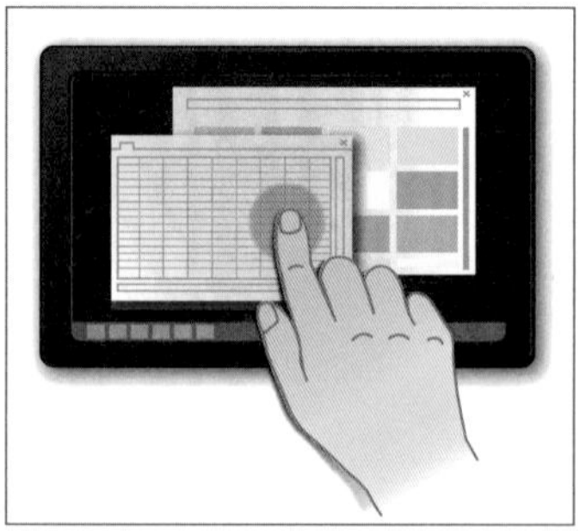

タッチ対応モニター上のアイコンやボタンを、タッチし続けます。スタート画面などでは操作が異なることがあります。

ダブルクリック

ダブルクリックの操作は、ファイルやフォルダーを開く場合などに使います。

マウスの左ボタンをすばやく2回押します。

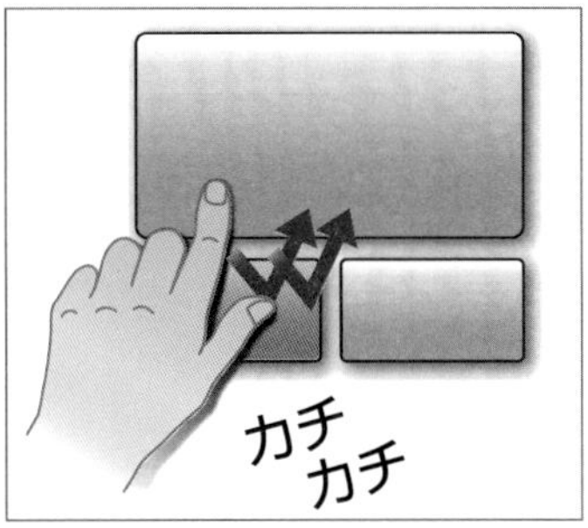

タッチパッドの左ボタン（機種によっては左下の領域）をすばやく2回押します。

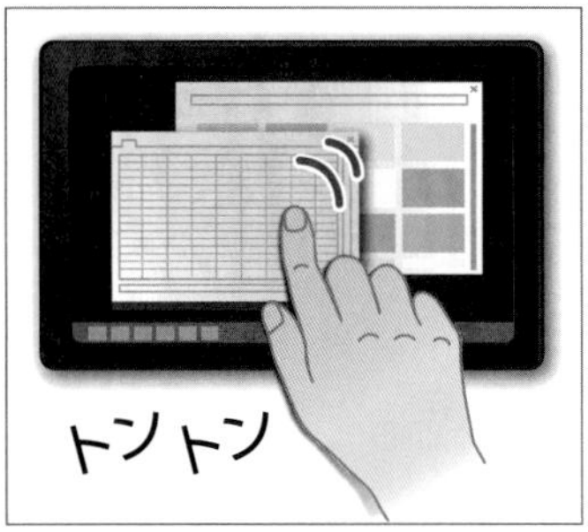

タッチ対応モニターの画面をすばやく2回、トントンと叩きます。

ドラッグ

ドラッグの操作は、画面上の操作対象を別の場所に移動したり、操作対象のサイズを変更する際などに使います。

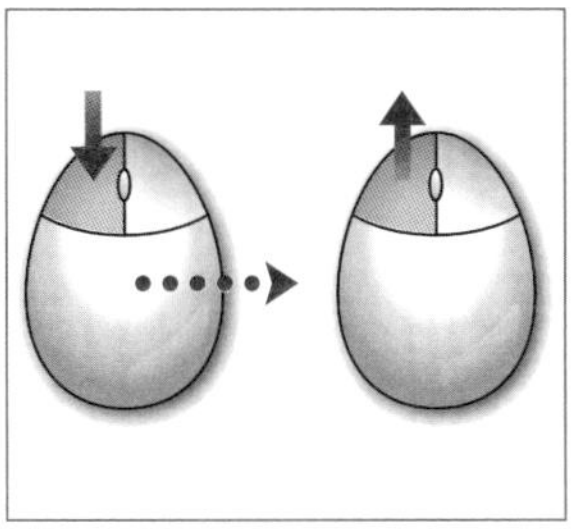

マウスの左ボタンを押したまま、マウスを動かします。目的の操作が完了したら、左ボタンから指を離します。

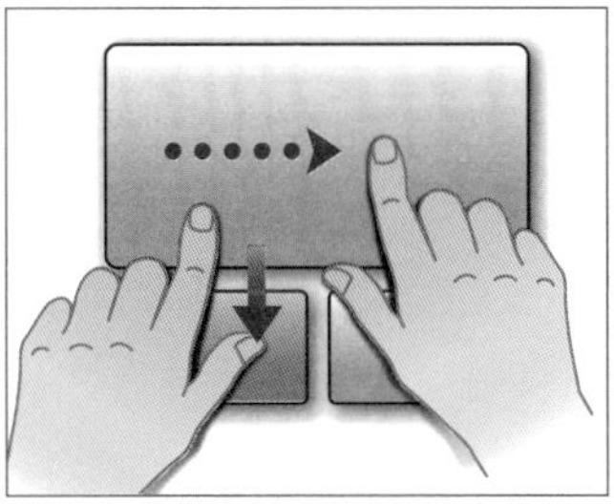

タッチパッドの左ボタン（機種によっては左下の領域）を押したまま、タッチパッドを指でなぞります。目的の操作が完了したら、左ボタンから指を離します。

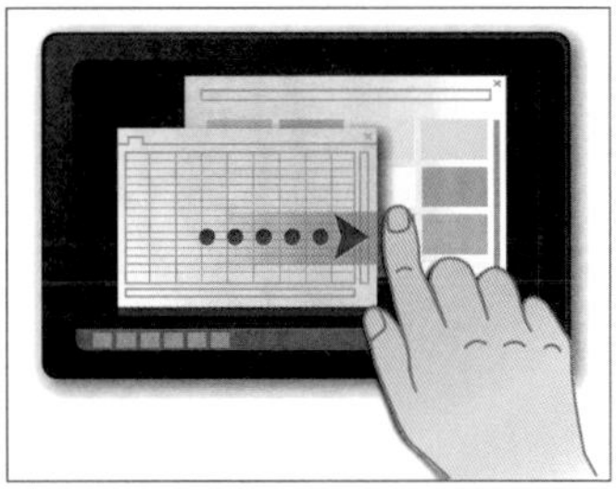

タッチ対応モニター上の操作対象をタッチしたまま、指を上下左右に移動します。スタート画面などでは操作が異なることがあります。

タッチパッドの種類

パソコンの機種によっては、タッチパッドのボタンが独立しておらず、操作面と一体になっている場合があります。このような機種では、タッチパッドの左下の領域／右下の領域を押すことで左クリック／右クリックを行うことができます。
また、一本指でタッチパッドを軽く叩くことで左クリックを行えたり、同様に二本指で叩くことで右クリックを行える場合もあります。これらを利用すればパソコンを効率よく扱うことができるので、パソコンの説明書などを参照して、利用しているタッチパッドの操作方法を確認しておくとよいでしょう。

Contents

第1章 Gmailを始めよう

第2章 メールを受信／送信しよう

第4章 メールを整理しよう

第6章 Gmailをもっと使いこなそう

ご注意：ご購入・ご利用の前に必ずお読みください

- 本書に記載された内容は、情報の提供のみを目的としています。したがって、本書を用いた運用は、必ずお客様自身の責任と判断によって行ってください。これらの情報の運用の結果について、著者および技術評論社はいかなる責任も負いません。
- Gmailやその他のソフトウェアに関する記述は、特に断りのない限り、2021年6月現在での最新バージョンをもとにしています。Gmailやその他のソフトウェアはバージョンアップされる場合があり、本書での説明とは機能内容や画面図などが異なってしまうこともあり得ます。あらかじめご了承ください。
- インターネットの情報については、URLや画面などが変更されている可能性があります。ご注意ください。
- 本書は手順の流れを以下の環境で動作を確認しています。ご利用時には、一部内容が異なることがあります。あらかじめご了承ください。
  パソコンのOS　：Windows 10
  Webブラウザー：Microsoft Edge

以上の注意事項をご承諾いただいた上で、本書をご利用願います。これらの注意事項をお読みいただかずに、お問い合わせいただいても、技術評論社は対応しかねます。あらかじめご承知おきください。

第1章

Gmailを始めよう

Section 01

Gmailとは?

キーワード
- Gmail
- Google
- Webメール

Gmail(ジーメール)は、世界中でもっとも多くのユーザーに利用されている検索エンジンGoogle(グーグル)が提供するメールサービスです。Googleには、通常のWeb検索のほかに、マップ検索や画像検索、YouTubeなどさまざまなサービスがあり、Gmailを含めて、多くのサービスが無料で利用できます。

1 GoogleとGmail

Key word Gmail

Gmailは、Webブラウザー上で利用できる無料のメールサービスです。メールボックスの容量は約15GBです。ただし、これはGoogleドライブ、GoogleフォトなどほかのGoogleのサービスとの合計ですので注意してください。

Key word 検索エンジン

検索エンジンとは、インターネット上の情報を検索するためのWebサイトおよびシステムのことです。

Hint Googleのサービス

Googleのサービスは、Googleのトップページで<Googleアプリ>⊞をクリックするとGoogleのサービス一覧画面が表示されます。

Googleのトップページ

Googleのアドレス「https://www.google.co.jp」にアクセスすると、トップページが開きます。

<Gmail>をクリックすると、Gmailのページに移動できます。

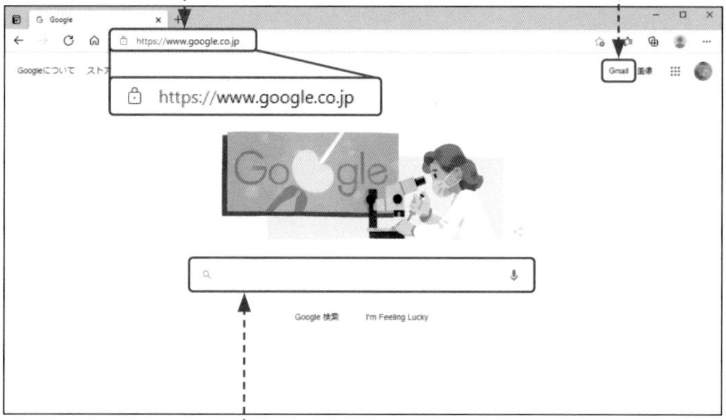

キーワードを入力してWeb検索が行えます。

<Googleアプリ>⊞をクリックすると、Googleが提供するさまざまなサービスが表示されます。

サービスのアイコンをクリックすると、そのサービスが利用できます。

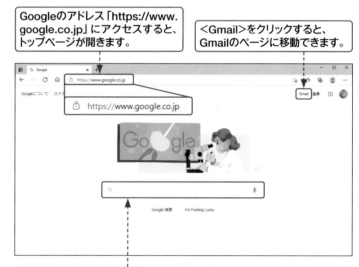

2 GmailはWebブラウザーで利用するメールサービス

Gmailを利用するには、Googleアカウントが必要になります。

Gmailは、Webブラウザー上で利用できる無料のWebメールサービスです。

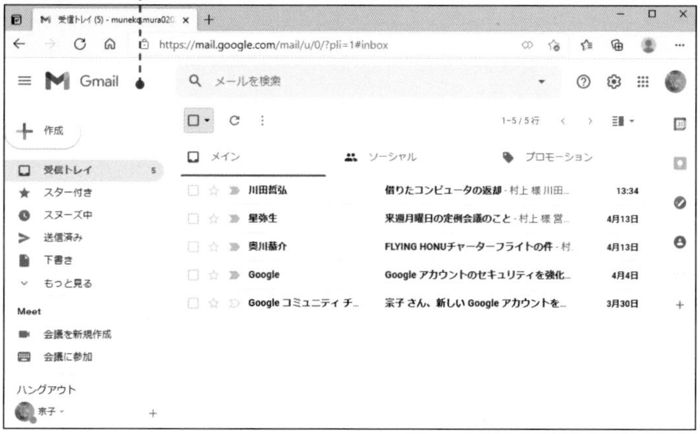

メールで利用するメールアドレスもWebブラウザー上で管理できます。

Memo Googleアカウント

Googleでは、Gmailなどユーザー情報の管理が必要なサービスを利用する場合は、ログインするためのGoogleアカウントが必要になります。Gmailを使う前に、あらかじめGoogleアカウントを作成しましょう。作成方法については、Sec.04を参照してください。

Key word Webメール

Webメールとは、Webブラウザーを通じて送受信するメールサービスです。インターネットの環境があれば、どこからでも利用することができるので、外出先や海外でもメールのやりとりが可能です。

Section
02

Gmailでできること

キーワード
・メール
・連絡先
・ToDoリスト

Gmailでは、大量のメールを保存できるほか、メールの検索や分類、整理の機能が充実しています。また、連絡先を自動で登録したり、グループでまとめたりする管理機能も備えています。さらに、スケジュール管理のToDoリストを利用することができます。

1 Gmailでできること

Memo メールの作成

メールの作成画面は、<受信トレイ>とは別の画面で表示されます。一般的なメールソフトと同様の機能を備えており、入力する文字に色を付けたり、背景に色を付けたり、文字サイズやフォントの種類を変更するなどさまざまな書式設定が可能です（HTML形式の場合）。また、画像を挿入したり、絵文字を入力したりすることもできます。

メールの文章に書式を設定したり、画像を挿入したりすることができます。

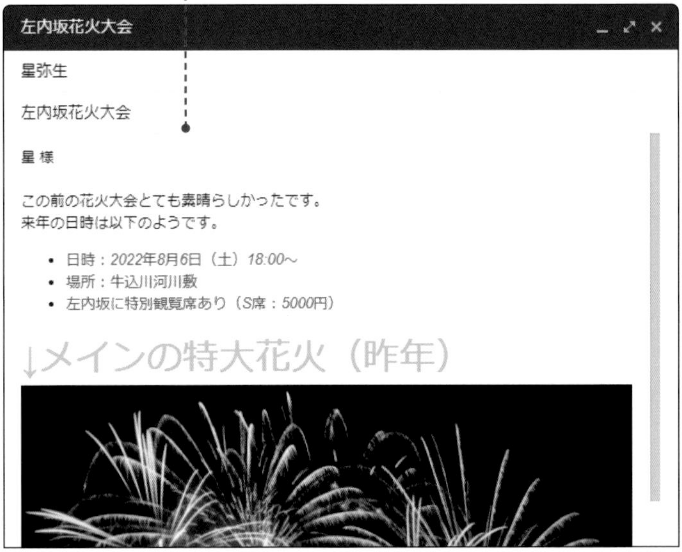

Hint メールの検索

Gmailでメールを検索するには、検索ボックスに名前やメールアドレス、あるいは件名などに含まれるキーワードを入力します。入力内容に合わせてキーワードが自動予測表示されるので、すばやい検索が行えます。

検索ボックスや検索オプションを利用して、目的のメールをすばやく検索できます。

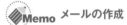

**スターや重要マーク、ラベルなどで
メールを整理することができます。**

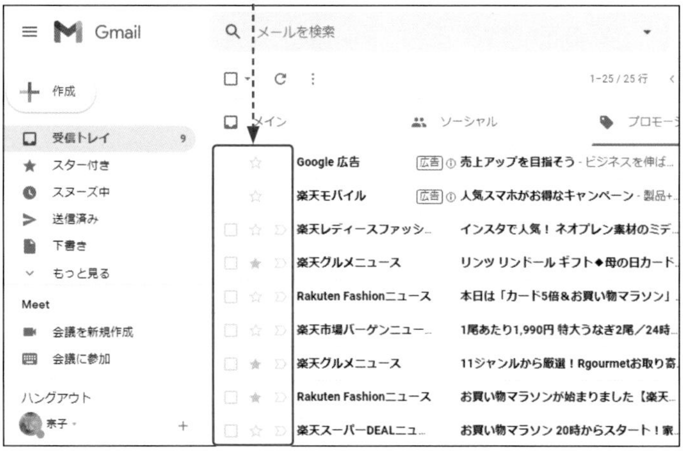

優先トレイを利用して、メールを分類することができます。

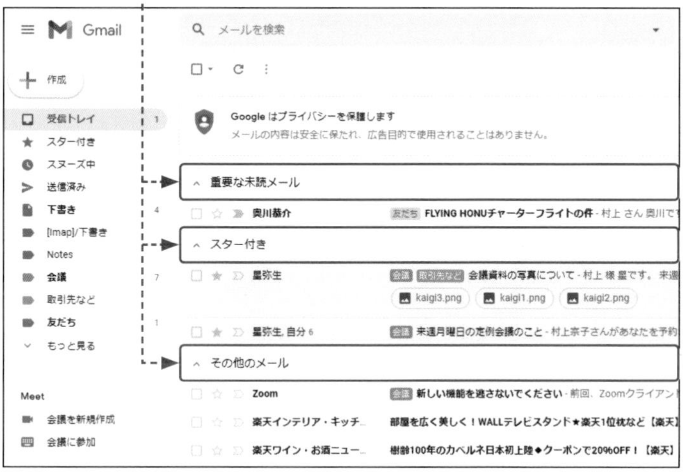

**同じ種類のメールはタブによって自動的に整理されます。
タブの表示は、目的に応じて切り替えることができます。**

Memo そのほかの機能

Gmailでは、ここで紹介したほかに、以下のような機能を備えています。

- 迷惑メールをブロックする迷惑メール対策
- 添付ファイルに対するウィルススキャン
- メールと関連する返信をグループ化して表示するスレッド表示
- スマートフォンなどの携帯端末からのアクセス

Memo 連絡先

連絡先は、メールの相手のメールアドレスやそのほかの情報を登録します。連絡先を自動的に登録したり、送信者をかんたんに登録したりすることができます。また、グループでまとめたり、複数に登録された連絡先を統合したり、連絡先を整理する機能も備わっています。

Memo ToDoリスト

ToDoリストは、タスク（仕事）の期限や内容を書き込むことができる簡易なスケジュール管理機能です。タスクに関連するメールを受信した場合は、そのままToDoリストに登録することができます。

Section
03
Webブラウザーを起動／終了しよう

キーワード
・Webブラウザ
・アドレス
・Googleトップページ

Gmailを使うためには、Webブラウザーを起動する必要があります。本書では、Windows 10に付属するMicrosoft Edgeを利用します。まずは、Webブラウザーを起動し、Gmailを提供するGoogleのトップページを表示してみましょう。

1 Webブラウザーを起動する

1 Windows 10を起動し、デスクトップ画面を表示します。

2 タスクバーにある「Microsoft Edge」アイコンをクリックします。

3 Webブラウザーが起動します。

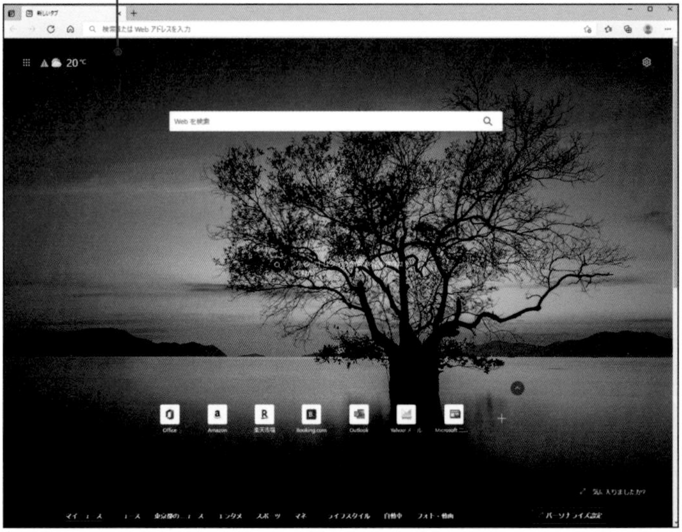

Memo インターネットの利用

ここでは、お使いのパソコンがインターネットに接続していることを前提としています。本書では、Windows 10の標準WebブラウザーであるMicrosoft Edgeを使用して解説します。

Memo 最初に表示されるホームページ

Microsoft Edgeを起動したときに最初に表示されるホームページは、使用しているパソコンによって異なります。

Hint タスクバーにMicrosoft Edgeのアイコンがない

タスクバーにMicrosoft Edgeのアイコンがない場合は、⊞をクリックし、Microsoft Edgeを選択して右クリックします。＜その他＞－＜タスク バーにピン留めする＞をクリックすると、タスクバーにアイコンが表示されます。

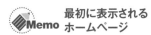

2 Googleのトップページを表示する

1 Googleのアドレス（https://www.google.co.jp/）をアドレスバーに入力し、Enterを押すと、

2 Googleのトップページが表示されます。

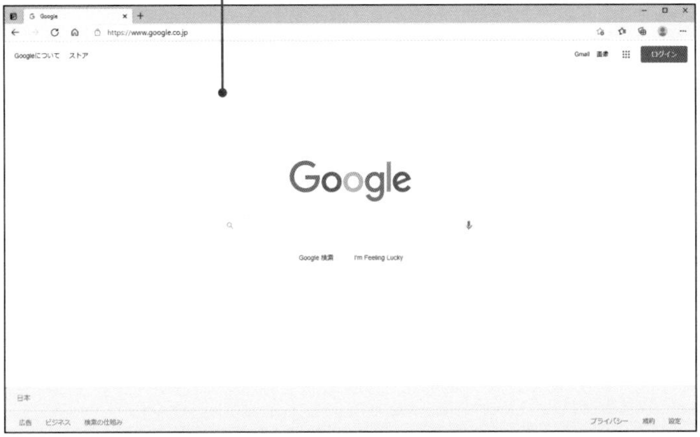

Memo アドレスを間違えると

アドレスは、1文字でも違うとそのページにたどり着くことができません。間違えずに入力しましょう。

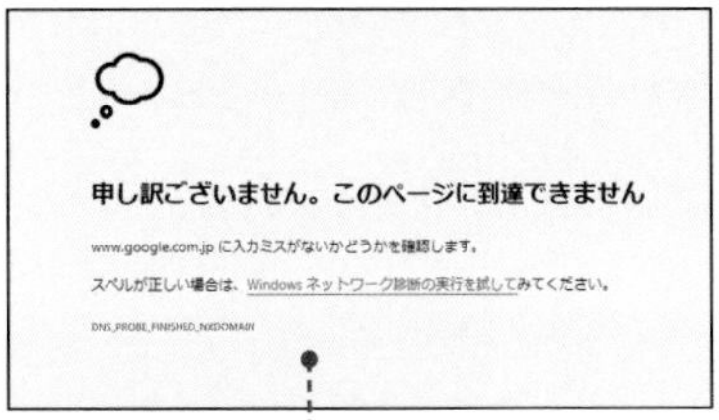

アドレスを間違えた場合に、このような画面が表示されます。

3 Webブラウザーを終了する

1 Webブラウザーの＜閉じる＞をクリックします。

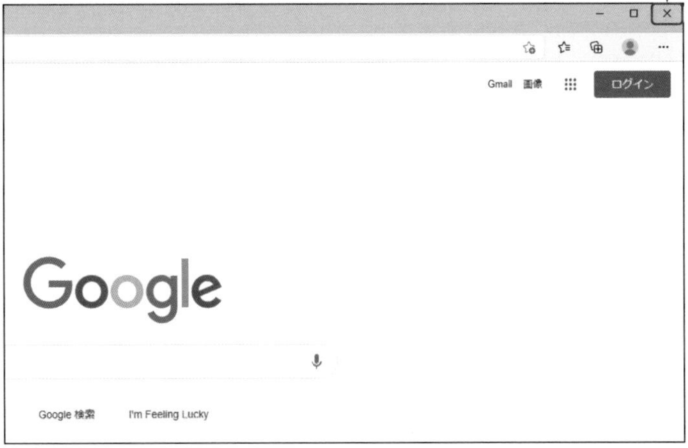

2 Googleが終了すると同時に、Webブラウザーが閉じます。

Hint 複数のWebページを表示している場合

Microsoft Edgeでは、複数のWebページをタブで表示できます。×をクリックすると、すべてのWebページを閉じてよいか聞いてきます。左下の＜常にすべてのタブを閉じる＞にチェックを入れると、次回以降はこのメッセージが表示されずにすべてのWebページを閉じます。

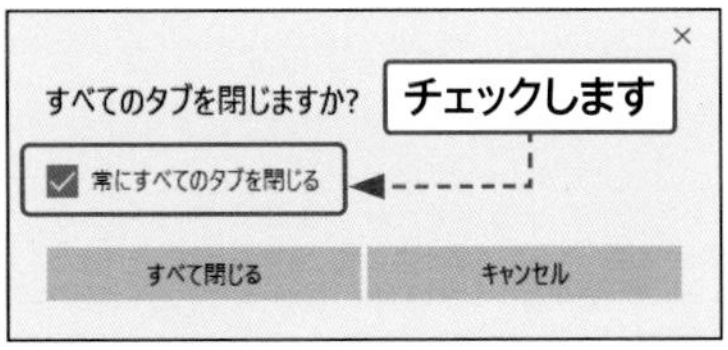

Section 04

Googleアカウントを作成しよう

キーワード
- Googleアカウント
- プロフィール写真
- アカウントの削除

Gmailを利用するには、Googleアカウントを作成する必要があります。作成したGoogleアカウントは、Gmailを利用できるだけでなく、Googleのほかのサービスやツールを利用するためにログインするアカウントとしても使用することができます。

1 Googleアカウント作成画面を表示する

Memo すでにGoogleアカウントを作成している場合

すでにGoogleアカウントを作成している場合は、本Sectionの操作は不要です。Sec.05に進んでください。

1 Webブラウザーのアドレスボックスに「https://www.gmail.com」を入力し、Enter を押します。

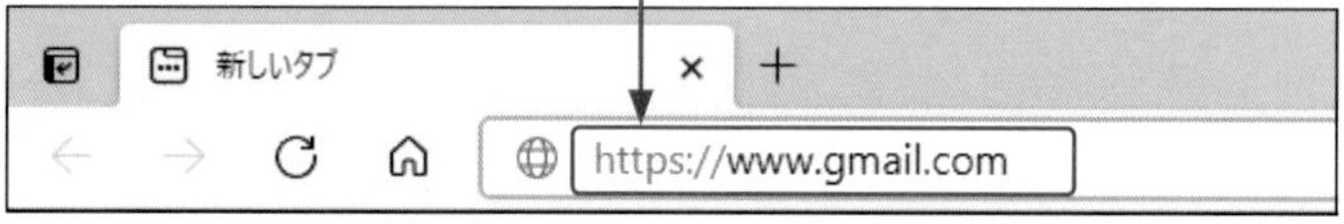

2 Gmailのログイン画面で<アカウントの作成>をクリックし、

3 <自分用>をクリックします。

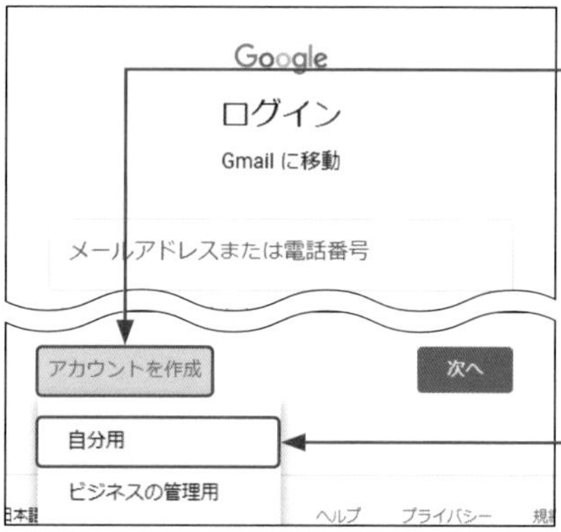

4 <Googleアカウントの作成>画面が表示されます。

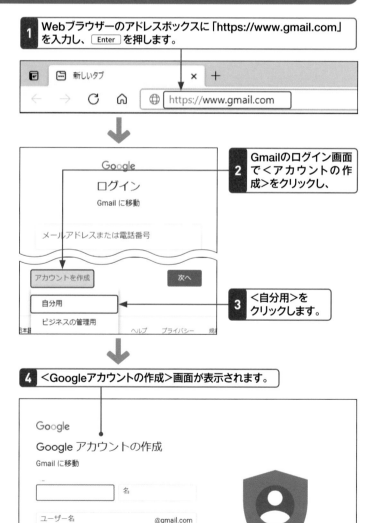

2 Googleアカウントを作成する

1 <Googleアカウントの作成>画面で名前を入力し、

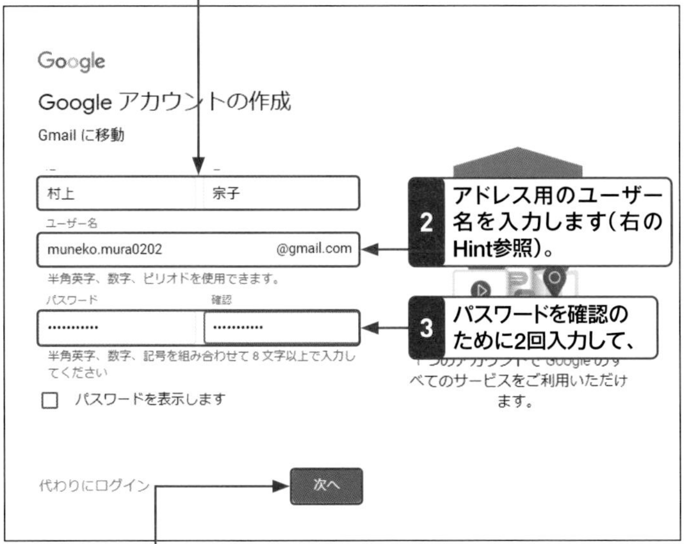

2 アドレス用のユーザー名を入力します（右のHint参照）。

3 パスワードを確認のために2回入力して、

4 <次へ>をクリックします。

5 携帯電話の電話番号を入力し（省略可）、

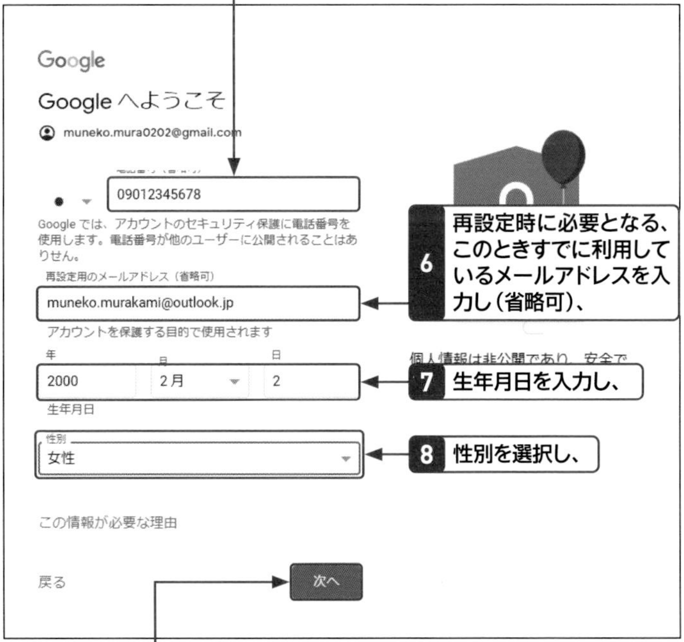

6 再設定時に必要となる、このときすでに利用しているメールアドレスを入力し（省略可）、

7 生年月日を入力し、

8 性別を選択し、

9 <次へ>をクリックします。

Hint ユーザー名の設定

ユーザー名はわかりやすいものがよいですが、単純な名前など、一般的なものはすでに利用されていることが多いです。手順2で入力したユーザー名がすでに使われていた場合は、手順4の<次へ>をクリックした際に、下図のようなメッセージが表示されます。この場合は使われていない思われるユーザー名を入力し直してください。なお、使用できる文字は、アルファベット(a-z)、数字(0-9)、ピリオド(.)のみです。

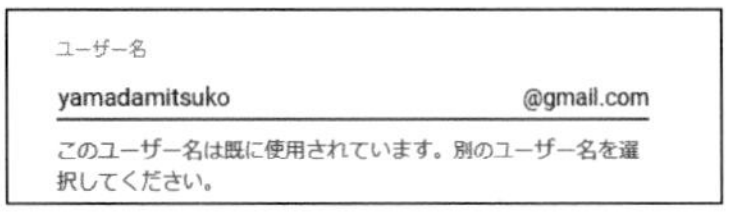

Memo パスワードはとても重要

手順3で指定するパスワードは、上記の使用できる文字8文字以上で設定する必要があります。パスワードがわからなくなるとログインできなくなりますので、忘れないようにしてください。

Memo 設定を間違えた場合

設定項目のどこかに間違いがあった場合は、手順9の<次へ>をクリックしたあとに、もとの画面が表示され、間違いが指摘されます。間違った箇所を設定し直して、再度<次へ>をクリックします。

Memo 電話番号の登録

携帯電話の場合は、確認コードをショートメッセージ(SMS)で受け取れます。固定電話の電話番号を入力した場合は、ショートメッセージ(SMS)で受け取れないため、<代わりに音声通話を使用>をクリックし、確認コードを受け取る必要があります。

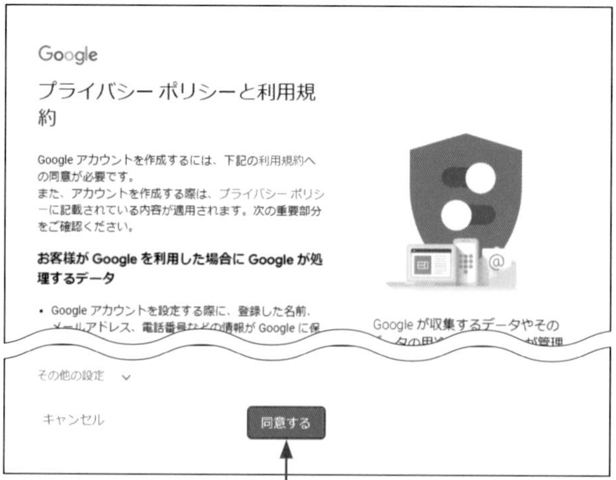
Google
プライバシー ポリシーと利用規約
Google アカウントを作成するには、下記の利用規約への同意が必要です。
また、アカウントを作成する際は、プライバシー ポリシーに記載されている内容が適用されます。次の重要部分をご確認ください。
お客様が Google を利用した場合に Google が処理するデータ
• Google アカウントを設定する際に、登録した名前、
Google が収集するデータやその
その他の設定
キャンセル
同意する

10 内容を確認して、<同意する>をクリックします。

11 Gmailの解説画面が表示されます。Google Meetの紹介が表示された場合は<OK>、Google Chromeのインストールを勧められた場合は、<利用しない>をクリックします。

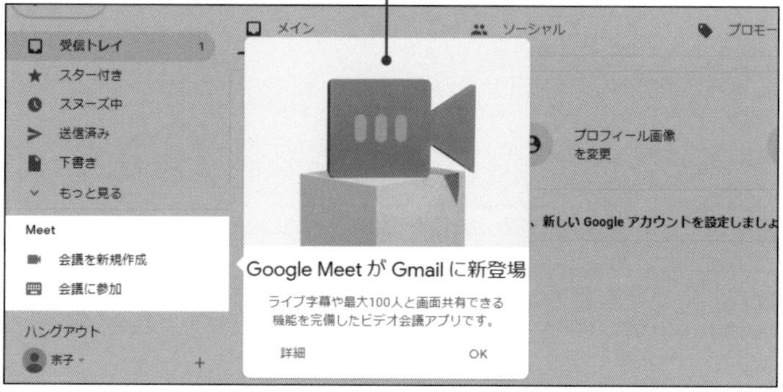
メイン
ソーシャル
プロモー
受信トレイ 1
スター付き
スヌーズ中
送信済み
下書き
もっと見る
Meet
会議を新規作成
会議に参加
ハングアウト
宗子
プロフィール画像を変更
、新しい Google アカウントを設定しましょ
Google Meet が Gmail に新登場
ライブ字幕や最大100人と画面共有できる機能を完備したビデオ会議アプリです。
詳細
OK

12 ウェルカムメールをクリックすると、

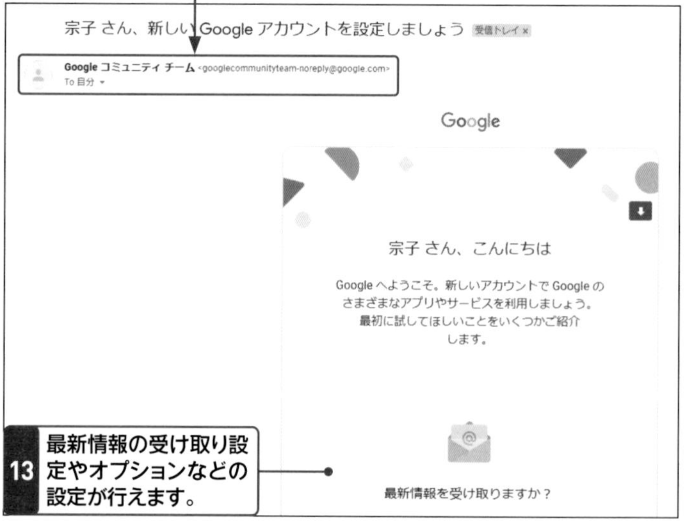
宗子 さん、新しい Google アカウントを設定しましょう 受信トレイ ×
Google コミュニティ チーム <googlecommunityteam-noreply@google.com>
To 自分
Google
宗子 さん、こんにちは
Google へようこそ。新しいアカウントで Google のさまざまなアプリやサービスを利用しましょう。
最初に試してほしいことをいくつかご紹介します。
最新情報を受け取りますか？

13 最新情報の受け取り設定やオプションなどの設定が行えます。

Key word Google Meet

Googleがリリースしているビデオ会議ツールです。以前はHangouts Meetという名前でしたが、名称が変更され、Gmailとの連携も強化されています。

3 Gmailのデザインを切り替える

1 <受信トレイをカスタマイズ>をクリックし、

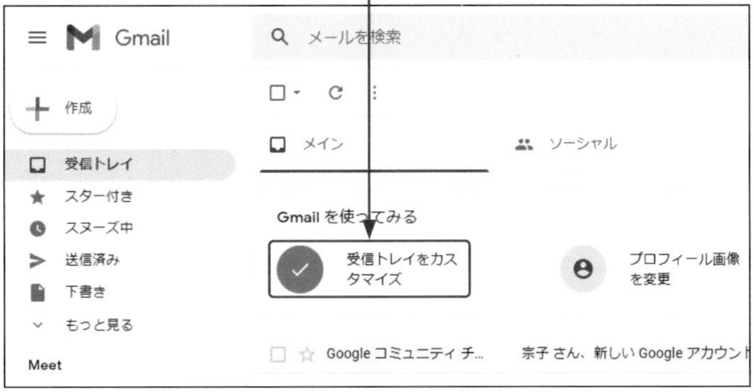

2 変更したい解像度やテーマ、受信トレイの種類などを選択すると、

3 受信トレイのデザインが変更されました。

Memo 受信トレイのカスタマイズ

利用後に受信トレイのカスタマイズを行いたい場合は、<設定>をクリックすると、左図と同様のクイック設定画面を表示することができます。

4 プロフィール写真を登録する

1 Gmailの画面を表示し、

2 ＜プロフィール画像を変更する＞をクリックします。

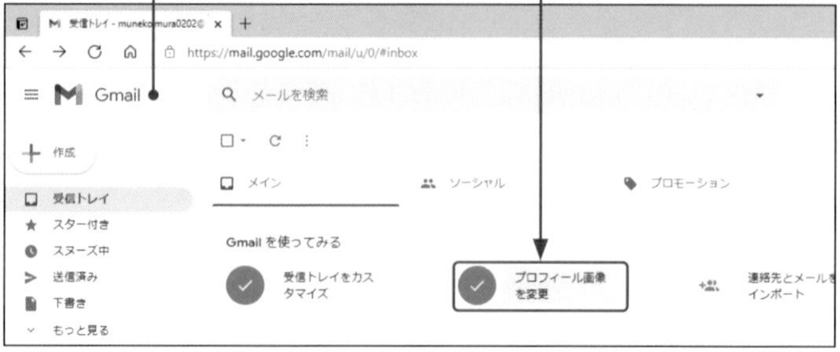

3 ＜プロフィール写真を選択＞画面が表示されるので、

4 ＜アップロード＞の＜パソコンから写真を選択＞をクリックします。

5 ＜アップロードするファイルの選択＞画面が表示されます。

6 写真の保存先を指定し、

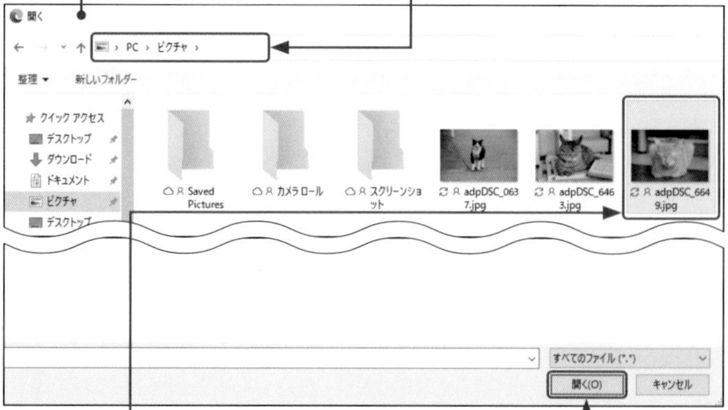

7 写真をクリックして、

8 ＜開く＞をクリックします。

Memo プロフィール写真の公開

プロフィール写真は、Googleのサービスを利用する際に一般公開することができます。公開しない場合は、この操作は不要です。

Memo プロフィール画像の変更

Gmailを使い始めたあとにプロフィール画像を変更したい場合は、現在のプロフィール画像をクリックし、＜Googleアカウントを管理＞をクリックします。Googleアカウント画面で＜個人情報＞をクリックし、＜基本情報＞の中にある＜写真＞右側の画像（現在のプロフィール画像）をクリックして表示される＜プロフィール写真を選択＞画面（手順3）で変更することができます。

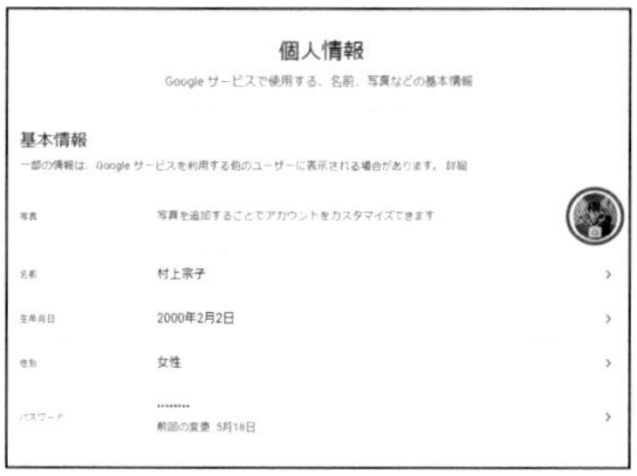

Memo プロフィール写真

プロフィールに使う写真は本人の顔写真以外に、動物や植物など自分で持っている写真を利用してもよいでしょう。ただし、他人の顔写真など、肖像権や著作権を侵害する写真を使ってはいけません。

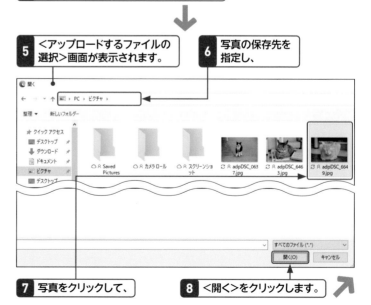

9 写真がアップロードされます。

10 写真の枠をドラッグしたり、移動したりして、表示する部分を選択し、

11 ＜プロフィール写真に設定＞をクリックします。

12 アカウントのアイコンをクリックすると、

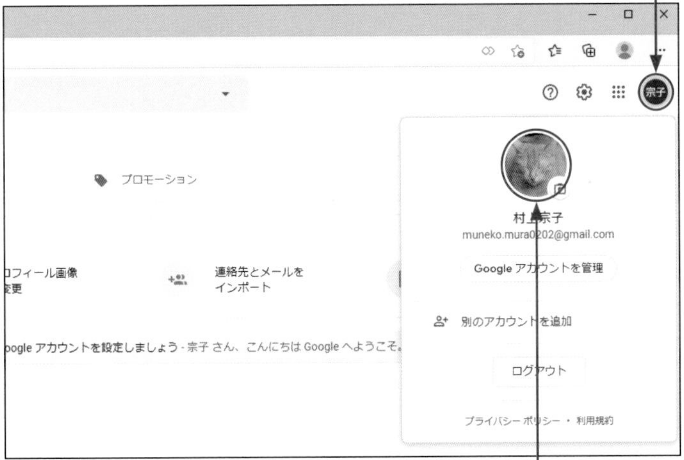

13 プロフィールが表示され、写真が更新されました。

14 プロフィール写真が登録されました。

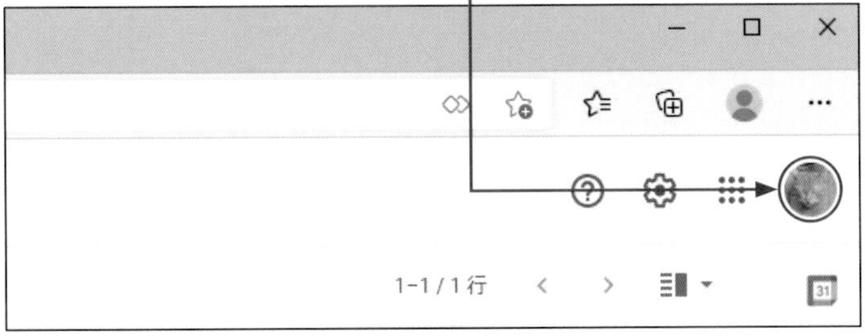

Hint 写真を差し替える

手順**9**で、選択した写真が気に入らない場合は、表示されるメッセージの＜別の写真をアップロード＞をクリックします。手順**3**の画面に戻るので、再度選択し直します。

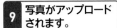

Section 05

Gmailにログイン／ログアウトしよう

キーワード

- ・ログイン
- ・ログアウト
- ・パスワード

Googleアカウントを作成したら、WebブラウザーからGmailにログインしてみましょう。ログイン画面を表示し、登録したユーザー名とパスワードを入力して、<ログイン>をクリックするとログインできます。Gmailを利用し終えたら、ログアウトします。

1 Gmailにログインする

1 Webブラウザーのアドレスボックスに「https://www.gmail.com」を入力し、Enterを押します。

2 アカウントの選択画面が表示されます。

3 ユーザー名（Gmailアドレス）を選択し、

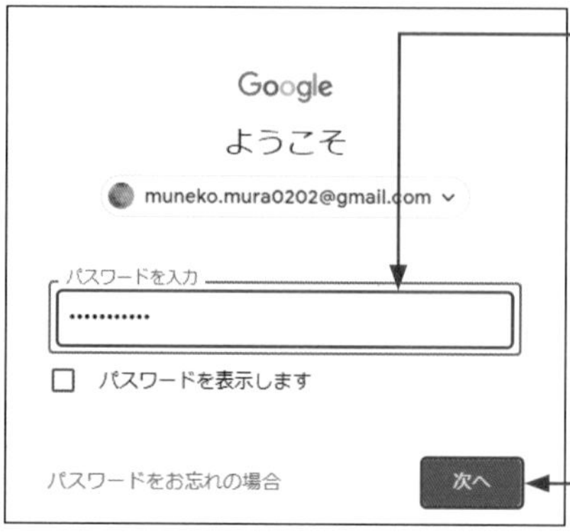

4 パスワードを入力し、

5 <次へ>をクリックすると、

Memo すでにログインしている場合

「muneko.mura0202@gmail.com」とメールアドレスでも、@gmail.comを除いた「muneko.mura0202」でもログイン可能です。ログアウト（29ページ）をしない限り、ログインの状態は保持されます。

Keyword ログイン

ログインとは、サービスなどを利用する際にユーザーIDなどで認証を行い、そのサービスを利用できる状態にすることです。

Memo 別のアカウントを使用する場合

表示されたアカウントが使用したいものでない場合は、<別のアカウントを使用>を選択し、アカウント名を入力してから手順4に進んでください。

Hint パスワードを忘れた場合

パスワードを忘れた場合は、再設定する必要があります。203ページを参照してください。

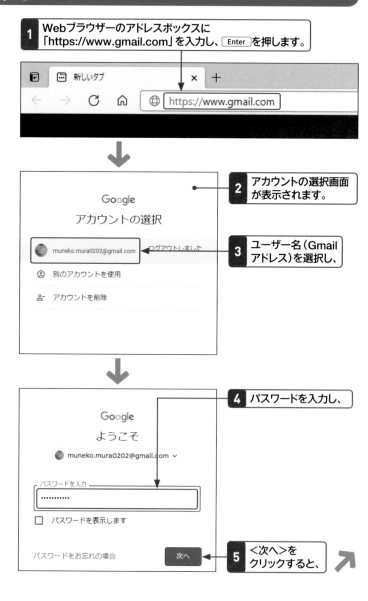

6 Gmailの画面が表示されます。

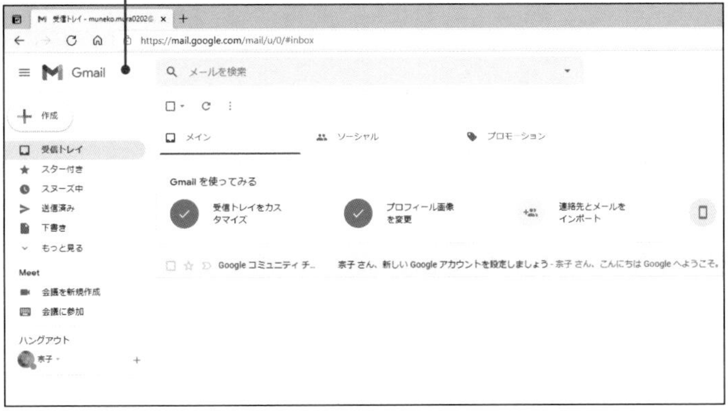

2 Gmailからログアウトする

1 アカウントのアイコンをクリックし、

2 <ログアウト>をクリックします。

3 Gmailが終了し、ログイン画面に戻ります。

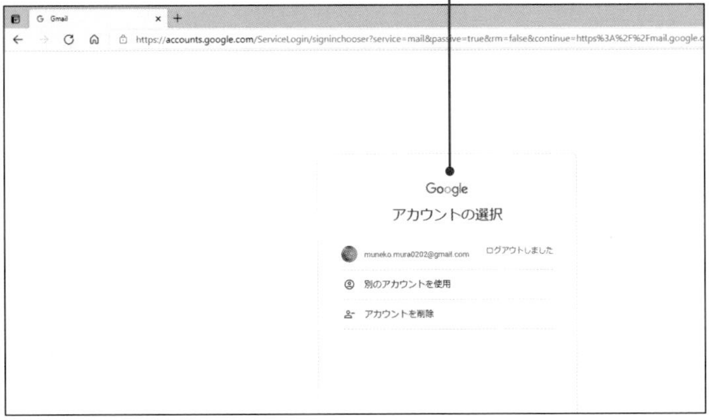

Memo Gmailの画面の見方

Gmailの画面の詳しい見方については、Sec.07を参照してください。

Key word ログアウト

ログインしたサービスを終了することをログアウトといいます。Webブラウザーを終了してもログアウトはされないので、ログアウトする必要がある場合は、必ず左記の操作を行ってください。

Memo ログアウトが必要な場合

複数人でパソコンを使用している場合など、Gmailの画面を他人に見られたくない場合は、Gmailの利用終了時にログアウトしましょう。

Section 06

Gmailをお気に入りに追加しよう

キーワード
・お気に入り
・お気に入りに追加
・ログイン画面

Gmailを利用する際、Sec.05のように毎回Webブラウザーにアドレスを入力するのは面倒です。Webブラウザーのお気に入りに追加しておけば、Gmail画面をすばやく表示できるようになります。

1 GmailをWebブラウザーのお気に入りに追加する

Hint お気に入りに追加する

Webブラウザー（Microsoft Edge）の「お気に入り」は、頻繁に利用するWebページのリンクを登録するものです。お気に入りに追加しておくと、リンクをクリックするだけで、そのWebページにすばやく移動することができます。

1 28ページを参照し、Gmailにログインして、Gmailの画面を表示します。

2 Webブラウザーの☆をクリックし、

3 必要な場合は名前を変更して、

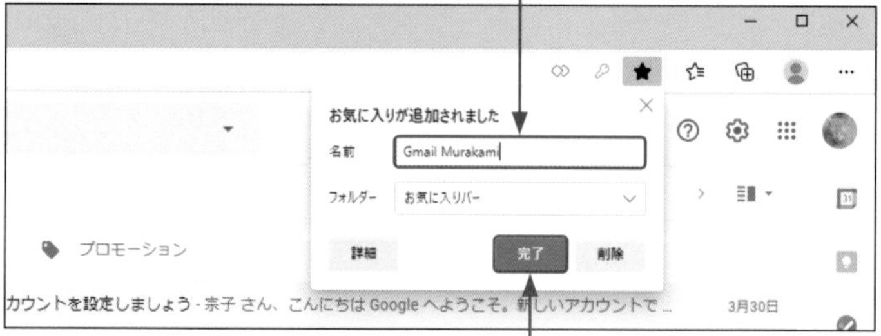

4 ＜完了＞をクリックします。

Hint お気に入りを削除する

お気に入りが不要になった場合は、お気に入りに登録済のWebページを開いた後、☆をクリックし、＜削除＞をクリックします。

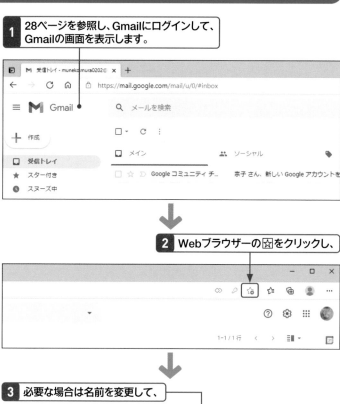

2 お気に入りからGmailを表示する

1 Webブラウザーを起動します。

2 <お気に入り>をクリックし、

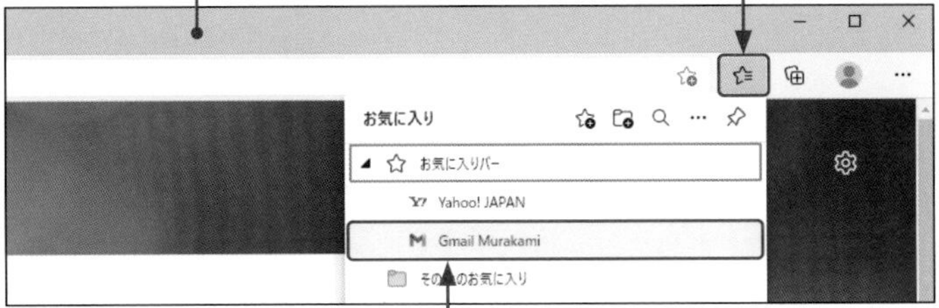

3 前ページで登録したGmailのリンクをクリックすると、

4 アカウントの選択画面が表示されます。

5 ユーザー名（Gmailアドレス）を選択し、

6 パスワードを入力して、

7 <次へ>をクリックすると、

8 Gmailの画面が表示されます。

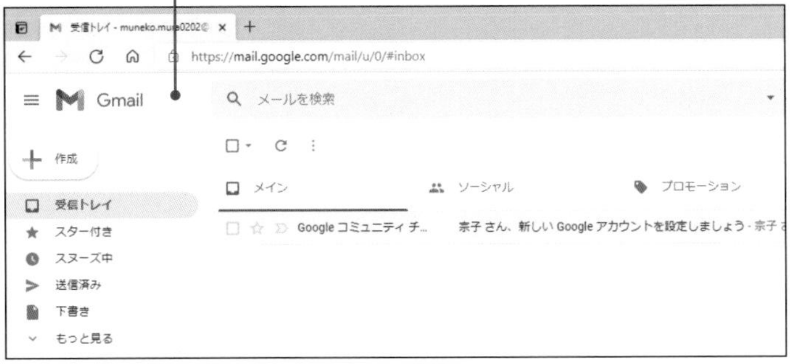

Hint ログイン画面が表示されない場合

すでにGoogleアカウントでログインしている場合は、手順4〜8の操作は不要です。

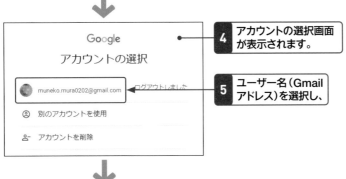

Section 07

Gmailの画面の見方

キーワード
- 受信トレイ
- メッセージ画面
- 新規メッセージ作成画面

Gmailの基本画面は、<受信トレイ>の画面です。<受信トレイ>の<メイン>タブには、届いたメールが新着順に一覧で表示されます。また、検索ボックスのほか、メールを操作するためのツール、ラベル、タブなどでメールの分類が設定できます。

1 <受信トレイ>画面の基本構成

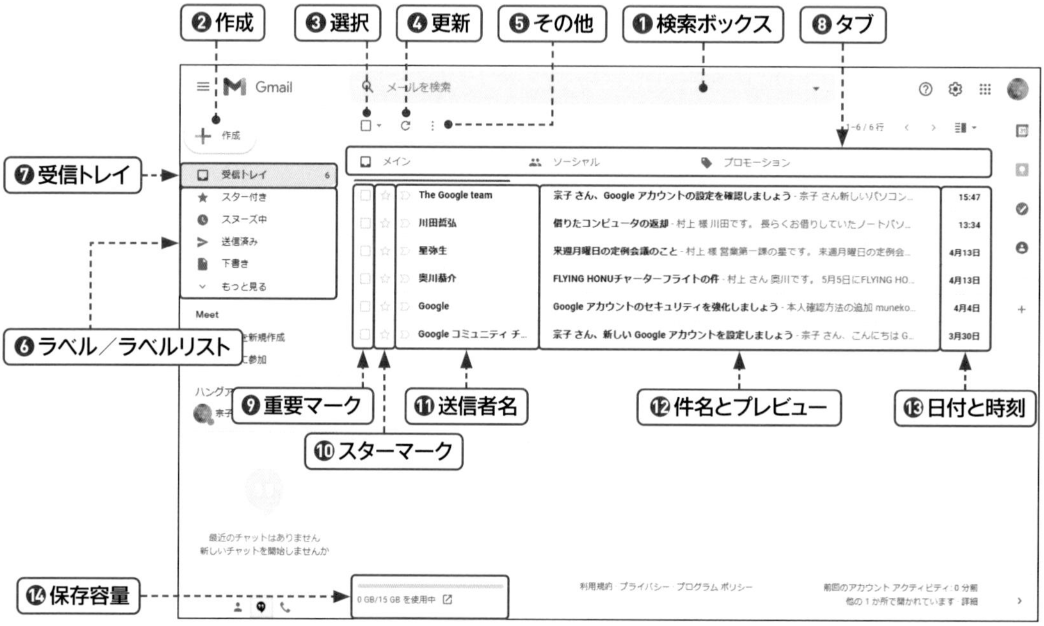

名　称	機　能
❶検索ボックス	メールの検索が行えます。
❷作成	クリックすると、新規メールの作成を行うことができます。
❸選択	条件に合ったメールをまとめて選択したり、一括で選択解除したりできます。
❹更新	受信トレイのメールが更新されます。
❺その他	操作できるメニューが表示されます。
❻ラベル／ラベルリスト	スター付きなどのラベルが一覧で表示され、クリックすると、ラベルが付いたメールのみを表示します。
❼受信トレイ	ラベルリストの<受信トレイ>をクリックすると、右側のウィンドウにタブで分類された受信メールの一覧が表示されます。メールは差出人と件名、本文の一部、日付などが表示されます。

名　称	機　能
❽タブ	<受信トレイ>には<メイン>など5つのタブが用意されており、メールによって自動的にそれぞれのタブに分類されます。
❾重要マーク	過去のやり取りを分析して重要なメールと判断されたものに付けられます。
❿スターマーク	ほかのメールと区別するための目印として利用します。
⓫送信者名	送信者名が表示されます。
⓬件名とプレビュー	メールの件名とメッセージ本文の最初の部分がプレビュー表示されます。
⓭日付と時刻	受信した時刻が表示されます。翌日以降は日付の表示に変更になります。
⓮保存容量	現在の保存容量と使用量が表示されます。保存容量は最大で約15GBです。

2 受信メールのメッセージ画面

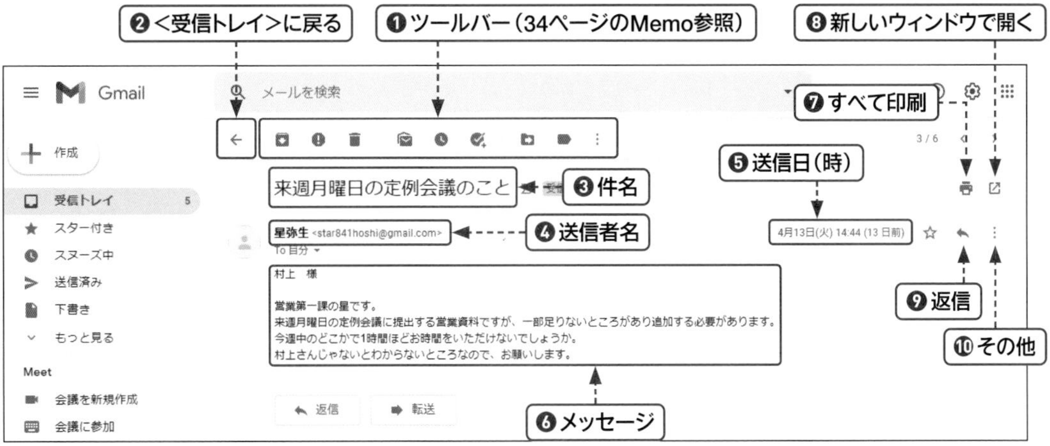

名　称	機　能
❶ツールバー	メッセージに対して操作できるアイコンが表示されます（次ページのMemo参照）。
❷<受信トレイ>に戻る	クリックすると、受信トレイに戻ります。
❸件名	メールの件名が表示されます。
❹送信者名	メールの送信者名とメールアドレスが表示されます。
❺送信日（時）	メールが送信された時間、日付が表示されます。
❻メッセージ	メッセージの本文が表示されます。
❼すべて印刷	印刷用の画面が表示され、メールの内容を印刷することができます。
❽新しいウィンドウで開く	新しいウィンドウでメールの内容を表示します。
❾返信	クリックすると、返信欄が表示されます。
❿その他	メールに対する操作メニューが表示されます。

3 新規メッセージ作成画面

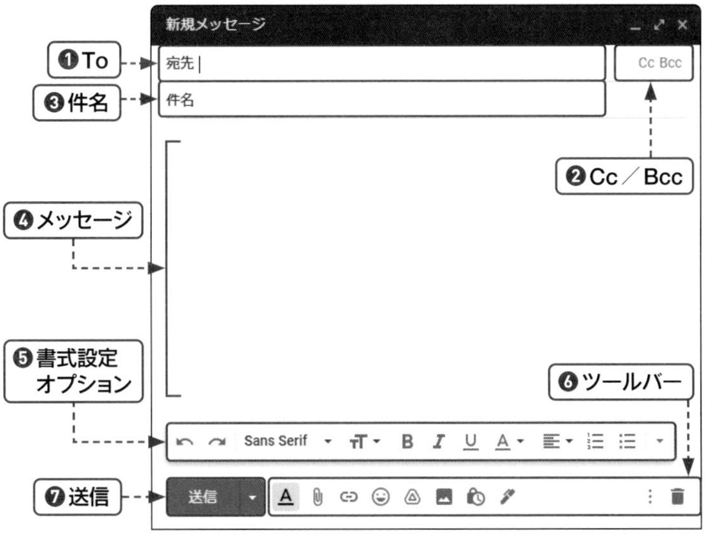

名　称	機　能
❶To	宛先のメールアドレスを入力します。<To>をクリックすると、登録済みの連絡先を選択できます。
❷Cc／Bcc	CcとBcc欄を表示します。
❸件名	メールの件名を入力します。
❹メッセージ	メッセージ本文を入力します。
❺書式設定オプション	HTML形式でメールを修飾できます。表示されていない場合は、<書式設定オプション>Aをクリックします。
❻ツールバー	添付ファイルや写真の挿入などの操作アイコンが表示されます。
❼送信	クリックするとメールを送信します。

Memo 受信トレイのツールバー

＜受信トレイ＞でメールの左端にあるチェックボックスをクリックしてオン（選択）にすると、ツールバーの表示が変わります。選択したメールに対して操作できるアーカイブや削除、ラベルなどのアイコンが表示されるようになります。受信トレイでメールをクリックして内容を表示した場合もこのツールバーが表示されます。

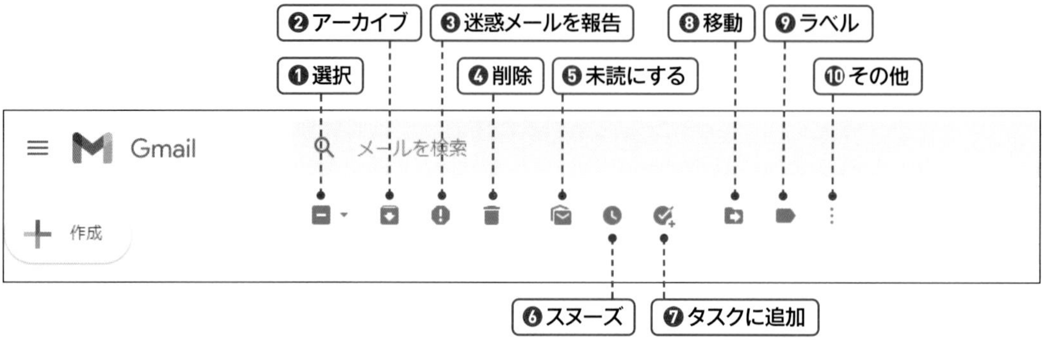

名　称	機　能
❶選択	条件に合ったメールをまとめて選択したり、一括で選択解除したりできます。
❷アーカイブ	＜受信トレイ＞などに表示しておく必要のないメールを非表示にして保管します。必要な場合は、＜すべてのメール＞で表示することができます。
❸迷惑メールを報告	迷惑メールとして＜迷惑メール＞に移動し、Googleに報告します。送信者を迷惑メールに指定するので、次回以降迷惑メールと判断されるようになります。
❹削除	指定したメールを削除し、＜ゴミ箱＞に移動します。
❺未読にする	既読になっているメールを未読状態に戻します。
❻スヌーズ	スヌーズ（メールを一時的に保留にする）を有効にします。
❼未読にする	ToDoリスト（Sec.55参照）にタスクを追加します。
❽タスクに追加	移動先のラベルを指定し、メールを移動します。
❾ラベル	指定したメールにラベルを付けたり、ラベルを新規に作成したりします。
❿その他	＜重要マークを付ける＞、＜ミュート＞など、その他の操作を選択できます。

第2章

メールを受信／送信しよう

Section 08 メールを受信しよう

キーワード
- メールの受信
- 受信トレイ
- メールを読む

送られてくるメールは自動的に受信されます。Gmailを開いて操作している間でも、新しいメールが届けば、＜受信トレイ＞に表示されます。受信したメールをクリックすると、メッセージ画面が表示され、メールの内容を読むことができます。

1 メールを受信する

Memo メールの受信

Gmailでは、メールを随時自動受信します。最新のメールが届いているかどうかを確認するには、＜更新＞Ⓒをクリックします。

1 Gmail画面を開き、

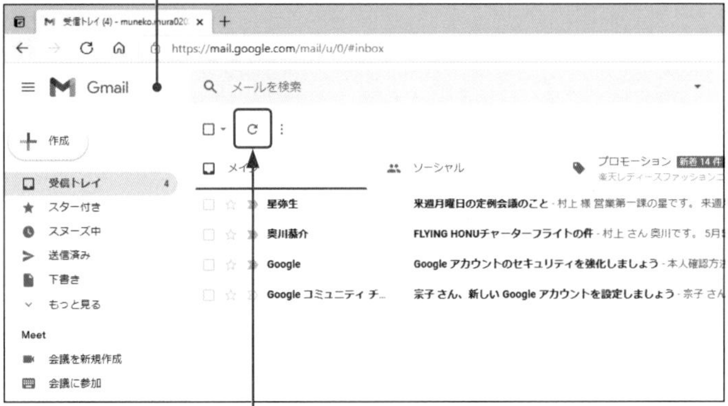

2 ＜更新＞をクリックします。

3 ＜受信トレイ＞をクリックします。

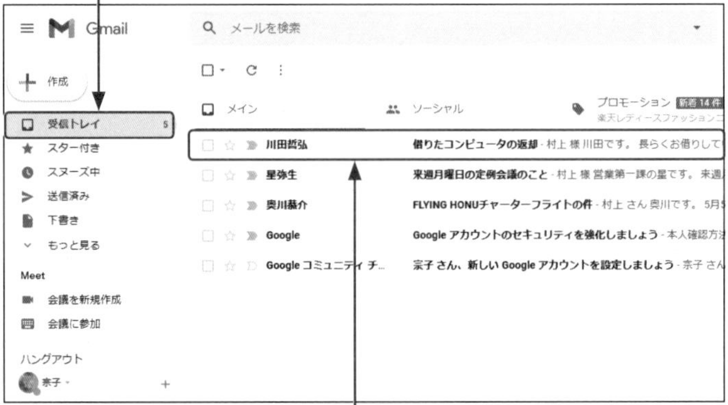

4 新規に受信したメールが一覧に追加されます。

Hint 受信トレイの数字

＜受信トレイ＞の右側に表示されている数字は、「未読」メール（37ページのKeyword参照）の数を示しています。

2 受信したメールを読む

1 <受信トレイ>のメールをクリックすると、

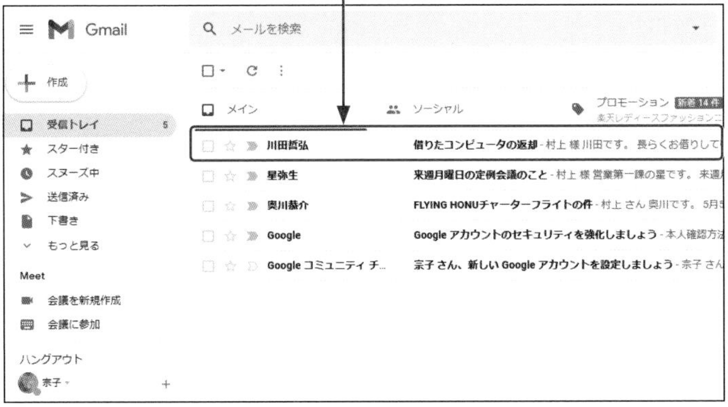

2 メールの内容が表示されます。

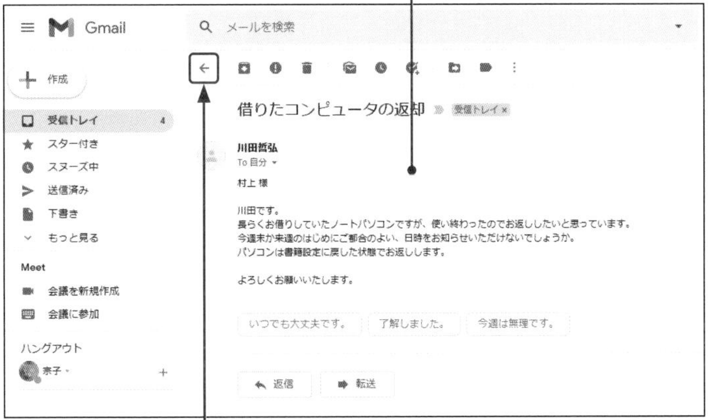

3 読み終えたら、<受信トレイに戻る>をクリックすると、

4 <受信トレイ>に戻ります。

Memo参照

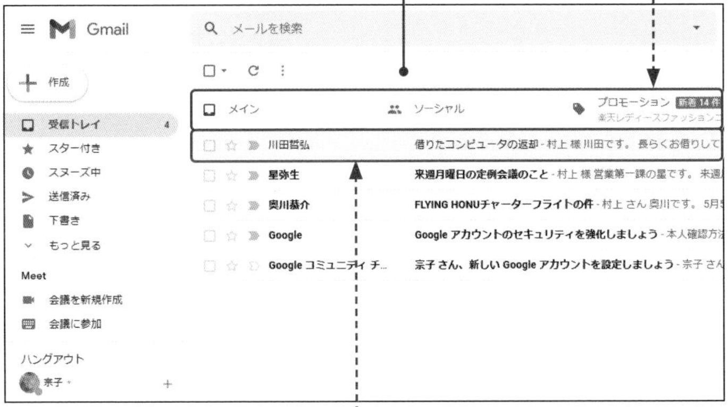

表示が細字に変わります。

Keyword 未読と既読

<受信トレイ>の一覧で、太字で表示されているメールはまだ読まれていない「未読」メールを示しています。メールをクリックしてメールの内容を開くと、<受信トレイ>の一覧では細字に変わり「既読」メールとして扱われます。未読と既読については、Sec.47も参照してください。

Memo タブの表示

Gmailの<受信トレイ>には、初期設定でメイン、ソーシャル、プロモーションの3つのタブが表示されます。タブについては、Sec.45を参照してください。

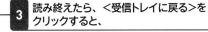

Section 09 メールを閲覧しよう

キーワード
- 次のメール
- タブ
- 新しいウィンドウ

受信したメールをクリックするとメッセージ画面が表示され、内容を閲覧することができます。次のメールを閲覧する際は、いちいち<受信トレイ>に戻らずにメッセージ画面で順に表示することができます。また、メッセージ画面は新しいウィンドウで表示することもできます。

1 メールを順に閲覧する

Memo メールの閲覧

<受信トレイ>でメールをクリックすると、メールのメッセージ画面が表示され、件名、送信者情報、メッセージ本文を読むことができます。次のメールを見る場合、いちいち<受信トレイ>に戻ってメールをクリックする手間をかけず、右のように順にメールを表示することができます。

1 37ページの方法で、<受信トレイ>のメールをクリックして、メッセージ画面を表示します。

2 メッセージを読んだあとに、<次>をクリックすると、

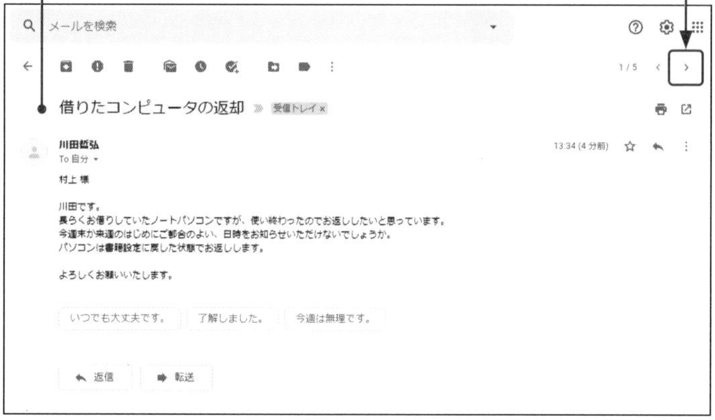
メールを検索
1 / 5
借りたコンピュータの返却 受信トレイ ×
川田哲弘
To 自分
13:34 (4 分前)
村上 様
川田です。
長らくお借りしていたノートパソコンですが、使い終わったのでお返ししたいと思っています。
今週末か来週のはじめにご都合のよい、日時をお知らせいただけないでしょうか。
パソコンは書籍設定に戻した状態でお返しします。
よろしくお願いいたします。
いつでも大丈夫です。
了解しました。
今週は無理です。
返信
転送

3 <受信トレイ>の次のメールのメッセージ画面に移動します。

4 <前>をクリックすると、

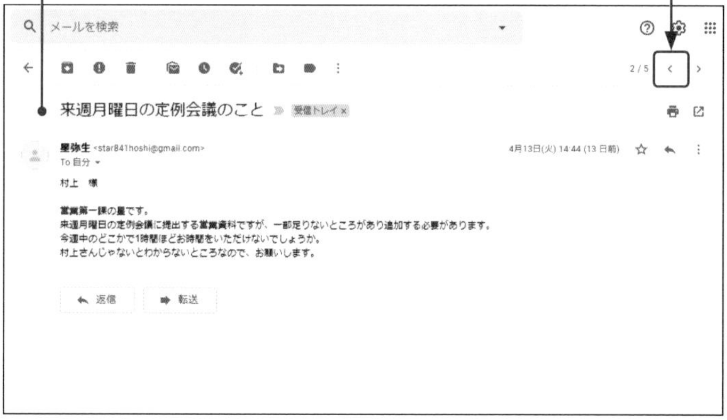
メールを検索
2 / 5
来週月曜日の定例会議のこと 受信トレイ ×
星弥生 <star841hoshi@gmail.com>
To 自分
4月13日(火) 14:44 (13 日前)
村上 様
営業第一課の星です。
来週月曜日の定例会議に提出する営業資料ですが、一部足りないところがあり追加する必要があります。
今週中のどこかで1時間ほどお時間をいただけないでしょうか。
村上さんじゃないとわからないところなので、お願いします。
返信
転送

Memo ほかのラベルでも同じ

ここでは<受信トレイ>のメールを順に閲覧していますが、<送信済み>などほかのラベルでも同様に操作できます。

5 前のメールに移動します。

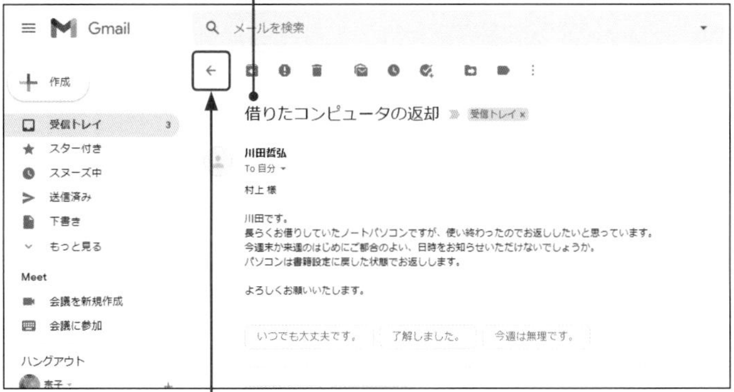

6 <受信トレイに戻る>をクリックすると、

7 <受信トレイ>の一覧に戻ります。

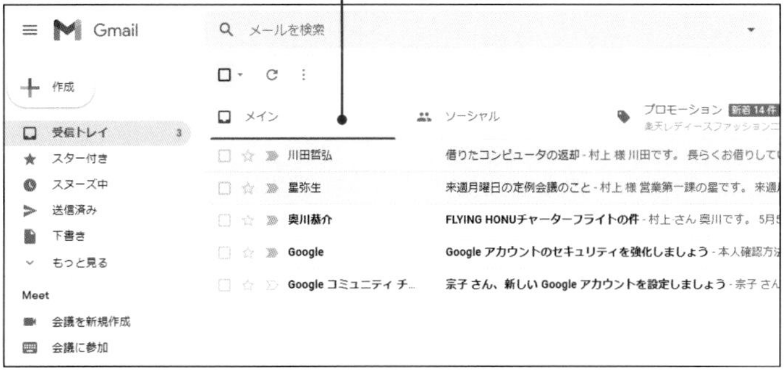

2 タブを切り替えてメールを読む

1 <受信トレイ>をクリックします。

2 <プロモーション>タブをクリックすると、

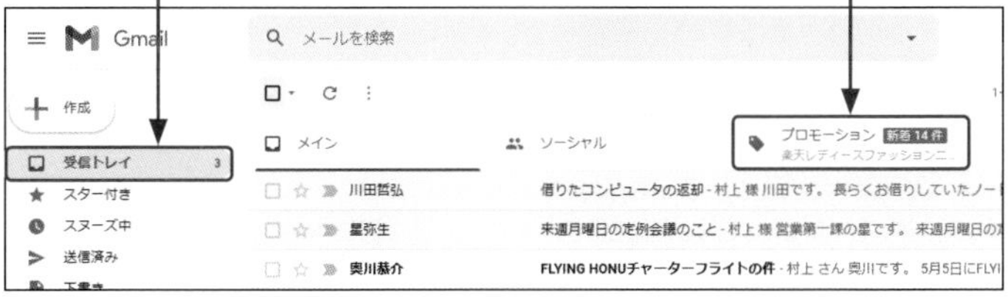

3 企業からの広告メールなどがまとめられています。

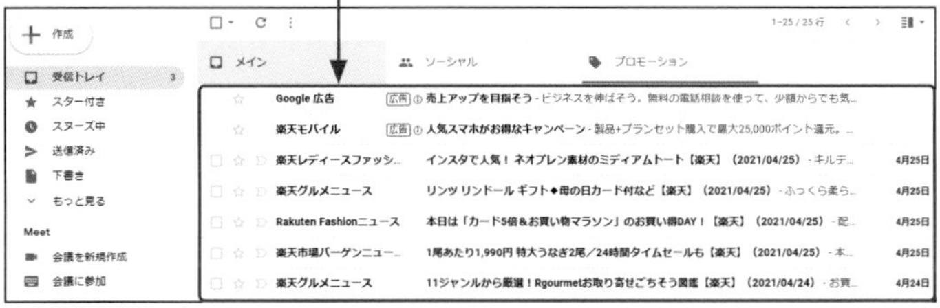

Memo 閲覧したメール

閲覧したメールは「既読」とされ、<受信トレイ>に戻ると細文字で表示されます。

Key word タブ

Gmailの<受信トレイ>には、5つのタブ（メイン、ソーシャル、プロモーション、新着、フォーラム）が用意されています。初期設定では、メイン、ソーシャル、プロモーションの3つが表示されており、受信したメールは自動的にそれぞれのタブに分類されます。同じ種類のメールをまとめて読むことができるので、メールを効率よく管理することができます。詳しくは、Sec.45を参照してください。

3 メッセージ画面を新しいウィンドウで表示する

Memo 新しいウィンドウ

メッセージ画面で<新しいウィンドウを開く>をクリックすると、Microsoft Edgeの新しいウィンドウが起動し、データが読み込まれて表示されます。メール画面の周囲の部分がないので、すっきりとした画面でメールを読むことができます。

1 メールをクリックして、メッセージ画面を表示します。

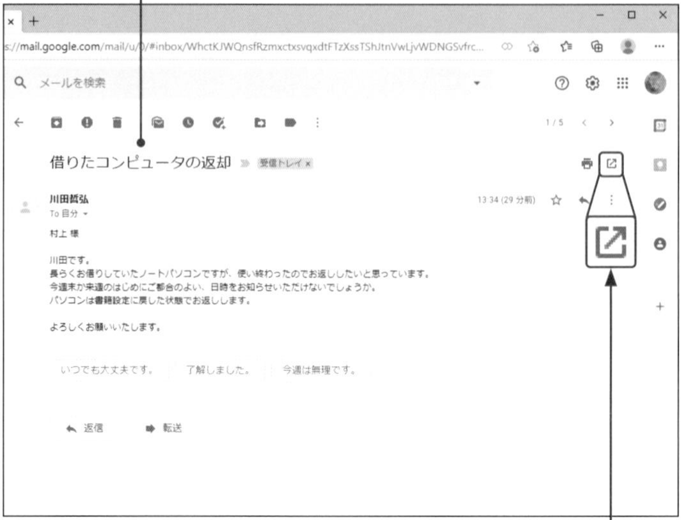
s://mail.google.com/mail/u/0/#inbox/WhctKJWQnsfRzmxctxsvqxdtFTzXssTShJtnVwLjvWDNGSvfrc...
メールを検索
1 / 5
借りたコンピュータの返却
受信トレイ ×
川田哲弘
To 自分
13:34 (29 分前)
村上 様
川田です。
長らくお借りしていたノートパソコンですが、使い終わったのでお返ししたいと思っています。
今週末か来週のはじめにご都合のよい、日時をお知らせいただけないでしょうか。
パソコンは書籍設定に戻した状態でお返しします。
よろしくお願いいたします。
いつでも大丈夫です。
了解しました。
今週は無理です。
返信
転送

2 <新しいウィンドウで開く>をクリックすると、

3 新しいウィンドウで表示されます。

4 画面を閉じる場合は、<閉じる>をクリックします。

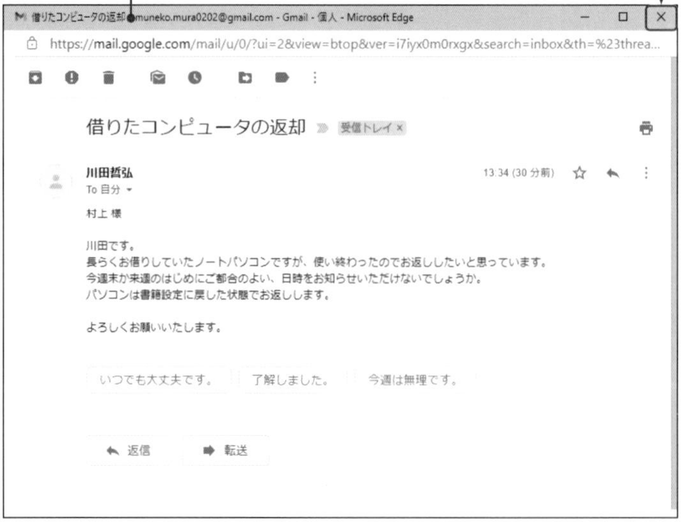
借りたコンピュータの返却 - muneko.mura0202@gmail.com - Gmail - 個人 - Microsoft Edge
https://mail.google.com/mail/u/0/?ui=2&view=btop&ver=i7iyx0m0rxgx&search=inbox&th=%23threa...
借りたコンピュータの返却
受信トレイ ×
川田哲弘
To 自分
13:34 (30 分前)
村上 様
川田です。
長らくお借りしていたノートパソコンですが、使い終わったのでお返ししたいと思っています。
今週末か来週のはじめにご都合のよい、日時をお知らせいただけないでしょうか。
パソコンは書籍設定に戻した状態でお返しします。
よろしくお願いいたします。
いつでも大丈夫です。
了解しました。
今週は無理です。
返信
転送

Hint そのほかの方法

<受信トレイ>で Shift を押しながらメールをクリックしても、新しいウィンドウで表示することができます。

4 メールヘッダーを表示する

1 ＜受信トレイ＞でメールをクリックし、メッセージ画面を表示します。

2 ＜詳細を表示＞をクリックすると、

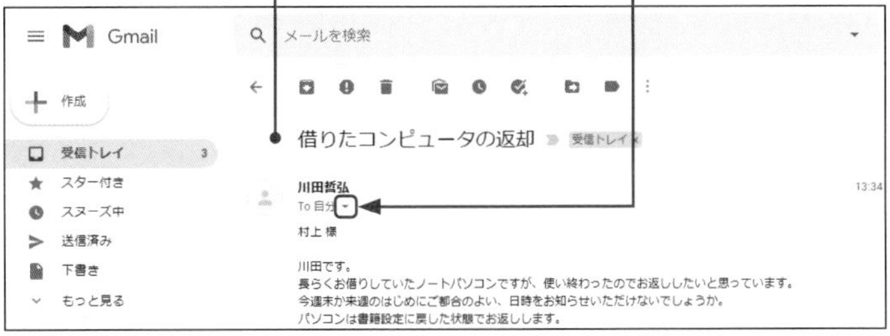

3 メールヘッダーを表示することができます。

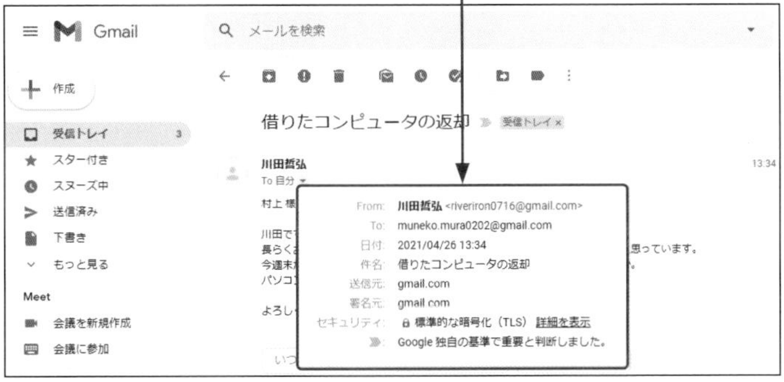

Keyword メールヘッダー

メールヘッダーとは、送信者や受信者、受信日時など、メールの記録情報のことです。この情報は、メールの本文には表示されません。

Step up Webブラウザーの新しいタブにメールを表示する

ほかのメールを開くには、現在のメッセージ画面は閉じなくてはなりません。しかし、ほかのメールを読むときやメールを作成するときに内容を参照したい場合は、現在のメッセージ画面も開いておきたいものです。こういうときは、Ctrlを押しながらメールをクリックすると、Webブラウザーのタブで表示することができます。閉じる場合は、タブの＜タブを閉じる＞⊠をクリックします。

1 表示したいメールをCtrlを押しながらクリックします。

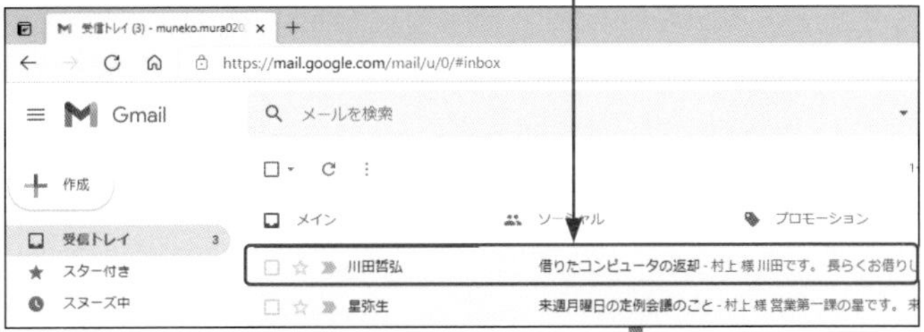

2 新しいタブにメールが表示されます。

タブを閉じる場合は＜タブを閉じる＞をクリックします。

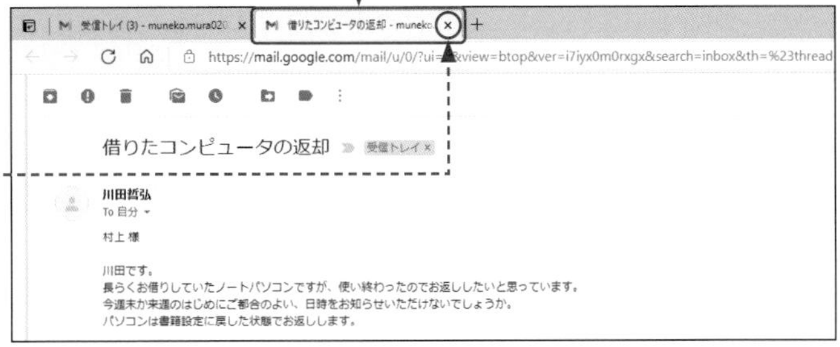

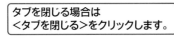

Section 10

メールのやりとりを1つにまとめるのをやめよう

キーワード

・スレッド表示
・時系列表示
・設定画面

メールを受信したり、返信したりしてやりとりをしたメールは、1つのグループにまとめて表示されるようになります。これをスレッド表示といいます。まとまりを読めるのは便利である反面、時系列のメールにならないため、読みづらい場合もあります。Gmailでは、スレッド表示をオフにすることもできます。

1 スレッド表示とは

Key word スレッド表示

スレッド表示とは、受信したメールへの返信や、送信したメールの返信などでやりとりした場合に、一連のやりとりを1つのグループとしてまとめる表示方式です。Gmailでの初期設定では、スレッド表示になっています。

Hint メールの表示方法

メールの一覧を表示する方法には、スレッド表示と時系列表示があります。時系列表示とは、受信した（送信した）日付順に並べる方法です。スレッド表示は新しいメールを見落としてしまう場合もあります。時系列にするほうが使いやすい場合は、次ページの操作でスレッド表示をオフにしましょう。

1 メールを送受信してやりとりが続いた場合、＜受信トレイ＞をクリックすると、

同じテーマのメールのやりとりが1つにまとめられて、送信者名のあとに3や4などの数字が表示されます。

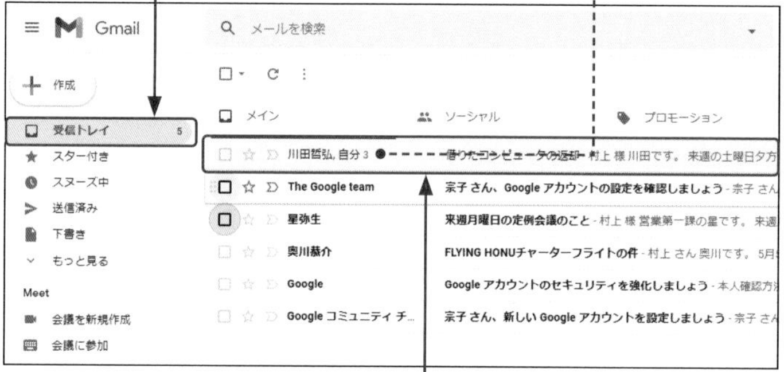

2 クリックすると、

最後のメールの内容が表示され、以前のメールは一覧で表示されます。

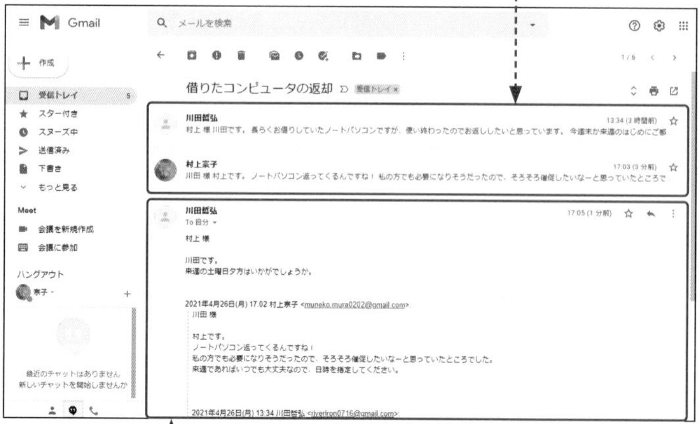

3 メールの内容が表示されます。

2 スレッド表示をオフにする

1 <設定>⚙をクリックし、

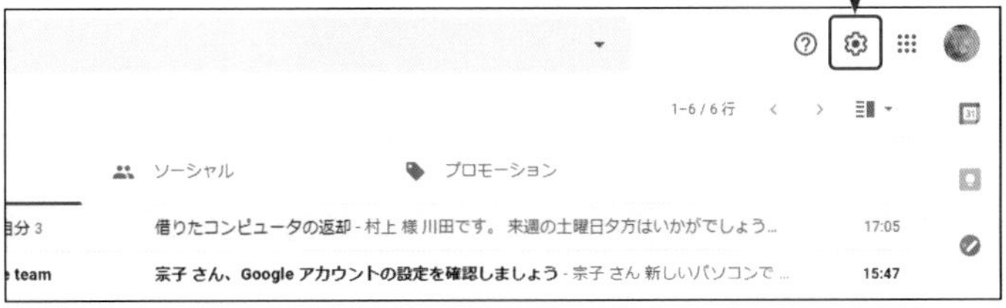

2 <スレッド表示>のチェックをはずして、

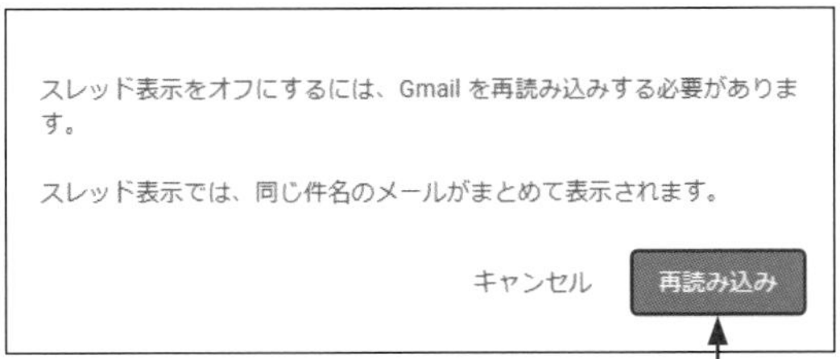

3 <再読み込み>をクリックします。

4 <受信トレイ>の一覧が時系列で表示されます。

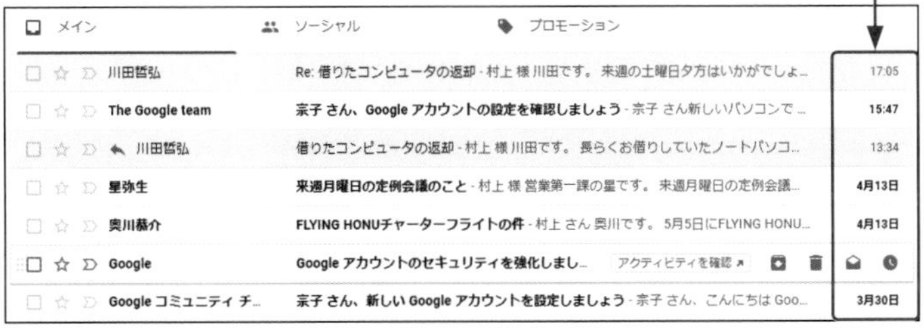

Memo 本書での設定

本書では、以降スレッド表示をオンのままにした設定で解説します。

Hint 変更の保存

<設定>画面の<全般>タブで設定を変更した場合は、最後に必ず<変更の保存>をクリックします。クリックしないと、設定が変更されません。

Section
11
メールを作成しよう

キーワード
・メールの作成
・To
・メールの保存

Gmailでメールを作成し、保存してみましょう。メールを作成するには、新規メッセージ作成画面を表示し、To（相手のメールアドレス）、件名、メッセージ（本文）を入力します。また、Gmailには自動保存機能があり、メールの作成中は随時＜下書き＞に保存されます。

1 メールを作成する

Memo 新規メッセージ画面

新規メッセージ画面は、Gmailの画面の右下に表示されます。画面は最小化したり、全画面で表示したりすることができます（次ページのStepup参照）。

Hint メールの作成画面を別ウィンドウで表示する

新規メッセージ作成画面で Shift を押しながら ↗ をクリックすると、別ウィンドウで表示できます。

Hint メールアドレスを入力する

新規メッセージ作成画面の＜To＞欄には、メールを送信する相手のメールアドレスを入力します。連絡先にアドレスを登録してある場合や（Sec.24参照）、すでにやりとりしたことのある相手の場合は、＜To＞欄にメールアドレスを入力し始めると、連絡先に一致するメールアドレスの候補が表示されるので、そこから選択することができます。

1 Gmail画面を表示します。

2 ＜作成＞をクリックします。

Gmail
メールを検索
作成
メイン
ソーシャル
プロモーション
受信トレイ 5
スター付き
スヌーズ中
川田哲弘
The Google team
宗子 さん、Google アカウントの設定を確認しましょう

3 新規メッセージ作成画面が表示されます。

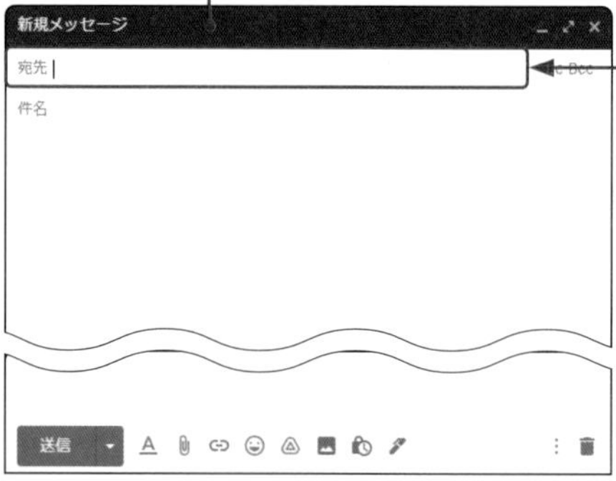
新規メッセージ
宛先
件名
送信

4 ＜宛先＞欄をクリックして、相手のメールアドレスを入力します。

5 ＜件名＞欄をクリックして、メールの件名を入力します。

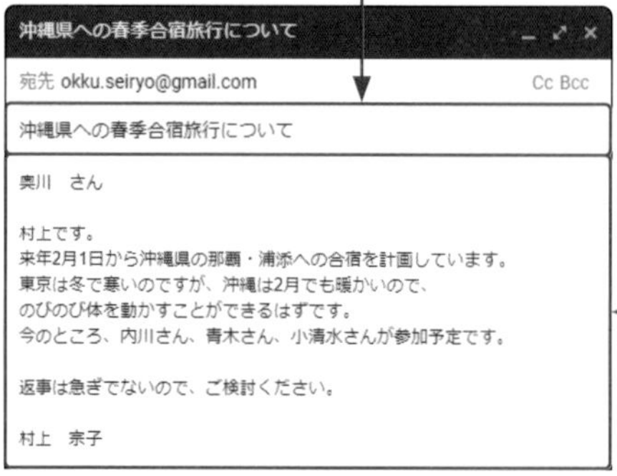
沖縄県への春季合宿旅行について
宛先 okku.seiryo@gmail.com
Cc Bcc
沖縄県への春季合宿旅行について
奥川 さん
村上です。
来年2月1日から沖縄県の那覇・浦添への合宿を計画しています。
東京は冬で寒いのですが、沖縄は2月でも暖かいので、
のびのび体を動かすことができるはずです。
今のところ、内川さん、青木さん、小清水さんが参加予定です。
返事は急ぎでないので、ご検討ください。
村上 宗子

6 メッセージを入力します。

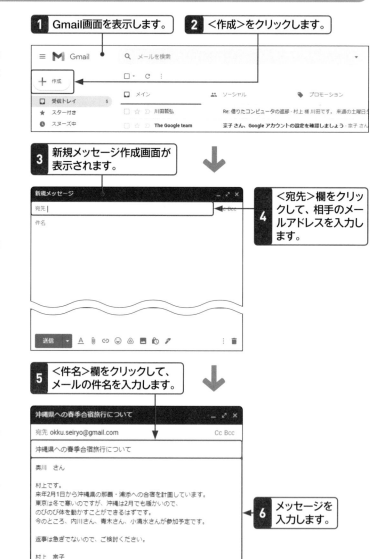

2 作成したメールを保存する

1 メッセージを入力し終えたら、<保存して閉じる>をクリックします。

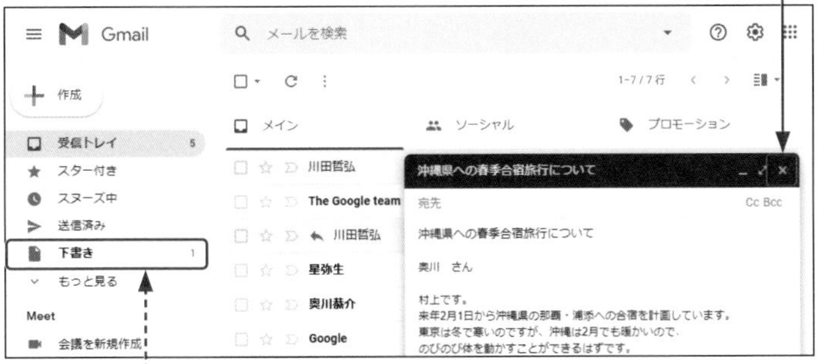

作成したメールは<下書き>に保存されます。

2 <下書き>をクリックします。

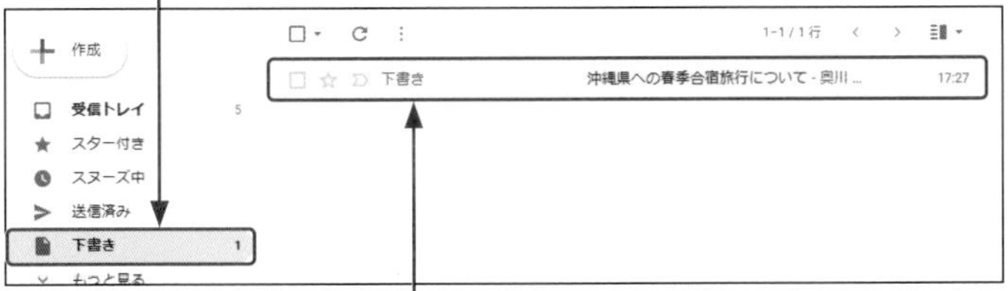

3 作成したメールが保存されているので、クリックすると、

4 作成したメールが表示されます。

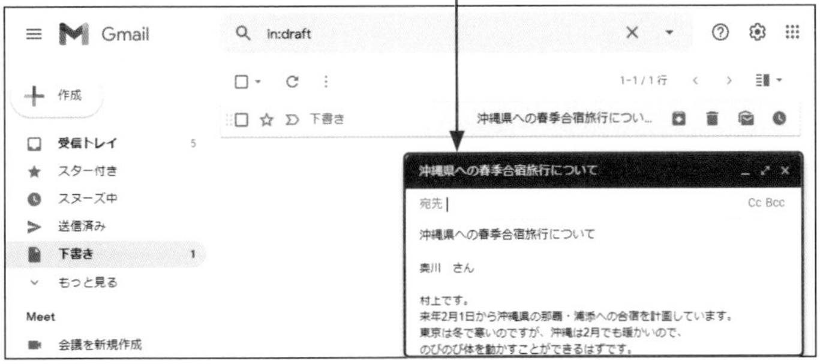

Hint 複数の相手に送る場合

複数の相手にメールを送りたい場合は、メールアドレスとメールアドレスの間に「,」または「;」を入力します。

Hint メールを途中で中断する

メールを作成中にWebブラウザーを終了するなどして中断しても大丈夫です。メッセージは<下書き>に自動保存されるので、中断したメールをクリックすれば、メッセージ作成画面が表示されて引き続きメールを作成できます。

Hint 下書きの破棄

作成したメールを取り消したい場合は、画面右下にある<下書きを破棄>🗑をクリックします。

Key word 自動保存

Gmailには、メールを作成中に自動的に保存する「自動保存」機能があります。メールの作成中に何らかのトラブルがあってもデータが失われないように、メールの下書きとして随時保存されます。

Step up 新規メッセージ画面を全画面で表示する

新規メッセージ作成画面の<全画面表示>をクリックすると、全画面表示に変更できます。また、画面右下の<その他のオプション>⋮をクリックして、<フルスクリーンをデフォルトにする>をクリックするとつねに全画面で表示することができます。

全画面で表示することができます。

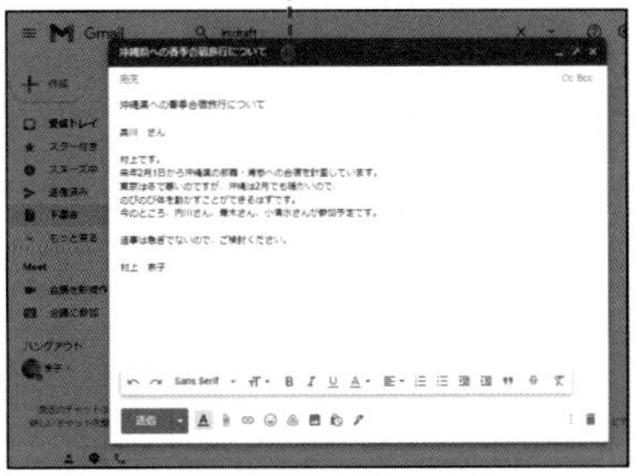

2 <全画面表示をデフォルトにする>をクリックします。

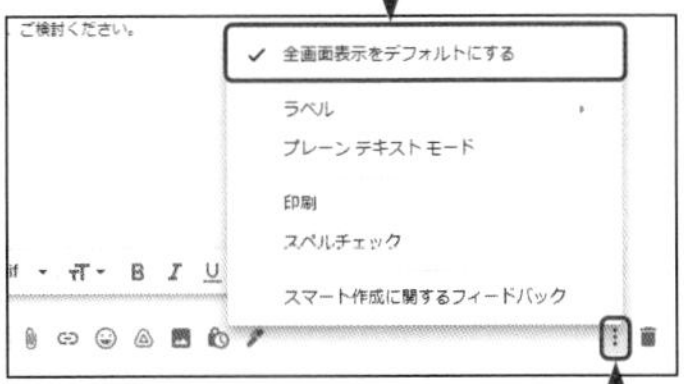

1 ここをクリックして、

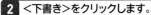

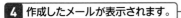

Section 12

メールを送信しよう

キーワード
- メールの送信
- 下書き
- 送信済みメール

ここでは、Sec.11で作成したメールを表示して、送信してみましょう。送信は、メッセージ作成画面で＜送信＞をクリックするだけです。送信したメールは、＜送信済み＞の中に保存されます。また、送信されたことも確認しましょう。

1 メールを送信する

Memo メールの送信

ここでは、いったん保存したメールを利用して送信していますが、通常は、メールを作成したあと（44ページの手順6のあと）、すぐに＜送信＞をクリックして送信してかまいません。

1 Gmail画面を表示します。

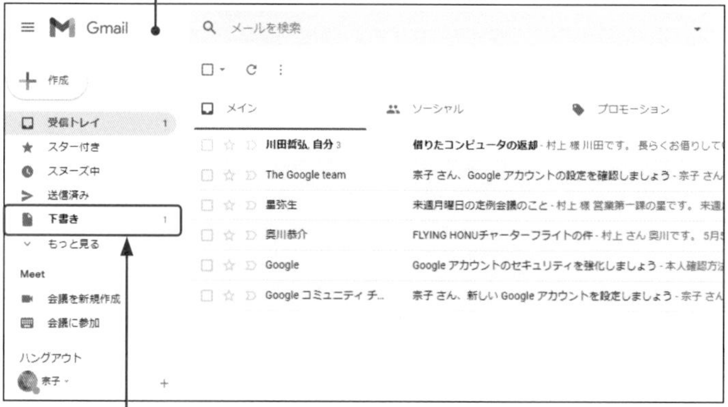

2 ＜下書き＞をクリックすると、

＜下書き＞には、未送信のメールが保存されています。

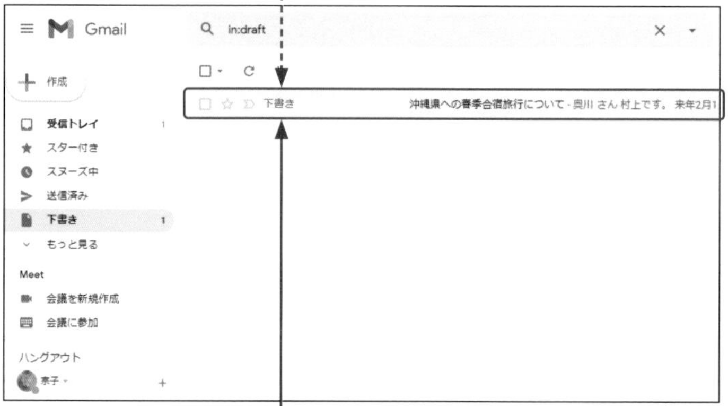

3 送信したいメールをクリックすると、

Memo 下書きの数字

＜下書き＞の右側に表示されている数字は、＜下書き＞に保存されているメールの数を示しています。

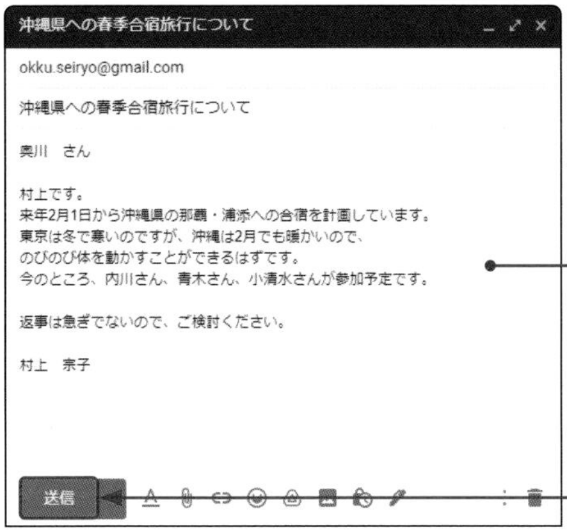

4 メールの件名が付いた作成画面が表示されます。内容を確認し、

5 <送信>をクリックします。

6 メールが送信され、

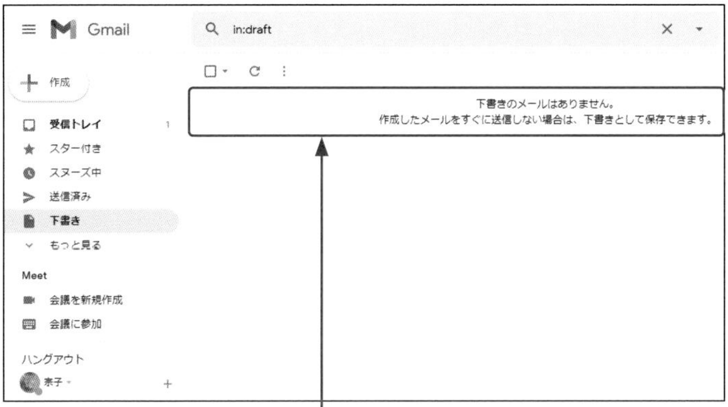

7 <下書き>からメールがなくなりました。

Memo メールの修正

手順**4**で表示されたメールは、通常のメッセージ作成画面と同じなので、宛先や件名、内容は変更することができます。

Hint メッセージの確認

メールを送信したあと、<メールを送信しました。>というメッセージと<メッセージを表示>が数秒間表示されます。<メッセージを表示>をクリックすると、送信したメッセージを表示することができます。

2 送信されたことを確認する

1 <送信済み>をクリックすると、

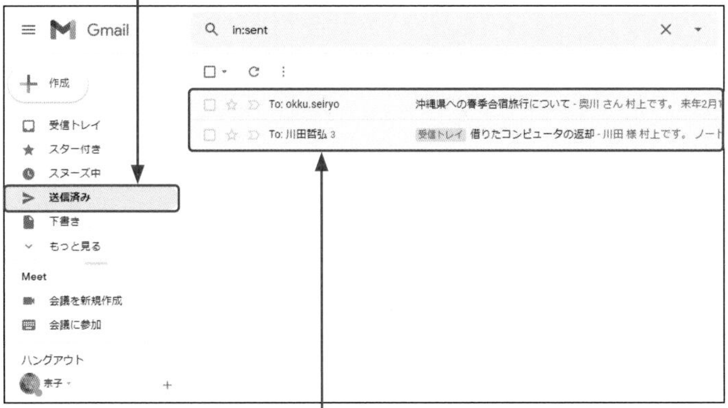

2 送信したメールが表示され、送信されたことが確認できます。

Memo 送信メールの取り消し

メールを誤って送信してしまった場合に備えて、Gmailには送信を取り消す機能が用意されています。送信の取り消しについては、Sec.65を参照してください。

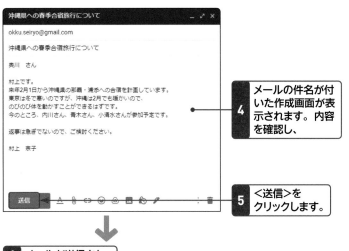

Section
13

CcやBccで複数の相手にメールを送ろう

キーワード
・Cc
・Bcc
・To

メールを送信する際のメールアドレスは、通常＜To＞欄に入力します。これ以外に、CcやBccを利用することができます。Ccには同じ内容を控えとして送っておきたい場合の相手のメールアドレス、BccにはToやCcの相手にメールアドレスを公開したくない相手を指定します。

1 控えの宛先をCcで送信する

Keyword Cc

Ccは、本来送信する相手（To）のほかに、控えとして送っておく相手、あるいは返信をもらう必要のない相手を指定します。ToとCcの相手が受信した際には、ToとCcのメールアドレスが表示されるので、メールが誰に送られているのかを確認することができます。

Memo Toは必ず入力する

Ccを利用する場合、Toには必ずメールアドレスを入力する必要があります。なお、連絡先に登録したメールアドレスやすでにやりとりをしているメールアドレスは、自動的に名前で表示されます。

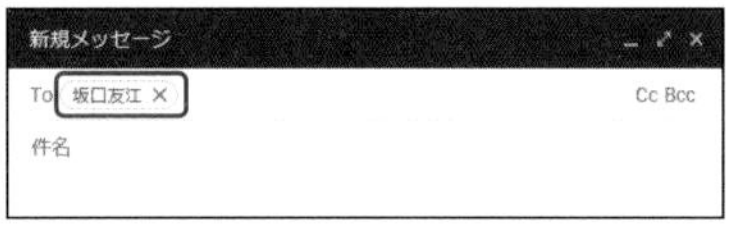

Hint Ccの取り消し

Ccに入力したメールアドレスを取り消すには、メールアドレスをドラッグして選択し Delete を押すか、メールアドレスの右端に表示される☒をクリックします。

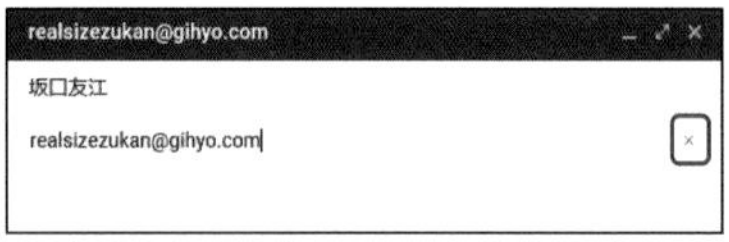

1 新しいメッセージ作成画面を表示します。

2 ＜To＞欄にメールアドレスを入力し、

3 ＜Cc＞をクリックします。

4 ＜Cc＞欄が表示されますのでメールアドレスを入力します。

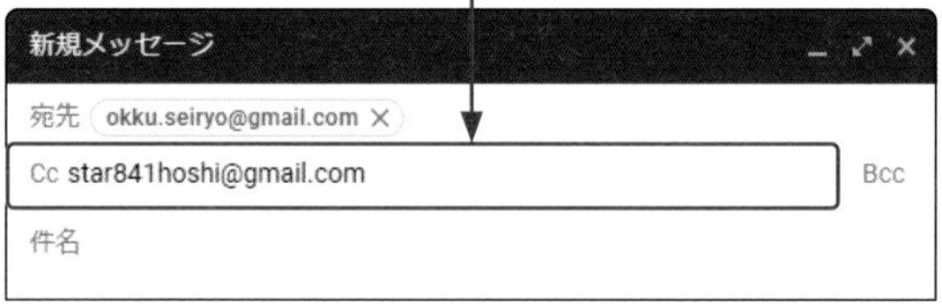

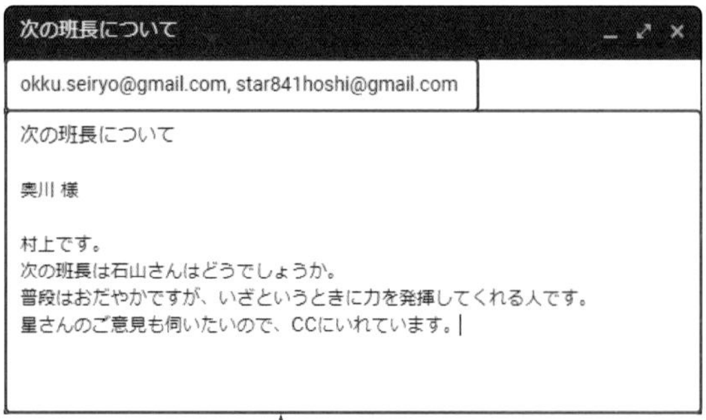

5 件名を入力し、メッセージを作成して送信します。

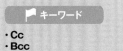

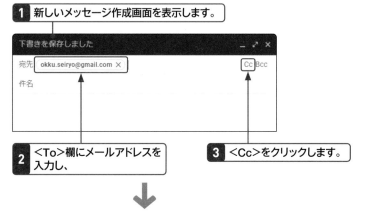

2 ほかの人に見せたくない宛先をBccで送信する

1 新しいメッセージ作成画面を表示します。

2 <To>欄にメールアドレスを入力し、

3 <Bcc>をクリックすると、

4 <Bcc>欄が表示されます。

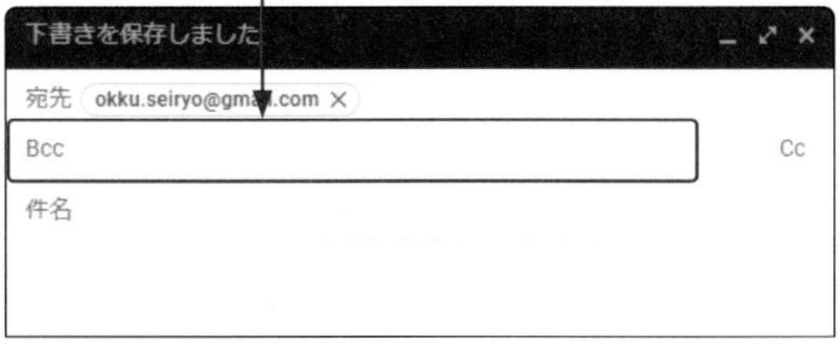

5 メールアドレスを入力し、

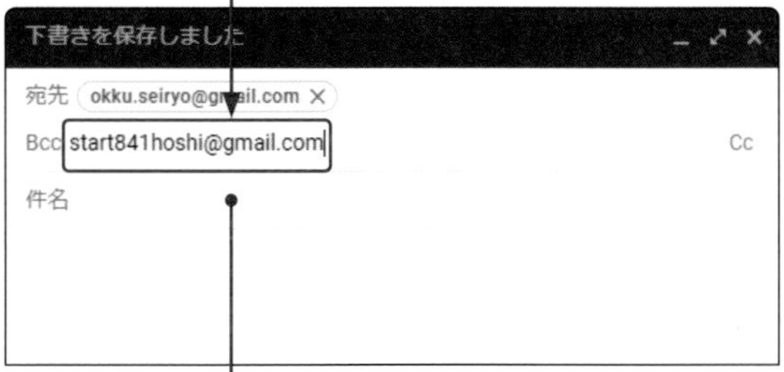

6 <件名>欄をクリックすると、

7 宛先がまとめられて表示されます。

「Bcc」で区切られています。

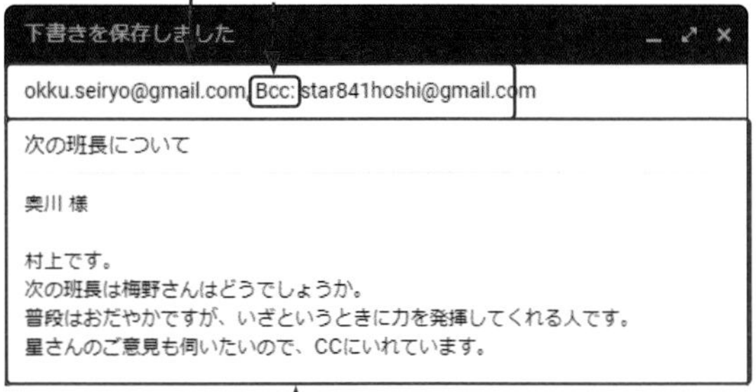

8 件名を入力し、メッセージを作成して送信します。

Keyword Bcc

Bccは、ToやCcの宛先のほかに送っておきたい相手を指定します。ToやCcの相手が受信した際にBccの宛先（名前やメールアドレス）は表示されません。
Bccは、ほかの人に送信したことを隠すというよりも、不特定多数の相手に送信する場合や、複数の相手に送る際にお互いが知らない同士の場合など、個人のメールアドレスをほかの人に知られないようにするという目的で利用するものです。

Memo Toは必ず入力する

Bccを利用する場合、Toには必ずメールアドレスを入力する必要があります。全員Bccにしたい場合は、自分のメールアドレスをToに入力するとよいでしょう。

Hint Bccの取り消し

Bcc欄に入力したメールアドレスを取り消すには、メールアドレスをドラッグして選択し Delete を押すか、メールアドレスの右に表示される ☒ をクリックします。

Section 14

HTML形式とテキスト形式を使い分けよう

キーワード
- HTML形式
- プレーンテキスト形式
- 書式設定

Gmailで送信するメッセージの種類には、HTML形式とプレーンテキスト形式があります。HTML形式は文字に色を付けるなどの修飾ができ、プレーンテキスト形式は文字のみで構成されます。Gmailの初期設定はHTML形式です。送信するメールによって形式を使い分けるとよいでしょう。

1 メッセージをプレーンテキスト形式にする

Key word HTML形式

HTMLはリッチテキストとも呼ばれ、テキストに書式や文字修飾などを施したり、写真を挿入したりすることができる形式のことです。

Key word プレーンテキスト形式

プレーンテキスト（plain text）は、通常「テキスト形式」を呼ばれ、HTML形式のように文字に対して太字や色などの修飾をしない文字形式のことです。

Memo HTML形式とプレーンテキスト形式の使い分け

HTML形式はメールにさまざまな装飾ができる反面、相手によって装飾が正しく表示されなかったり、迷惑メールに間違えられてしまうなどのデメリットがあります。テキスト形式では相手の環境にかかわらず同じ形式で送信できるので、ビジネスなどの必ず相手に届ける必要があるメールの場合はテキスト形式で送るとよいでしょう。

1 Gmail画面で＜作成＞をクリックして、

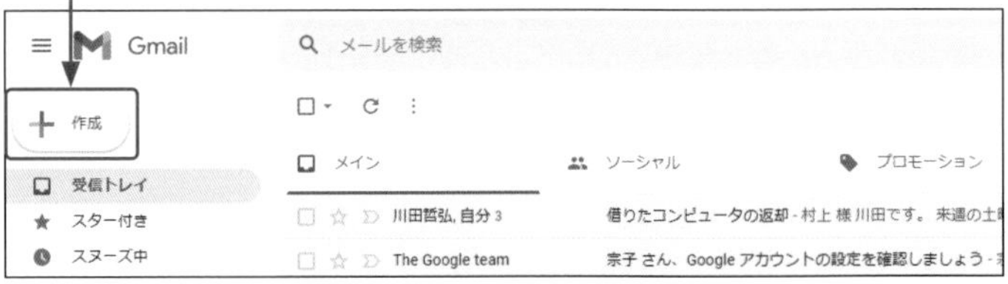

2 新規メッセージ作成画面を表示します。

3 ＜その他のオプション＞をクリックし、

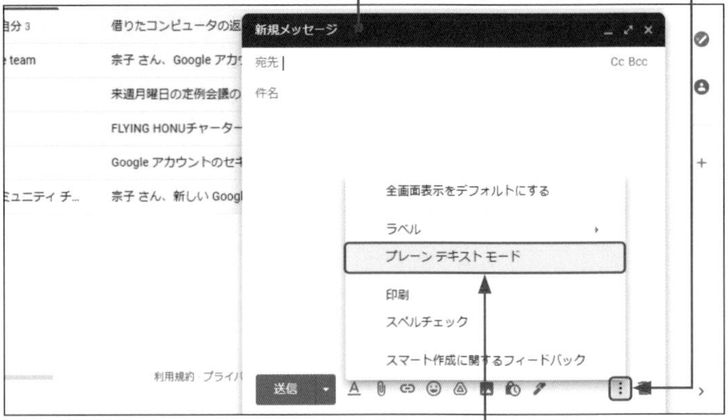

4 ＜プレーンテキストモード＞をクリックしてオンにすると、

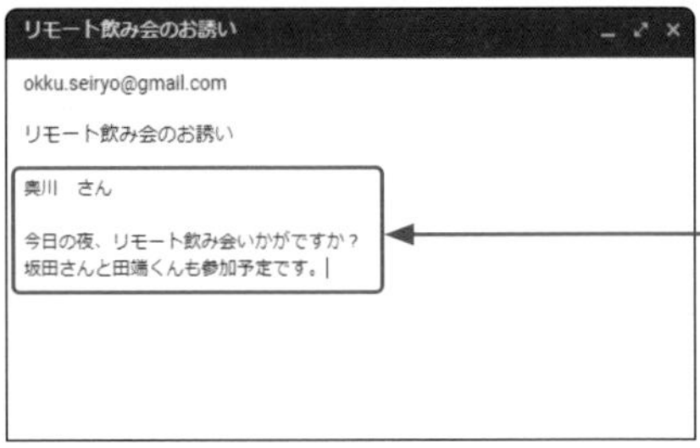

5 テキスト形式で入力できます。

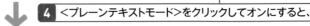

2 メッセージをHTML形式に戻す

1 新規メッセージ作成画面を表示します。

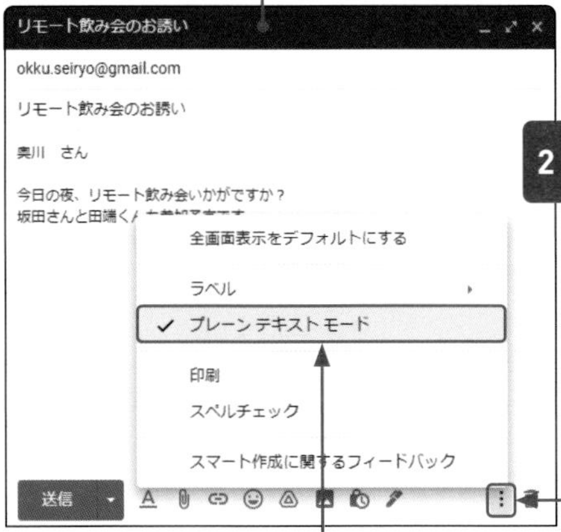

2 <その他のオプション>をクリックし、

3 <プレーンテキストモード>をクリックしてオフにすると、HTML形式に戻ります。

Memo 書式設定オプション

プレーンテキストモードにしていても、<書式設定オプション>をクリックすると書式設定オプションのツールバーが表示されるので、利用することはできます。利用した時点でプレーンテキストモードがオフになり、HTML形式に切り替わります。

Hint 書式を設定するツールバー

HTML形式のメールには、書式設定オプションのツールバーが表示されます。各書式のアイコンをクリックして、文字列の書式を変更したり、写真を挿入したりすることができます（Sec.16参照）。

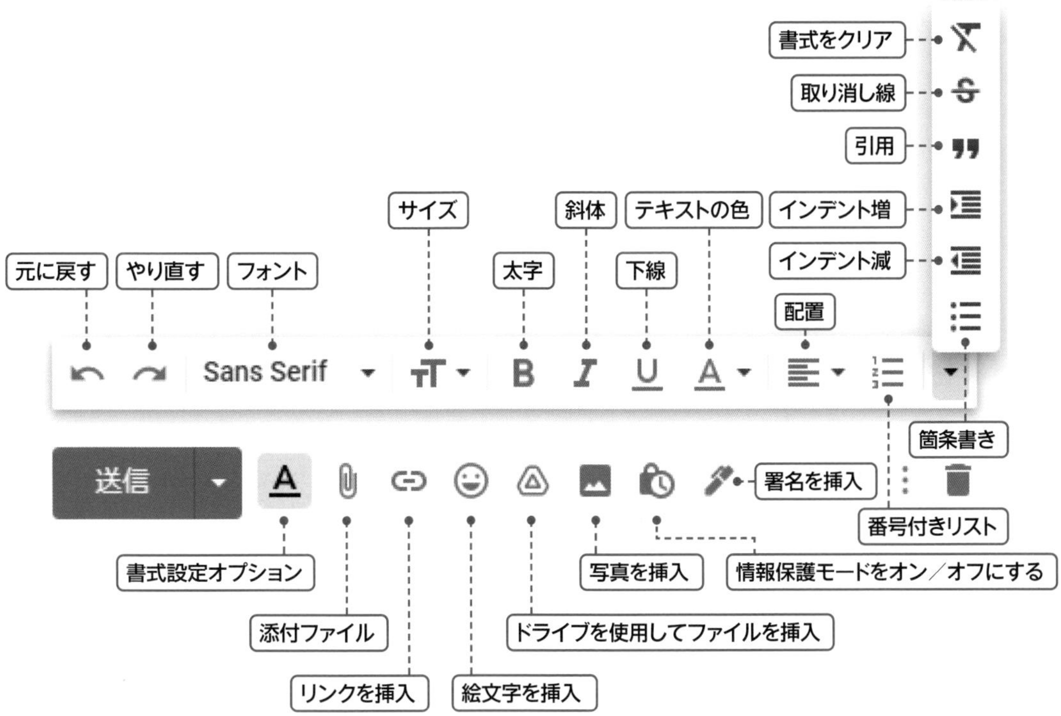

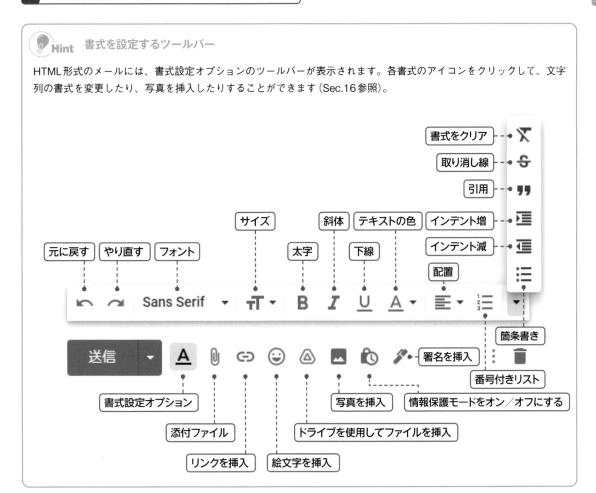

Section 15

署名を作成しよう

🏴 キーワード
- 署名
- 設定画面
- 署名の挿入

送信メールの最後には、通常、自分の名前や連絡先を入力しますが、メールを作成するたびに入力するのは面倒です。Gmailでは、あらかじめ送信者のフォーマットとなる署名を登録しておくことができます。署名を登録しておくと、新規メッセージ作成画面に自動的に署名が挿入されます。

1 署名を作成する

Keyword 署名

署名とは、送信者の名前、連絡先（住所や電話、メールアドレスなど）をまとめたテキストのことです。登録しておくと、新規メッセージ作成画面に自動的に挿入されます。

Memo 署名の入力

署名ボックスには、何行でも入力が可能で、文字を修飾することもできます。しかし、あまり長い署名や凝ったものは、見づらくなるので気を付けましょう。また、メッセージ欄での本文との区切り用に、先頭に記号などで罫線を付けておくのもよいでしょう。

Hint 署名の表示

手順❻で＜返信で元のメッセージの前にこの署名を挿入し、その前の「-」行を削除する。＞をオフにすると、2つのハイフン(-)が表示されます。署名に記号などで区切りを入れている場合は、オンにしておきましょう。

--
--*-*-*-
鈴木 恵

1 Gmail画面を表示します。

2 ＜設定＞をクリックして、

3 ＜すべての設定を表示＞をクリックします。

4 ＜設定＞画面の＜全般＞タブをクリックして、

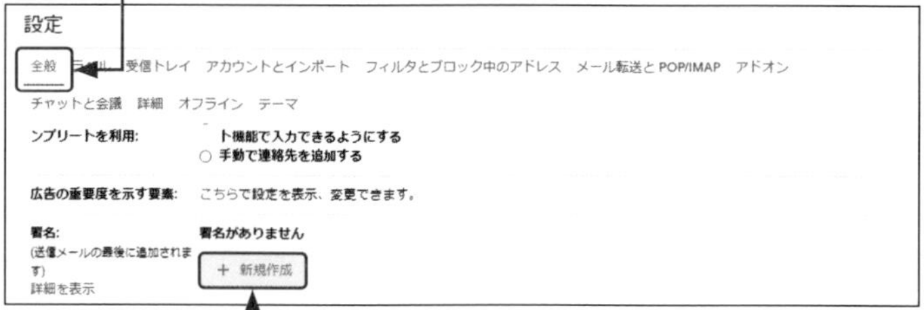

5 ＜新規作成＞をクリックします。

6 署名を区別するための名前を入力して、

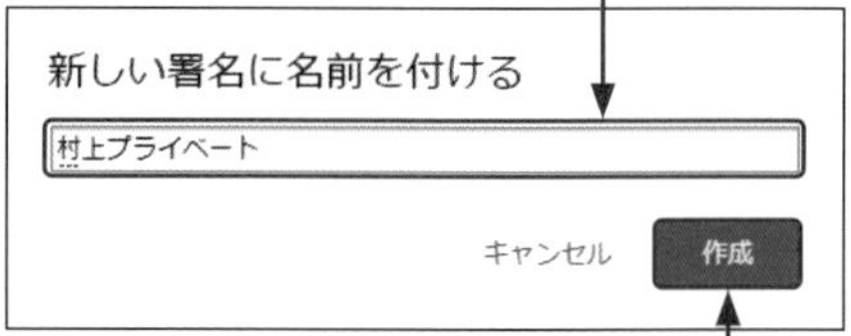

7 ＜作成＞をクリックします。

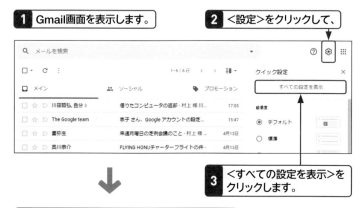

8 名前や連絡先を署名として入力して、

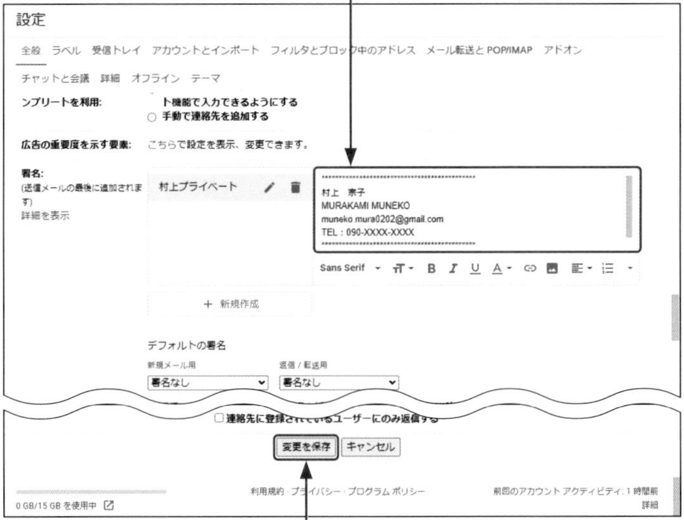

9 <変更を保存>をクリックします。

2 署名を挿入する

1 Gmail画面の<作成>をクリックします。

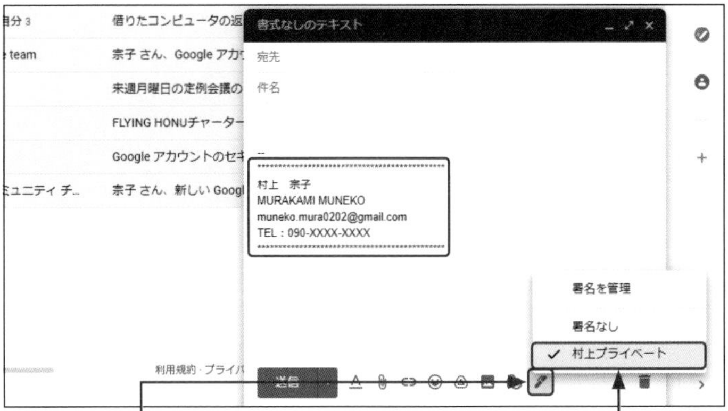

2 <署名>をクリックし、

3 作成した署名をクリックすると、入力画面に追加されます。

Hint 署名を挿入したくない

メールによっては、署名を挿入したくない場合もあります。その場合は、<署名なし>をオンにします（手順2参照）。<署名なし>にしても、作成した署名テキストは保存されています。

Section 16

メッセージを装飾しよう

キーワード

- テキストの書式
- 写真と絵文字

HTML形式のメールでは、文字に色を付けたり、文字サイズを変更したり、表現豊かなメールを作成することができます。また、メッセージに写真や絵文字を挿入することができます。なお、メールを受け取る相手によっては、装飾が正しく表示されないこともあります。

1 文字に色を指定する

Memo 書式設定オプション

新規メッセージ作成画面に書式設定オプションのツールバーが表示されていない場合は、＜書式設定オプション＞をクリックすると表示されます。

Sans Serif
送信
保存しました

Hint テキストの背景色

書式設定オプションの＜背景色＞パレットでは、文字の背景にも色を付けることができます。マーカーを引いたような協調表示ができるので便利です。

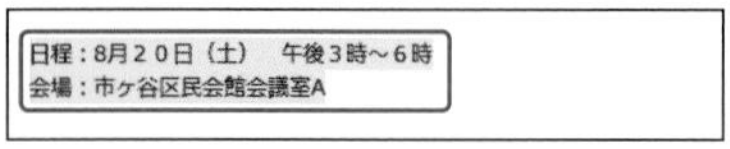

日程：8月２０日（土）　午後３時～６時
会場：市ヶ谷区民会館会議室A

Hint 一部の文字列の色を変更する

右の方法ではメッセージ欄の文字の色が、すべて指定した文字色になります。一部の文字列の色を変更したい場合は、入力した文字列をドラッグして選択し、＜テキストの色＞パレットから色をクリックして選択します。

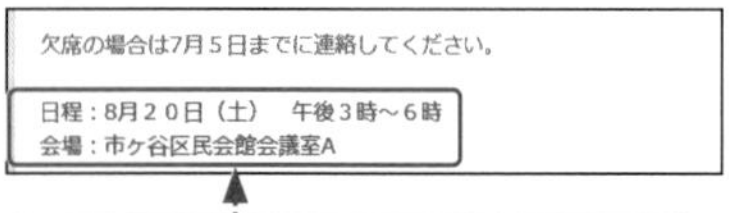

欠席の場合は7月５日までに連絡してください。
日程：8月２０日（土）　午後３時～６時
会場：市ヶ谷区民会館会議室A

一部の文字列の色が変更されます。

1 Gmail画面の＜作成＞をクリックし、新規メッセージ作成画面を表示します。

2 宛先や件名を入力し、

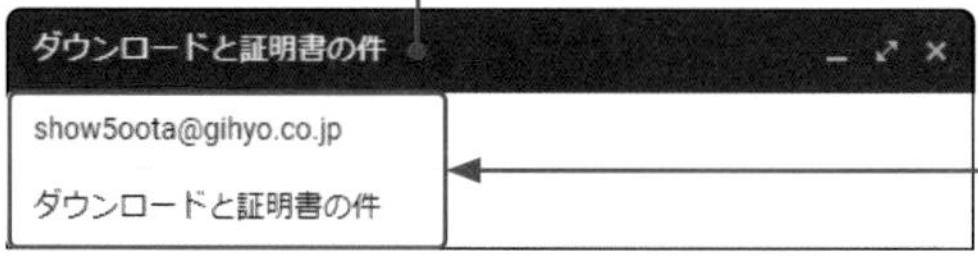

ダウンロードと証明書の件
show5oota@gihyo.co.jp
ダウンロードと証明書の件

3 ＜書式設定オプション＞をクリックし、

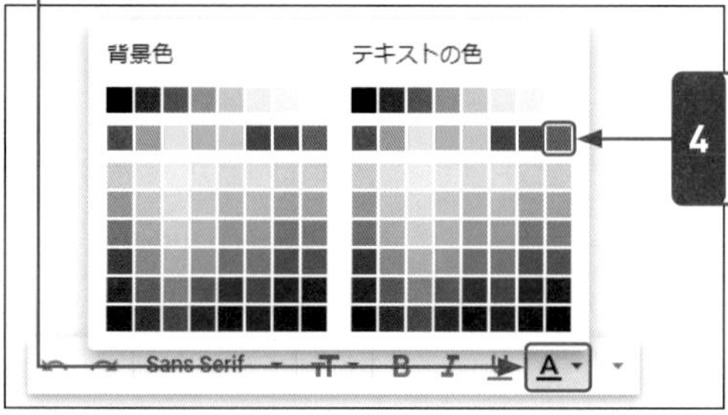

Sans Serif

4 ＜テキストの色＞パレットから文字色をクリックします。

5 文字を入力すると、指定した文字色が付きます。

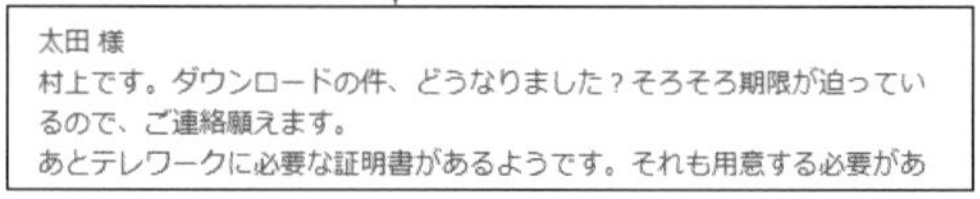

太田 様
村上です。ダウンロードの件、どうなりました？そろそろ期限が迫っているので、ご連絡願えます。
あとテレワークに必要な証明書があるようです。それも用意する必要があ

Hint そのほかの文字修飾機能

書式設定オプションには、ここで紹介する書式設定のほかに、＜太字＞B、＜斜体＞I、＜下線＞Uなど、さまざまな書式が用意されています。書式設定のツールバーについては、51ページのHintを参照してください。

太字

日程：8月２０日（土）　午後３時～６時
会場：市ヶ谷区民会館会議室A

下線

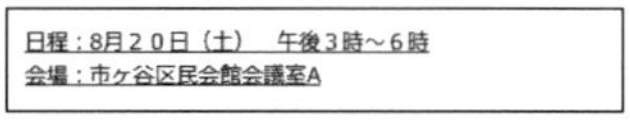

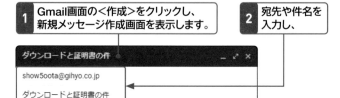

日程：8月２０日（土）　午後３時～６時
会場：市ヶ谷区民会館会議室A

2 文字サイズを変更する

ここでは、一部のサイズを変更します。

1 変更したい文字列をドラッグして選択し、

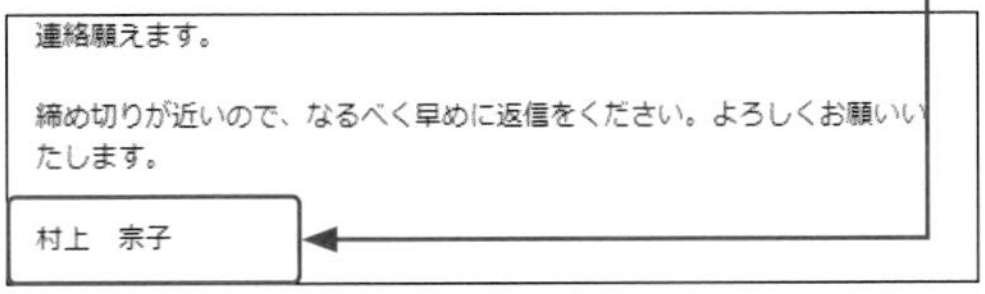
連絡願えます。
締め切りが近いので、なるべく早めに返信をください。よろしくお願いいたします。
村上　宗子

2 ＜サイズ＞をクリックして、

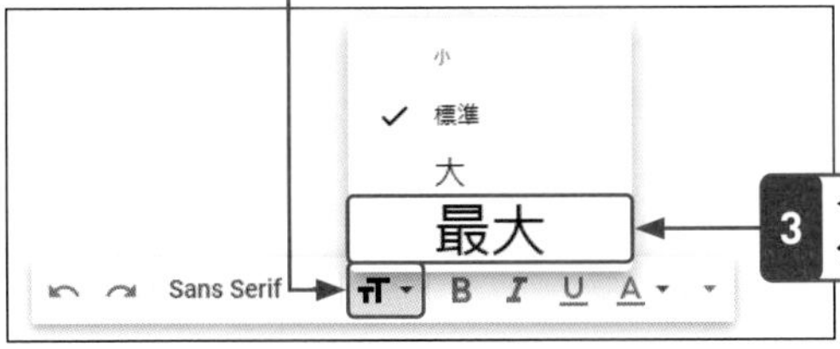
小
標準
大
最大
Sans Serif

3 ＜最大＞をクリックします。

4 文字サイズが変更されます。ほかの文字列をそれぞれのサイズに変更してみます。

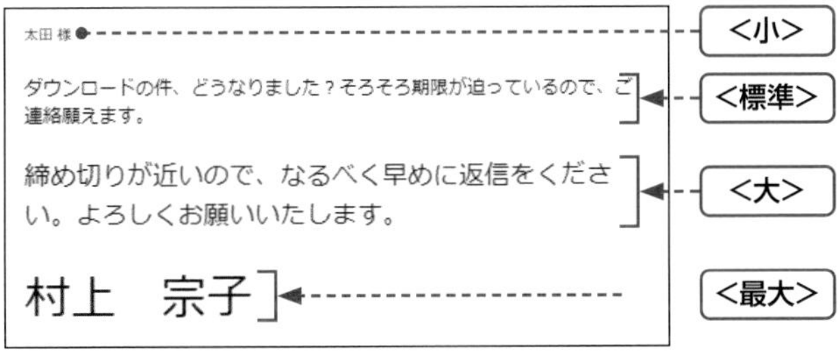
太田 様
ダウンロードの件、どうなりました？そろそろ期限が迫っているので、ご連絡願えます。
締め切りが近いので、なるべく早めに返信をください。よろしくお願いいたします。
村上　宗子
＜小＞
＜標準＞
＜大＞
＜最大＞

Memo 文字サイズの変更

メッセージの文字サイズは、初期設定では＜標準＞になっています。このサイズを小さくしたり、大きくしたりすることができます。入力前、あるいは入力後に変更したい文字列をドラッグして指定し、書式設定オプションの＜サイズ＞をクリックして、変更したいサイズをクリックします。

Hint 書式をクリアする

設定した文字修飾を解除したい場合は、文字列を選択して＜書式をクリア＞をクリックします。

3 文字列を箇条書きにする

1 箇条書きにする文字列を選択し、

2 書式設定オプションの＜箇条書き＞をクリックします。

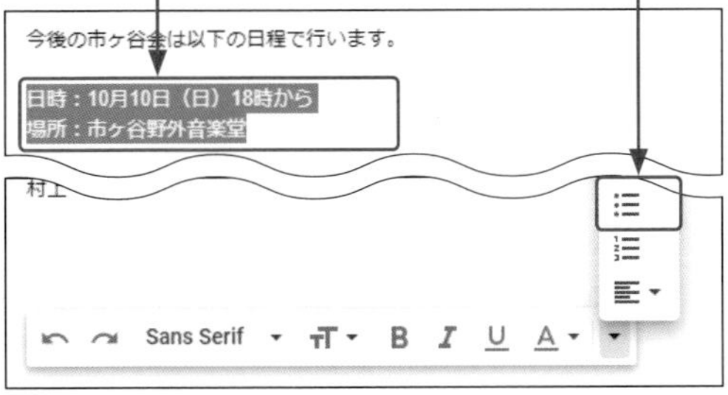
今後の市ヶ谷会は以下の日程で行います。
日時：10月10日（日）18時から
場所：市ヶ谷野外音楽堂
村上
Sans Serif

3 箇条書きが設定されます。

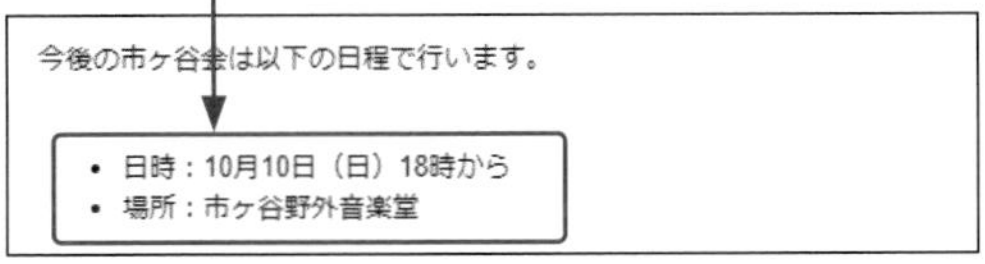
今後の市ヶ谷会は以下の日程で行います。
• 日時：10月10日（日）18時から
• 場所：市ヶ谷野外音楽堂

Memo 箇条書きを取り消す

箇条書きを取り消すには、箇条書きが設定された段落を選択して、書式設定オプションの＜箇条書き＞をクリックします。

Hint インデントを利用する

インデントとは、メッセージが入る範囲で、文章の先頭あるいは右端の位置を設定するものです。箇条書きや別記など、本文と差を付けたい、目立たせたい場合などに利用します。
文章を選択し、書式設定オプションの＜インデント増＞をクリックします。1回クリックするごとに1文字分内側にインデントが設定されます。

4 メッセージに写真を挿入する

1 メールを作成します。

2 写真を挿入する位置にカーソルを置いて、

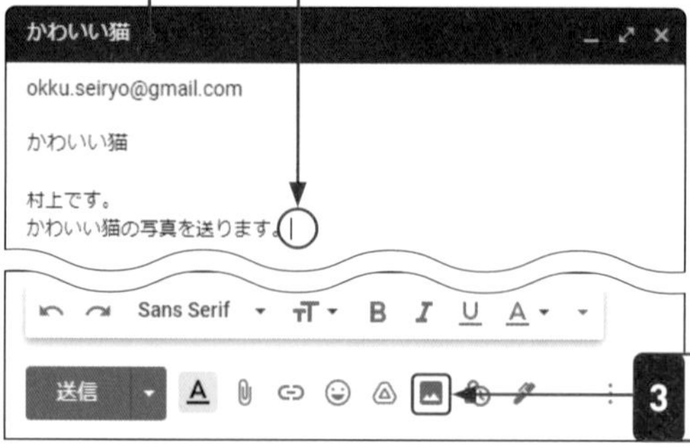

3 ＜写真を挿入＞をクリックします。

4 ＜写真をアップロード＞画面が表示されるので、

5 ＜アップロード＞をクリックし、

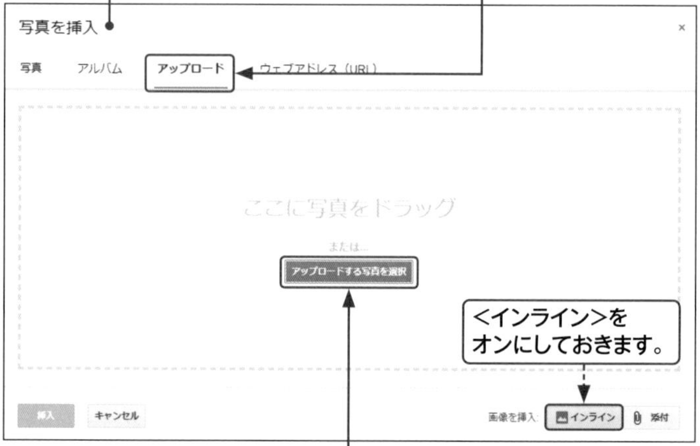

＜インライン＞をオンにしておきます。

6 ＜アップロードする写真を選択＞をクリックします。

7 挿入する写真をクリックし、

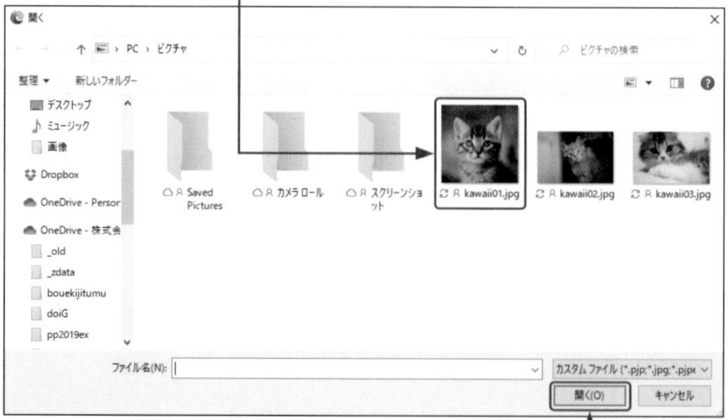

8 ＜開く＞をクリックします。

Memo 写真の挿入と添付の違い

写真を相手に見せる方法には、右の操作のようにメッセージに挿入する「インライン」と、写真のファイル自体をメールに「添付」する方法があります。ファイルを添付する方法は、Sec.18を参照してください。

Hint 挿入写真のサイズ変更

挿入された写真はオリジナルのサイズです。メッセージ欄に対して大きすぎる場合は、写真をクリックして選択し、四隅をドラッグするか、写真の下に表示される＜小＞をクリックして小さいサイズにします。

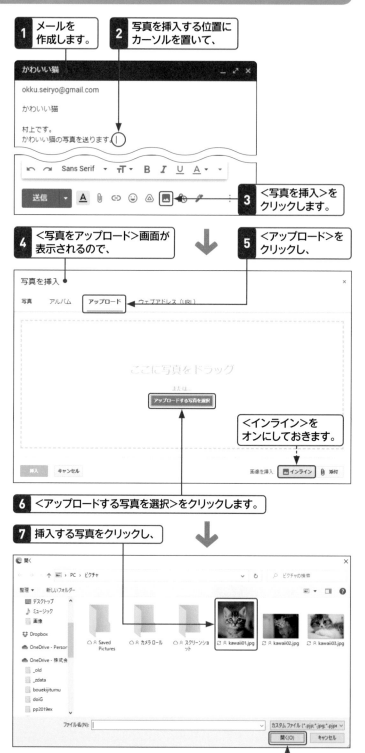

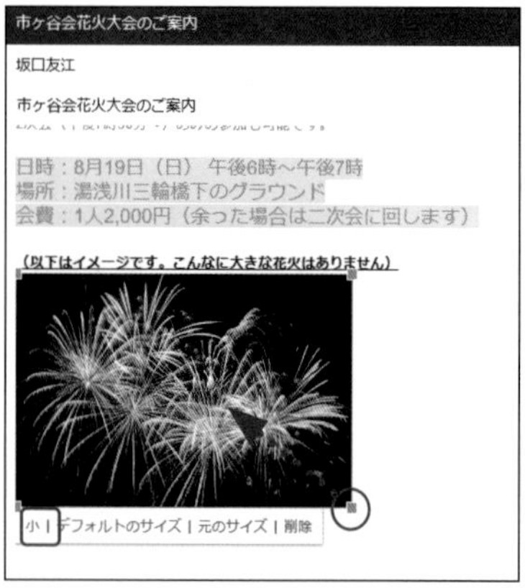

9 メッセージにインラインで写真が挿入されます。

Memo 写真の削除

写真の挿入を取りやめたい場合は、写真をクリックして選択し、Delete を押します。

5 絵文字を挿入する

1 絵文字を挿入したい位置にカーソルを置き、

2 <絵文字を挿入>をクリックします。

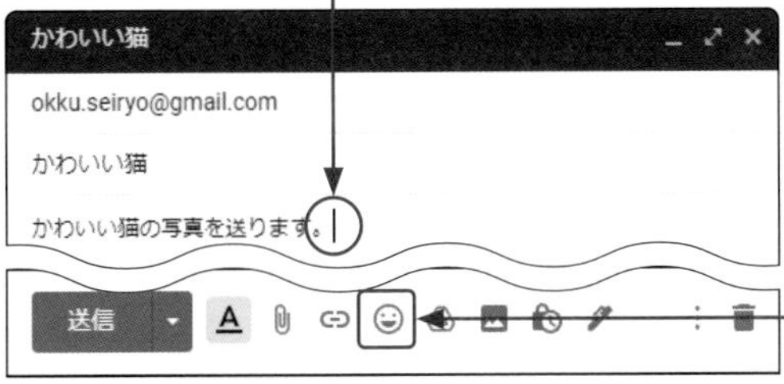

3 顔の絵文字リストが表示されます。

4 挿入したい絵文字をクリックして、

5 ここをクリックして、絵文字リストを閉じます。

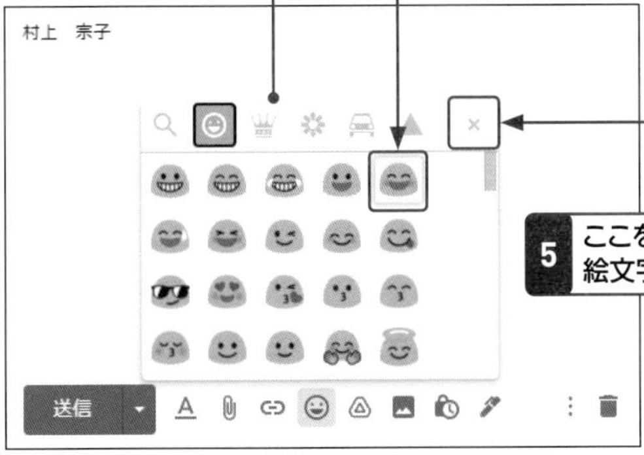

6 絵文字が挿入されます。

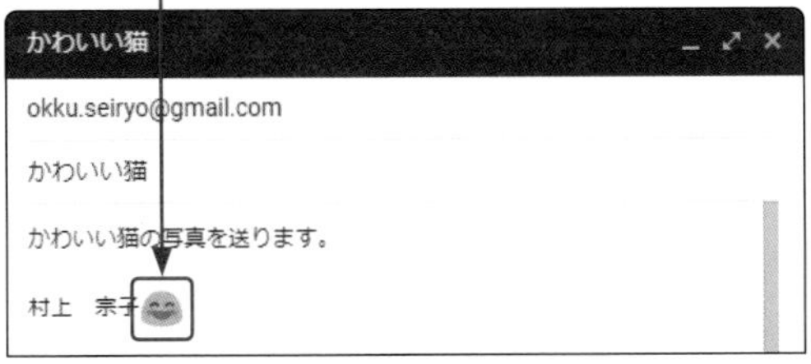

Memo 複数の絵文字を挿入する

絵文字はカーソルの位置に挿入されます。手順**4**のあと、絵文字を再度クリックすれば複数の絵文字を挿入できます。

Hint そのほかの絵文字

絵文字リストの上にあるアイコンをクリックすると、物、自然テーマ、交通テーマ、記号の各絵文字リストが表示されます。

自然テーマの絵文字

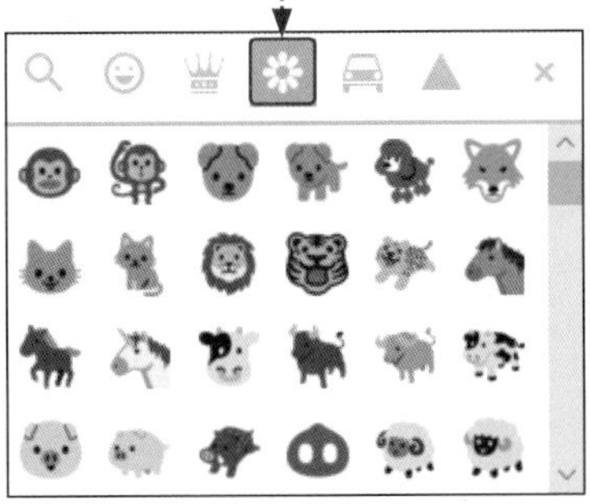

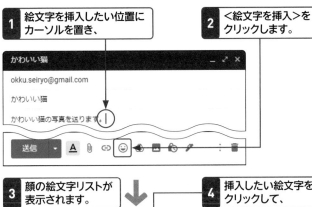

Section 17

受信したメールに返信／転送しよう

キーワード
・メールの返信
・メールの転送
・全員に返信

受信したメールに返信することができます。返信するには、受信メールのメッセージ画面を表示して、＜返信＞をクリックすると、返信のメッセージを入力できる画面が表示されます。通常の送信と同じように、メッセージを入力して、＜送信＞をクリックします。また、受信したメールを転送することもできます。

1 受信したメールに返信する

Hint そのほかの方法

画面左下の＜返信＞をクリックしても、同様に手順5の返信メッセージ欄が表示されます。

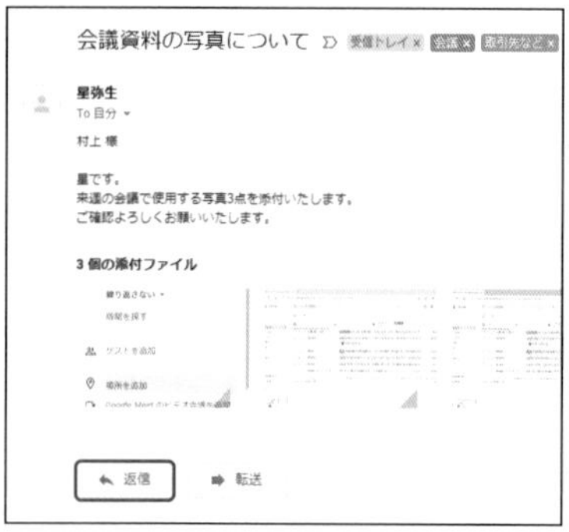
会議資料の写真について
星弥生
To 自分
村上 様
星です。
来週の会議で使用する写真3点を添付いたします。
ご確認よろしくお願いいたします。
3 個の添付ファイル
返信
転送

1 ＜受信トレイ＞をクリックし、

2 返信するメールをクリックすると、

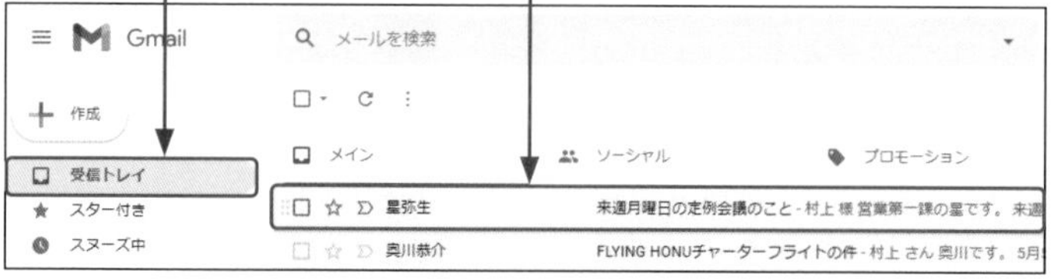
Gmail
メールを検索
作成
メイン
ソーシャル
プロモーション
受信トレイ
スター付き
スヌーズ中
星弥生
来週月曜日の定例会議のこと - 村上 様 営業第一課の星です。
奥川恭介
FLYING HONUチャーターフライトの件 - 村上 さん 奥川です。

3 メッセージ画面が表示されます。

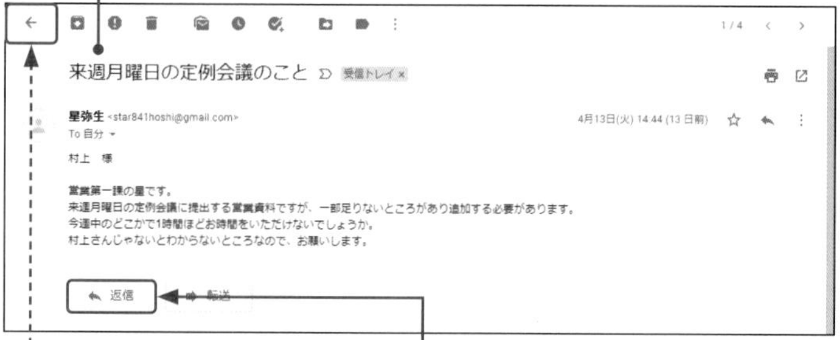
来週月曜日の定例会議のこと
受信トレイ
星弥生 <star841hoshi@gmail.com>
To 自分
村上 様
営業第一課の星です。
来週月曜日の定例会議に提出する営業資料ですが、一部足りないところがあり追加する必要があります。
今週中のどこかで1時間ほどお時間をいただけないでしょうか。
村上さんじゃないとわからないところなので、お願いします。
返信
転送

ここをクリックすると、＜受信トレイ＞に戻ります。

4 ＜返信＞をクリックすると、

5 メッセージの下に返信用のメッセージ欄が表示されます。

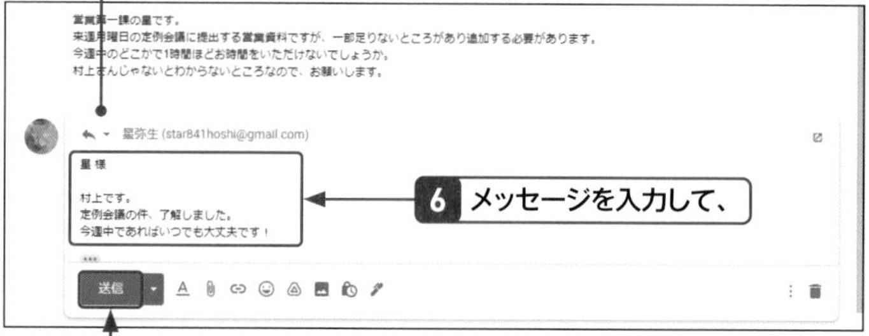
星弥生 (star841hoshi@gmail.com)
星 様
村上です。
定例会議の件、了解しました。
今週中であればいつでも大丈夫です！
送信

6 メッセージを入力して、

7 ＜送信＞をクリックします。

Memo 短縮されたコンテンツを表示する

長いメールの場合、返信メッセージ欄を表示するために後半部分が短縮して表示されることがあります。メッセージ欄の下にある＜コンテンツをすべて表示する＞ をクリックすると、すべてのメッセージが表示されます。
また、返信メッセージ欄にある＜コンテンツをすべて表示する＞ には、もとのメールの文面が引用された状態でまとめられています。

2 受信したメールを全員に返信する

1 複数の人宛に送信されたメールをクリックして、メッセージ画面を示します。

2 ＜その他＞をクリックし、

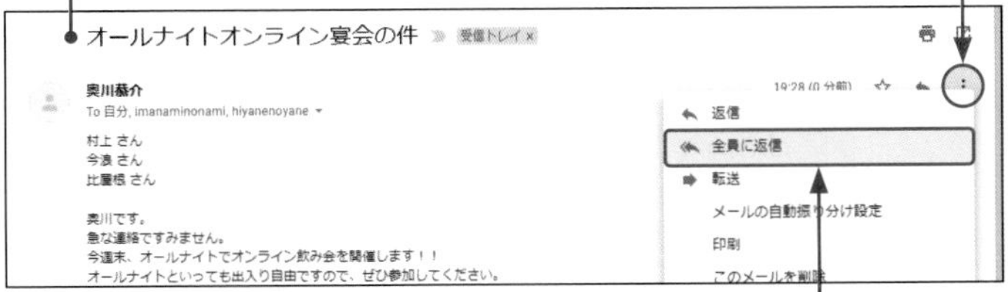

3 ＜全員に返信＞をクリックします。

4 送信されたアドレスの全員が表示されます。

5 メッセージを入力し、

6 ＜送信＞をクリックします。

Hint そのほかの方法

画面下の＜全員に返信＞をクリックしても、同様に手順**4**の全員に返信メッセージ欄が表示されます。

Memo 全員に返信する

複数の人に送られている場合、送信者にのみ返事をする場合は通常の＜返信＞をクリックします。全員に知らせたほうがよい返信の場合は＜全員に返信＞をクリックしましょう。この場合、Toのほか Cc（Sec.13参照）で送られた人にも送信されます。

3 受信したメールをほかの人に転送する

1 転送するメールをクリックして、メッセージ画面を表示します。

2 ＜その他＞をクリックし、

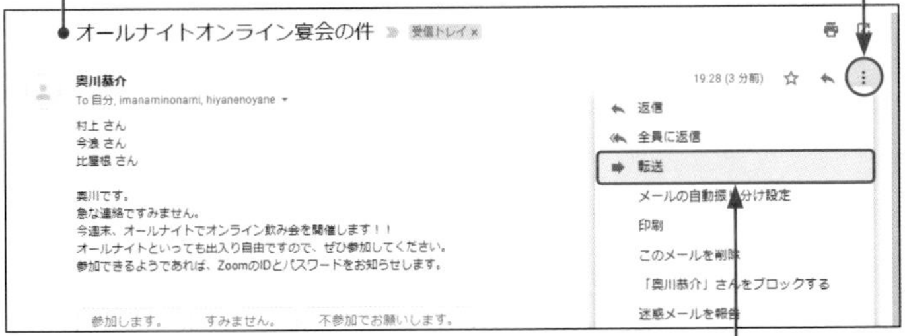

3 ＜転送＞をクリックすると、

4 下に転送用画面が表示されます。

5 ＜To＞に転送先のメールアドレスを入力し、

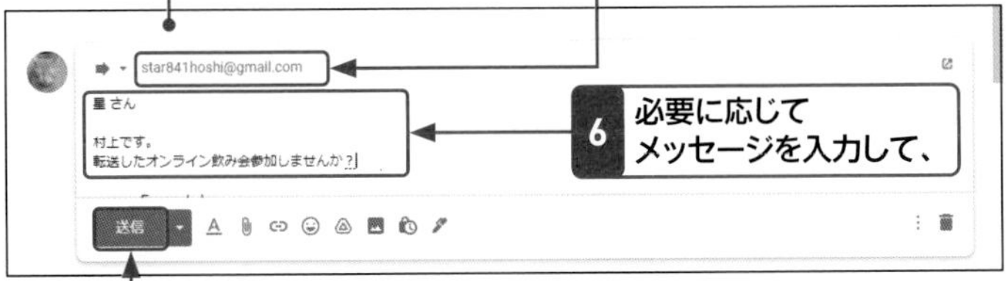

6 必要に応じてメッセージを入力して、

7 ＜送信＞をクリックします。

Memo メールの転送

Gmailでは、受信したメールを転送する機能があります。＜転送＞をクリックするだけで、メールの内容をそのままほかの人へ転送することが可能です。また、特定のメールを指定して自動転送することもできます。詳しくは、Sec.64を参照してください。

Hint 転送メールの件名

Outlookなどの転送メールには、「FW：」が付いた件名が表示され、変更が可能ですが、Gmailでは件名を変更できません。件名の先頭に「Fwd：」が付いて、そのまま相手に届きます。

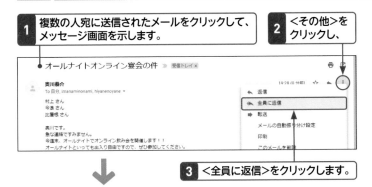

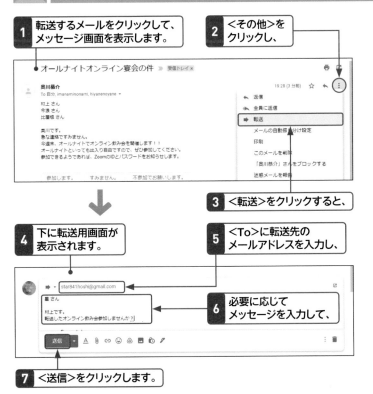

Section 18

添付ファイルを送信しよう

キーワード

- 添付ファイル
- 添付ファイルの保存
- 圧縮ファイル

Gmailでは、文書や画像などのファイルをメールといっしょに送ることができます。このファイルのことを添付ファイルといいます。なお、送受信できるメールの上限サイズは添付ファイルを含めて25MBまでです。また、フォルダー自体は添付できないので、圧縮ファイルにして送信します。

1 メールにファイルを添付して送信する

Key word 添付ファイル

添付ファイルとは、メールといっしょに送信するファイルのことで、文書や写真などを送ることができます。なお、拡張子に「exe」が付いた実行ファイルと呼ばれるファイルなどは、Gmailのセキュリティ機能によってウイルスファイルと判断されるため、送受信できません。

Hint 添付ファイルの容量

添付ファイルとして送信できるファイルの容量は、25MBまでです。ファイルを添付すると容量が表示されるので、参考にしてください。ファイル容量が25MBを超えた場合、あるいは25MB以内でも受信する相手側のメールボックスの容量を超えている場合には、送信者に戻されてしまいます。

Memo 複数添付する

添付ファイルは複数送ることができます。手順6で、Ctrlを押しながら、添付ファイルをクリックして複数選択します。

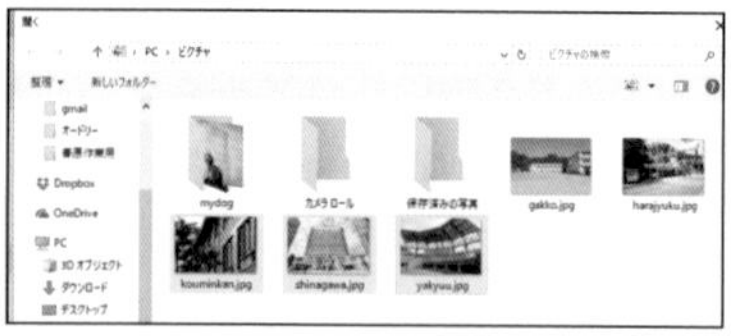

1 新規メッセージ作成画面を表示し、

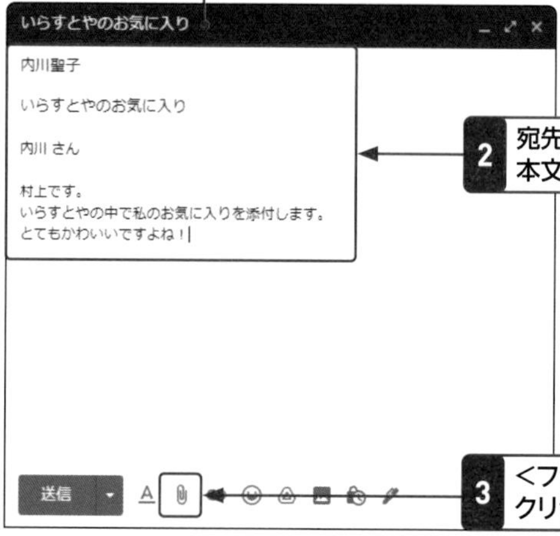

2 宛先や件名、メッセージの本文を入力します。

3 <ファイルを添付>をクリックすると、

4 <開く>画面が表示されます。

5 添付ファイルが保存されている場所を指定して、

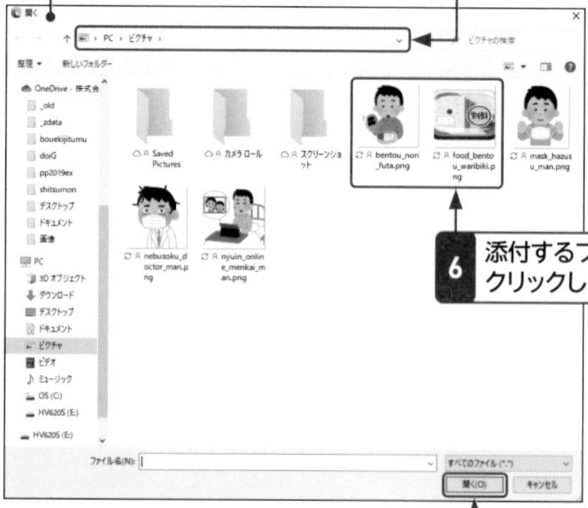

6 添付するファイルをクリックし、

7 <開く>をクリックします。

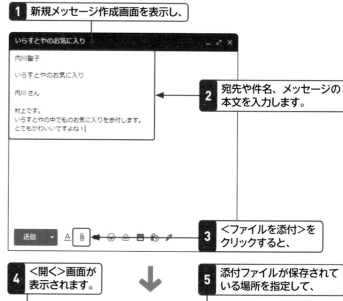

8 ファイルが添付されるので、

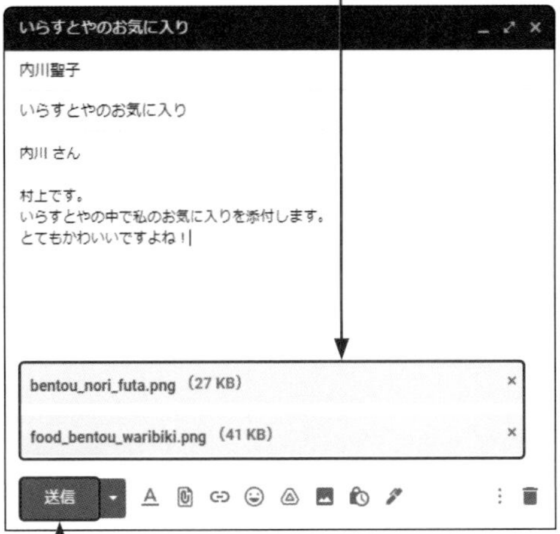

9 ＜送信＞をクリックします。

Hint 添付ファイルをとりやめる

添付したファイルを削除するには、添付ファイル名右の×をクリックします。

Memo 添付忘れの確認メッセージ

メッセージ文に「添付」という単語が書かれていると、Gmailは添付ファイルが存在すると判断します。ファイルが添付されていない場合は、＜送信＞をクリック後に確認のメッセージが表示されます。そのままでよければ＜OK＞、添付する場合は＜キャンセル＞をクリックしてファイルを添付します。

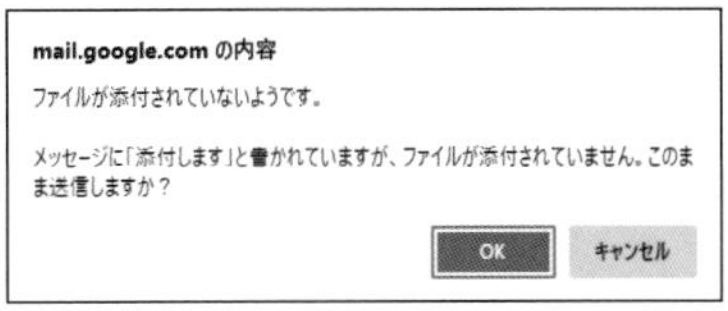

Step up フォルダーは圧縮して添付する

メールに添付できるファイルは、通常の文書や写真などのファイル、あるいは圧縮ファイルです。フォルダー自体は添付できないので、フォルダー内のファイルを個別に指定するか、フォルダーを圧縮します。フォルダーを圧縮するには、フォルダーを右クリックして＜送る＞をクリックし、＜圧縮（zip形式）フォルダー＞をクリックすると、同名の圧縮ファイルが作成されます。この操作は、事前にエクスプローラーで行っておくとよいでしょう。

なお、左ページの手順**4**の＜開く＞画面でも、同様の手順でフォルダーを圧縮することは可能です。

1 フォルダーを右クリックし、

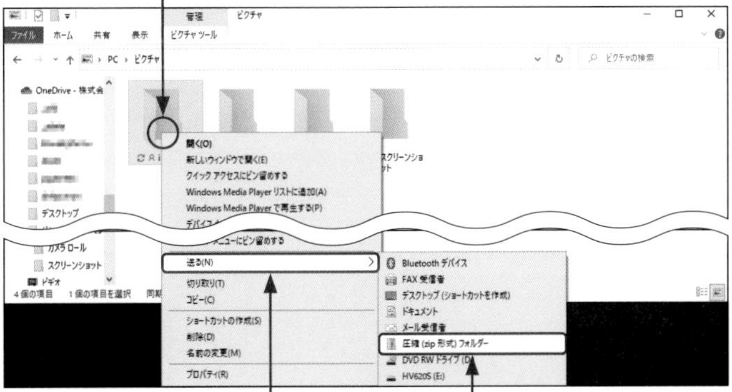

2 ＜送る＞をクリックして、

3 ＜圧縮（zip形式）フォルダー＞をクリックします。

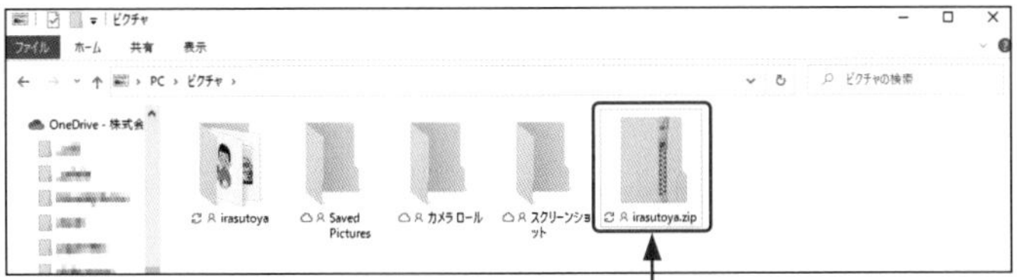

4 圧縮フォルダーが作成されます。

Section
19

受信した添付ファイルを保存しよう

キーワード
- 添付ファイル
- ダウンロード
- 名前を付けて保存

受信したメールに添付ファイルがあると、添付ファイルマークが表示されています。受信した添付ファイルは、パソコンにダウンロードして保存することができます。単純に保存すると、パソコン内の＜ダウンロード＞フォルダーに保存されますが、保存先を指定することも可能です。

1 添付ファイルを表示する

Memo 添付ファイルの確認

受信したメールにファイルが添付されている場合は、件名の下にPDFのようにアイコンが表示されています。これをクリックすると、プレビュー画面になり内容を確認できます。

1 ファイルが添付されたメールをクリックすると、

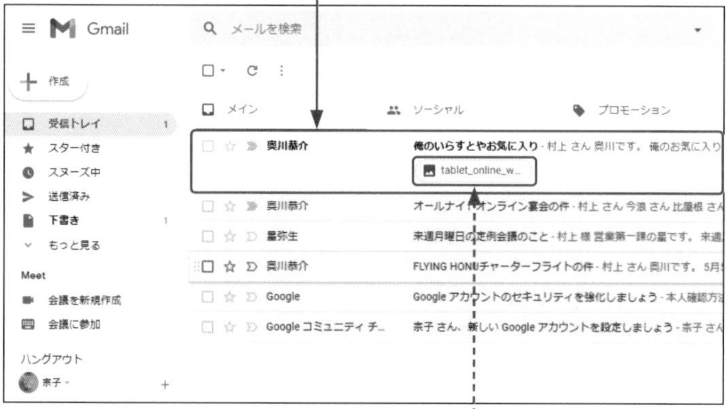

ファイルが添付されていることを示すマーク

2 メッセージ画面が表示されます。

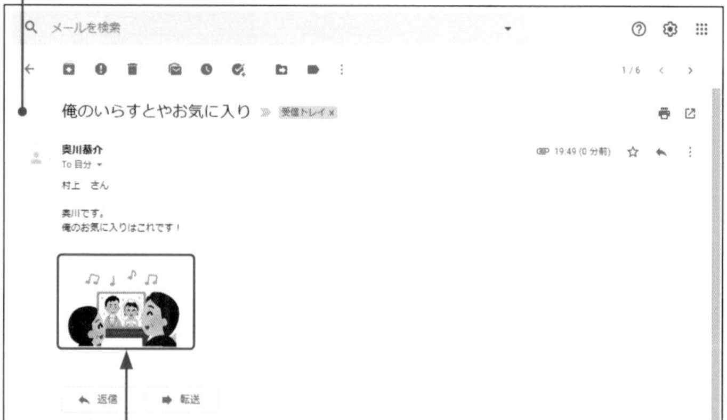

3 添付ファイルが表示されます。

Memo 添付ファイルのサムネイル

手順3の添付ファイルが文書や写真の場合、その内容がサムネイルで縮小表示されます。

2 添付ファイルを保存する

1 添付ファイルにマウスカーソルを移動すると、＜ダウンロード＞と＜ドライブに保存＞アイコンが表示されます。

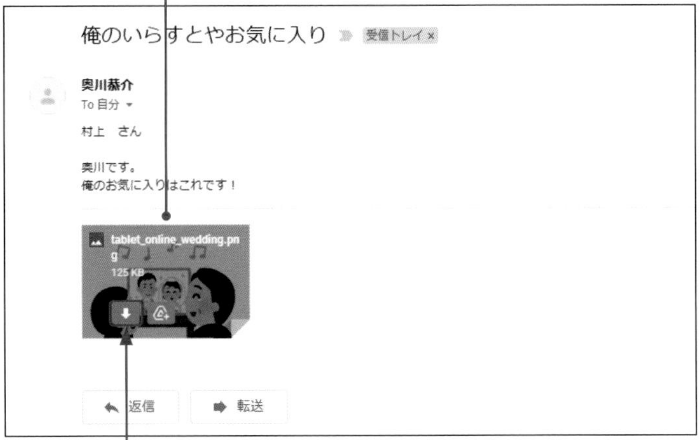

2 ＜ダウンロード＞をクリックします。

3 Webブラウザーの右上に＜ダウンロード＞が表示されます。

4 ＜ファイルを開く＞をクリックします。

5 フォトアプリが起動します。

6 保存する場合は＜名前を付けて保存＞をクリックします。

Step up ドライブに保存する

手順**2**で＜ドライブに保存＞をクリックすると、自動的にGoogleドライブに保存されます。Googleドライブとは、Googleで共有できるWeb上のストレージドライブです。保存されると、アイコンの表示が＜ドライブの整理＞に変わります。これをクリックしてフォルダーを選択すると、Googleドライブ画面に移動します。

Step up 添付ファイルを編集する

WordやExcelのファイルが添付されていた場合は、手順**1**の画面に、＜Googleスプレッドシートで編集＞などのアイコンが表示されます。これをクリックすると、Googleスプレッドシートなどを使用して編集することができます。

Section 20

メールを検索しよう

キーワード
・メールの検索
・検索ボックス
・検索オプション

メールの数が増えてくると、必要なメールを探すのに手間がかかります。そういうときは、メールを検索して探し出しましょう。検索ボックスにキーワードを入力すると、該当するメールをすばやく見つけることができます。目的のメールが探せない場合は、検索オプションを利用して条件を絞り込むことができます。

1 メールを検索する

Memo メールの検索

Gmailの検索機能では、メールの送受信者名、件名、内容の一部などを入力して検索することができます。複数のキーワードを指定して、検索対象を絞ることも可能です。

1 メールを検索したいラベル（ここでは、＜受信トレイ＞）を表示します。

2 検索ボックスにキーワードを入力して、

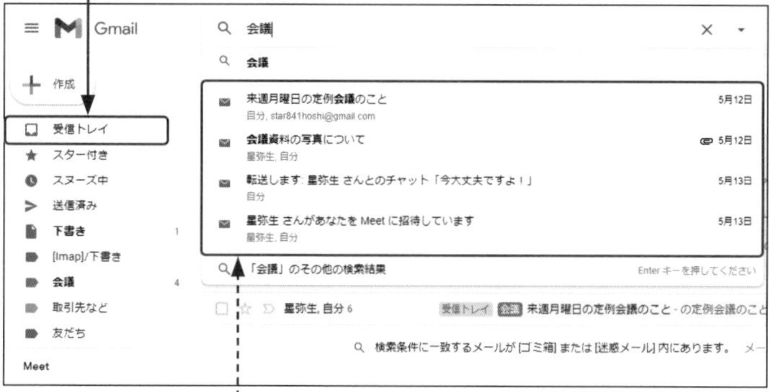

入力中に該当するメールがリストアップされます。

3 Enter をクリックします。

4 該当するメールが表示されます。

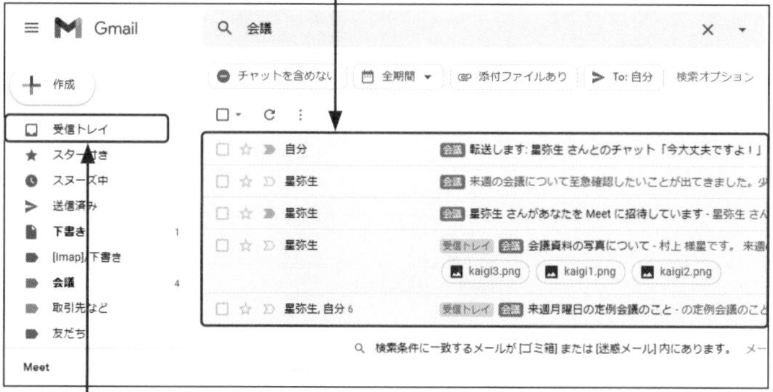

5 ＜受信トレイ＞をクリックすると、もとの表示に戻ります。

Memo 検索結果が得られない場合

目的のメールが見つからない場合は、「検索条件に一致するメールは見つかりませんでした。」というコメントが表示されます。

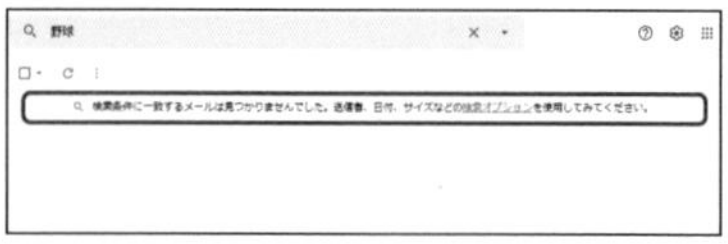

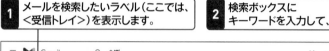

2 差出人を指定してメールを検索する

1 ＜検索オプションを表示＞をクリックします。

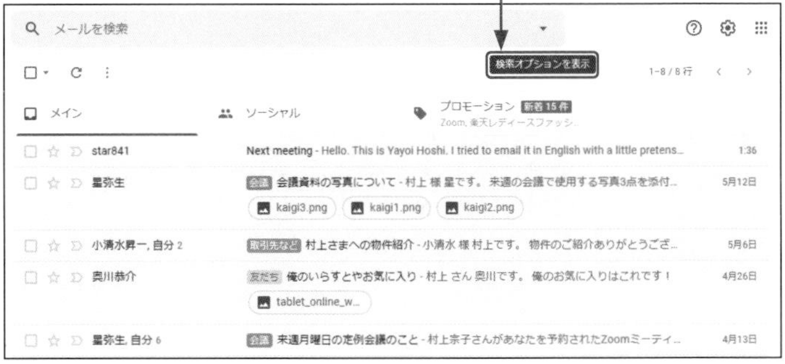

2 オプションを指定する画面が表示されます。

3 差出人を指定し、

4 ＜検索＞をクリックすると、

5 検索結果が表示されます。

6 ＜受信トレイ＞をクリックすると、もとの表示に戻ります。

Memo 検索オプション画面を閉じる

検索オプション画面での指定を取りやめたい場合は、右上の⊠をクリックします。

Memo 検索の条件

検索条件には、差出人のメールアドレス(From)や送信先のメールアドレス(To)、メールの件名の一部などを指定できます。また、メール本文に記載されているキーワードを含める(含めない)、添付ファイルがあるメールだけといった条件を指定したり、検索対象の期間を指定したりすることも可能です。

Hint 検索に使えない文字

Gmailの検索では、キーワードにかっこ、アンパサンド(&)、シャープ記号(#)、アスタリスク(*)などの特殊な文字は使えません。

③ 複数の条件を指定してメールを検索する

Memo 複数の条件

検索のオプションには、FromやTo、件名のほか、キーワードを含む／含まない、添付ファイルの有無などの項目が用意されているので、複数の条件を指定することでさらに絞り込むことができます。

キーワードに「マラソン」を含み、「レディース」を含まないメールを検索します。

1 65ページの手順**1**を操作して、検索オプション画面を表示します。

2 ＜含む＞に「マラソン」を入力して、

3 ＜含まない＞に「レディース」を入力します。

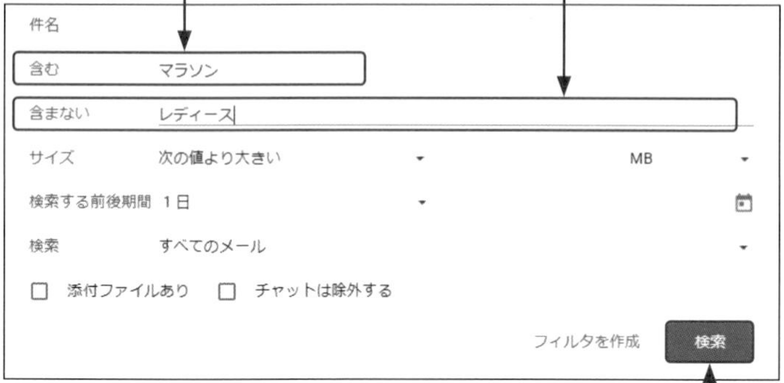

4 ＜検索＞をクリックすると、

5 検索条件に合ったメールが表示されます。

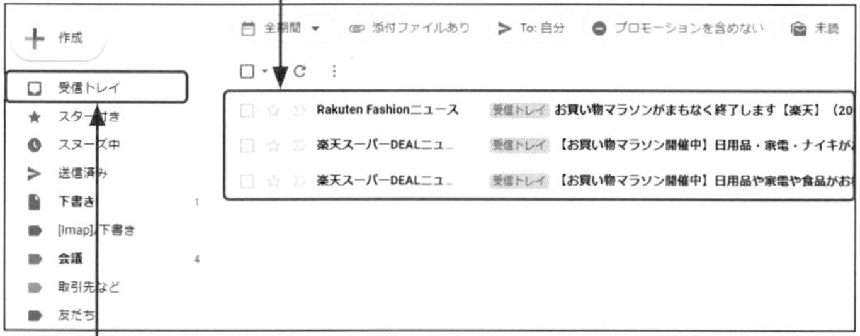

6 ＜受信トレイ＞をクリックすると、もとの表示に戻ります。

Memo キーワードの絞り込み

キーワードを含む／含まないは、正しいメールアドレスや件名がわからない、あやふやなメールを検索したい場合に、メッセージ内の一部のキーワードから探し出すことができます。キーワードを含むだけの検索では大量の結果が表示される場合があるため、不要なキーワードを外す（含まない）ことでより絞り込みが行えます。

Step up 検索対象を絞り込む

通常は＜すべてのメール＞を対象に検索しますが、＜受信トレイ＞内のメールや、スターが付いたメール、送信済みのメール、検索対象期間などを指定して絞り込むことができます。
絞り込みを行うには、＜検索＞の＜すべてのメール＞をクリックし、メールの対象をクリックします。

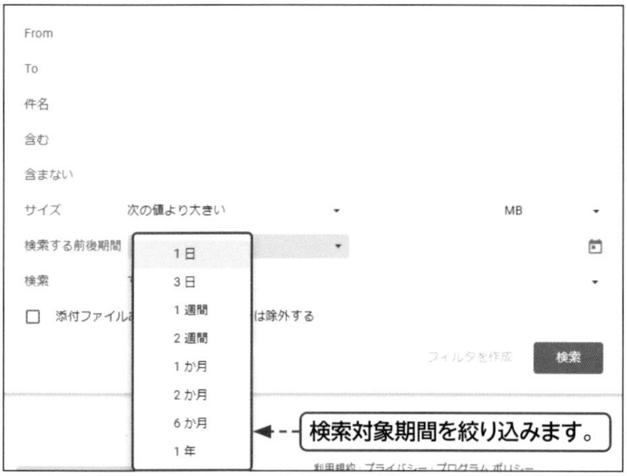

検索対象期間を絞り込みます。

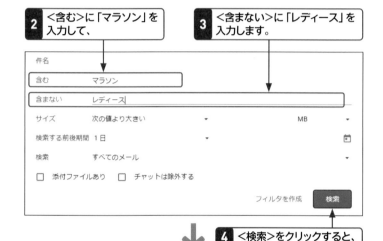

4 日付と期間を指定してメールを検索する

1 65ページの手順**1**を操作して、検索オプション画面を表示します。

2 検索の条件を指定します（ここでは検索する前後期間）。

3 カレンダーアイコンの左側の入力欄をクリックすると、カレンダーが表示されます。

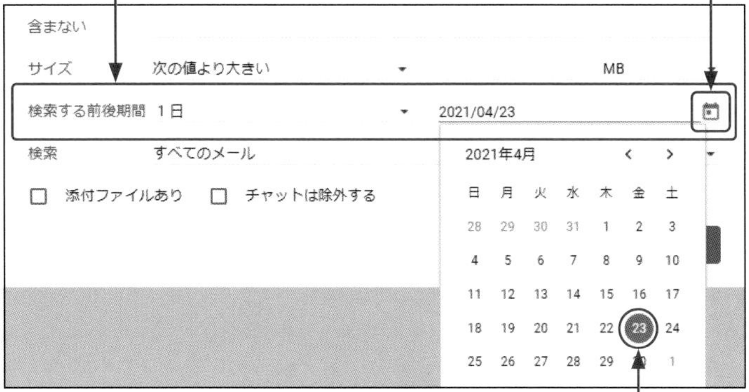

4 日付をクリックすると、

5 日付が指定されます。

6 ここをクリックし、

7 期間をクリックして、

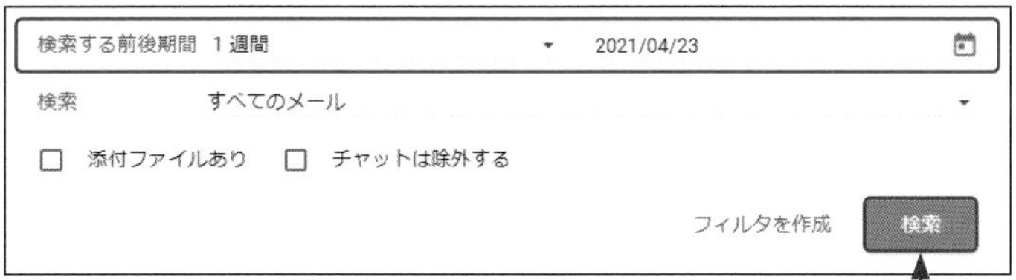

8 ＜検索＞をクリックすると、

9 検索条件に合ったメールが表示されます。

10 ＜受信トレイ＞をクリックすると、もとの表示に戻ります。

Memo 期間の指定

基準となる日を指定し、その日の前後何日間、何週間、何か月かという期間を指定することができます。その期間に送受信したメールから、条件に合ったメールが検索できます。

Memo カレンダーの指定

手順**3**で、前の月を表示したい場合は、左の[＜]をクリックします。右の[＞]をクリックすると翌月に移動します。

Section 21

メールを印刷しよう

キーワード
・すべて印刷
・印刷画面
・ページの指定

メールを印刷するには、メッセージ画面で＜印刷＞をクリックするだけです。印刷する前に、プリンターの設定やカラー印刷などの設定をしておくことが必要です。また、大量のページがある場合、Webブラウザーの＜印刷プレビュー＞で印刷イメージを確認し、不要なページを印刷しない方法もあります。

1 メールを印刷する

Memo 「サイトからのメッセージ」が出たら

Windows 10で印刷を行う際、「サイトからのメッセージ」が表示されることがあります。その場合は＜OK＞をクリックし、画面下にあるメッセージのうち、＜常に許可＞をクリックしてください。

1 印刷したいメールをクリックして、メッセージ画面を表示します。

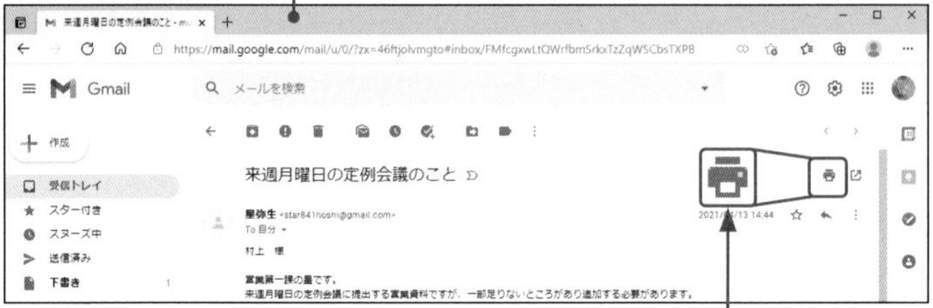

2 ＜すべて印刷＞をクリックします。

3 Webブラウザーの新しいタブに印刷ページが表示されます。

4 ＜印刷＞画面が表示されるので、

5 確認をして、＜印刷＞をクリックします。

6 印刷が終了したら、タブの＜閉じる＞をクリックします。

Memo メールの一部しか印刷されない場合

メールの一部しか印刷されない場合は、手順2の操作をきちんと行ったか確認しましょう。

2 ページを指定して印刷する

1 印刷したいメールをクリックして、メッセージ画面を表示します。

2 ＜すべて印刷＞をクリックします。

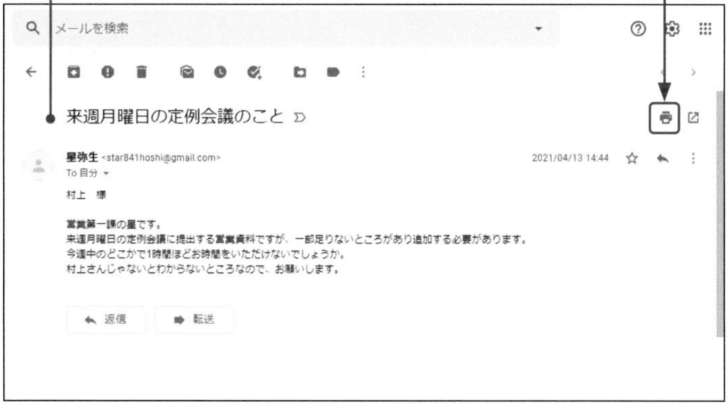

3 使用するプリンターを選択し、

4 印刷プレビューで確認して、必要なページを確認します。

5 印刷するページを入力して、

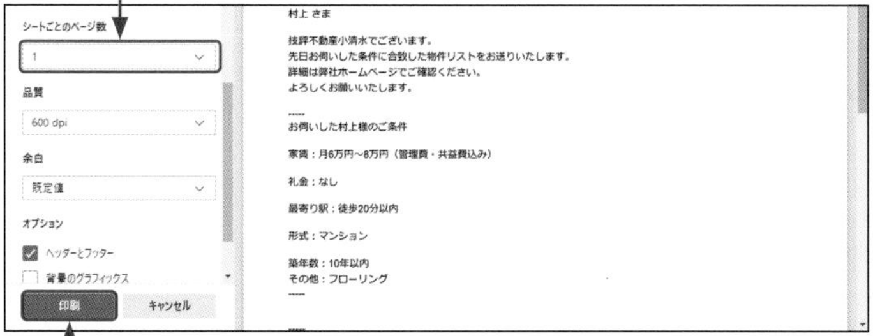

6 ＜印刷＞をクリックします。

Hint 印刷するページの指定

メールの内容が大量で複数ページにわたる場合、一部のページのみ印刷したいときには、左の操作のように、Webブラウザーの印刷機能を利用します。

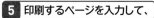

Section 22

「スマートリプライ」を利用して返信しよう

キーワード
・自動送信
・定型文

スマートリプライ機能は、AIを活用した自動返信機能です。受け取ったメールの内容をGmailが理解し、予測される返信文の候補を表示してくれます。かんたんなやりとりを行う場合に便利な機能です。

1 スマートリプライで返信する

1 Gmail画面を表示します。

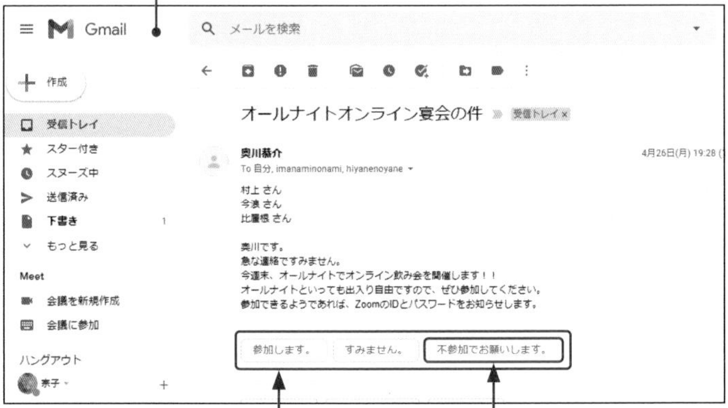
Gmail
メールを検索
作成
受信トレイ
スター付き
スヌーズ中
送信済み
下書き 1
もっと見る
Meet
会議を新規作成
会議に参加
ハングアウト
オールナイトオンライン宴会の件 受信トレイ ×
奥川恭介
To 自分, imanaminonami, hiyanenoyane
4月26日(月) 19:28
村上 さん
今浪 さん
比屋根 さん
奥川です。
急な連絡ですみません。
今週末、オールナイトでオンライン飲み会を開催します！！
オールナイトといっても出入り自由ですので、ぜひ参加してください。
参加できるようであれば、ZoomのIDとパスワードをお知らせします。
参加します。
すみません。
不参加でお願いします。

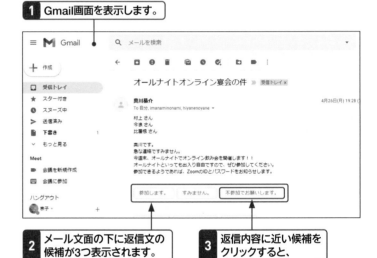

2 メール文面の下に返信文の候補が3つ表示されます。

3 返信内容に近い候補をクリックすると、

4 クリックした候補の文面が表示されます。

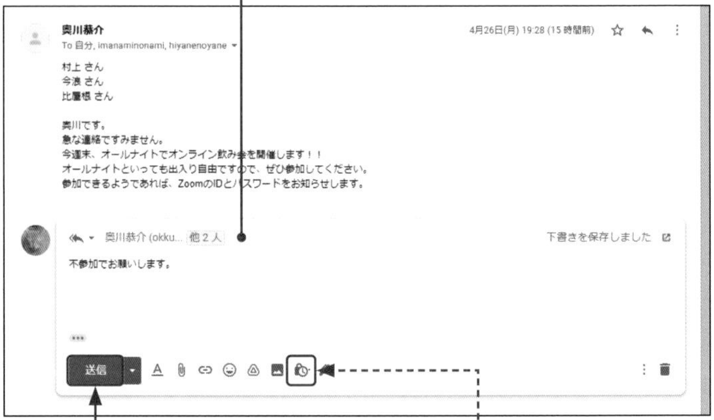
奥川恭介
To 自分, imanaminonami, hiyanenoyane
4月26日(月) 19:28 (15 時間前)
村上 さん
今浪 さん
比屋根 さん
奥川です。
急な連絡ですみません。
今週末、オールナイトでオンライン飲み会を開催します！！
オールナイトといっても出入り自由ですので、ぜひ参加してください。
参加できるようであれば、ZoomのIDとパスワードをお知らせします。
奥川恭介 (okku... 他 2 人
下書きを保存しました
不参加でお願いします。
送信

5 そのままでよければ<送信>をクリックします。

左のStep up参照

Step up 情報保護モード

Gmailでは、スマートリプライのほかに情報保護モードという機能があります。この機能ではメールを閲覧できる期間を決めたり、パスコードを入力しないとメールを閲覧できないようにすることができます。情報保護モードを利用する場合は、メール作成時に<情報保護モードをオン／オフにする>をクリックし、有効期限やパスコードを設定します。

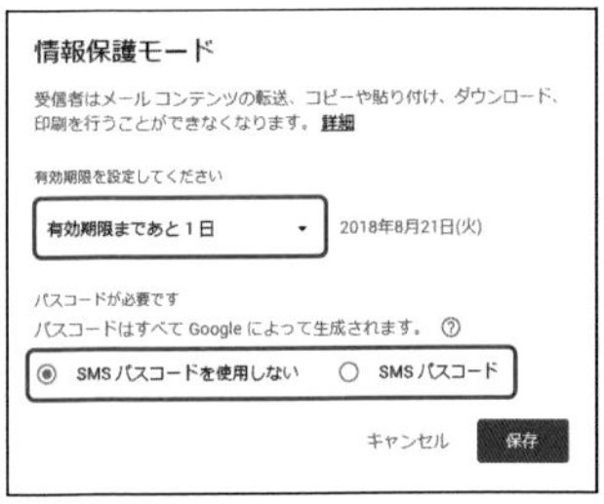
情報保護モード
受信者はメール コンテンツの転送、コピーや貼り付け、ダウンロード、印刷を行うことができなくなります。詳細
有効期限を設定してください
有効期限まであと 1 日
2018年8月21日(火)
パスコードが必要です
パスコードはすべて Google によって生成されます。
SMS パスコードを使用しない
SMS パスコード
キャンセル
保存

パスコードを利用する場合は、それをSMSで受け取れるように電話番号を設定します。

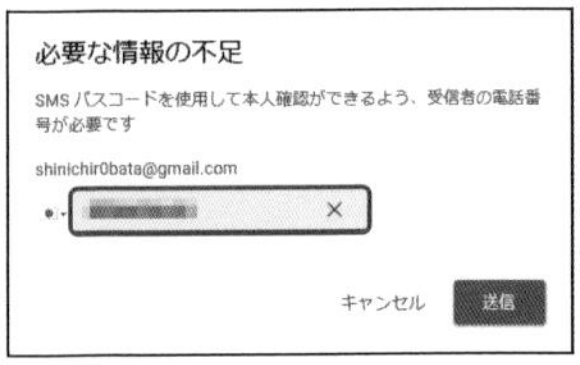
必要な情報の不足
SMS パスコードを使用して本人確認ができるよう、受信者の電話番号が必要です
shinichir0bata@gmail.com
キャンセル
送信

メールを受け取った人は、SMSで送信されるパスコードを確認し、正しく入力できればメールを閲覧することができるようになります。

第3章

連絡先を管理しよう

Section

23

連絡先の機能と画面構成

キーワード

・連絡先
・連絡先プレビュー
・コンタクト

Gmailの連絡先管理ツール（Googleコンタクト）は、メールアドレスなどの管理を行うオンラインのアドレス帳です。メールをよく送る相手や重要な人のメールアドレスを登録しておくとよいでしょう。連絡先はメールアドレスだけでなく、電話番号や住所など個人情報を登録できるので、しっかり管理することが大事です。

1 連絡先を表示する

Key word 連絡先

連絡先は、Gmailだけでなく Googleアカウントで全体で利用できる連絡先管理ツールです。メールアドレスのほか、住所、電話番号、誕生日などの個人情報を管理します。

1 <Googleアプリ>をクリックして、

2 <連絡先>をクリックすると、

3 初めての場合は、この画面が表示されます。

4 <OK>をクリックします。

5 ＜連絡先＞画面が新しいタブに表示されます。

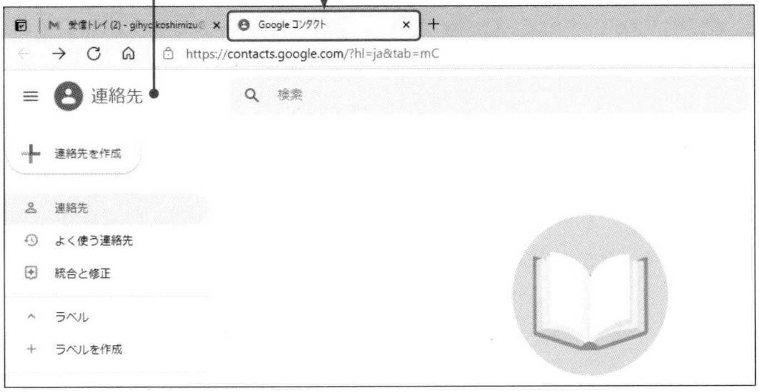

Hint 連絡先アイコンが表示されない場合

手順**2**で＜連絡先＞が表示されていない場合は、＜もっと見る＞をクリックすると＜連絡先＞が表示されます。

2 連絡先の画面構成

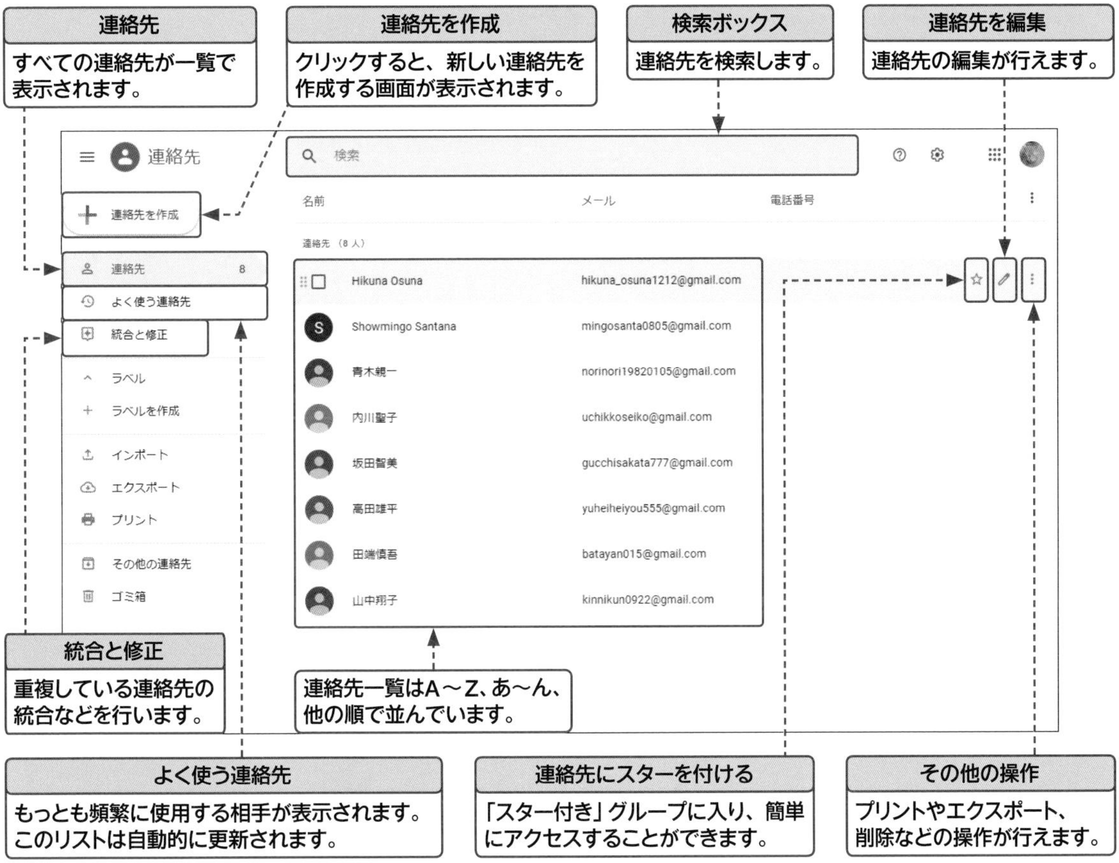

Hint 連絡先の画面表示

連絡先の相手にマウスカーソルを移動すると、＜連絡先にスターを付ける＞などの操作が右端に表示されます。

Memo 友だち、家族、同僚などのグループ

Googleアカウントの作成時期によっては、初期状態で友だち、家族、同僚などの連絡先グループが表示される場合があります。これらのグループは削除することができません。

Section 24

連絡先を追加しよう

連絡先を追加するには、<新しい連絡先を追加>をクリックして入力画面を表示し、メールアドレスなどの情報を入力して保存します。なお、Gmailでは、連絡先に登録されていない人にメールを送信すると、送信者のメールアドレスが自動的に<よく使う連絡先>に追加されます。

キーワード
- 連絡先
- 新しい連絡先
- よく使う連絡先

1 連絡先の入力画面を表示する

1 <Googleアプリ>をクリックして、

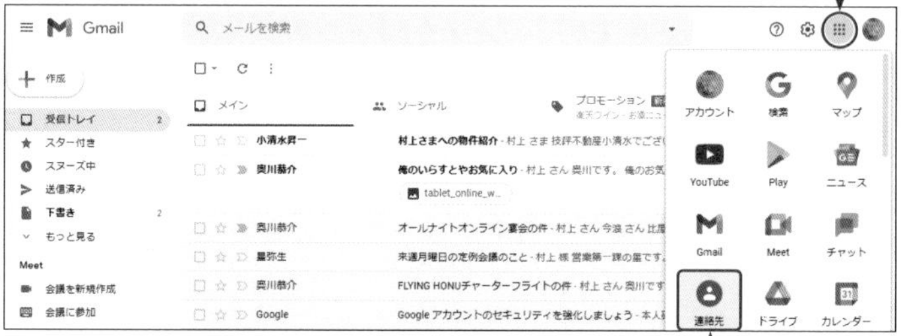

2 <連絡先>をクリックすると、

3 <連絡先>画面が表示されるので、

4 <連絡先を作成>をクリックすると、

5 連絡先の入力画面が表示されます。

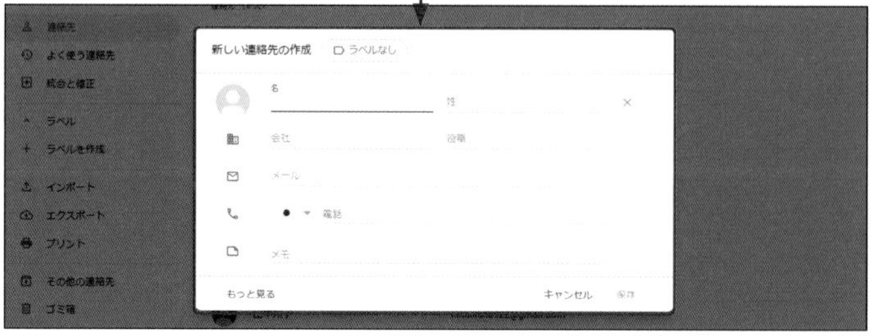

Memo 送信メールのアドレスは自動で追加される

Gmailでは、送信者のメールアドレスが自動的に連絡先に追加されますが、追加されないように設定することもできます。詳しくは、Sec.28を参照してください。

Memo 姓名の順番に注意する

連絡先を追加する際、入力画面は「名+姓」の順になっています。連絡先を編集(Sec.25参照)する際は、「姓+名」の順になっていますので注意してください。

連絡先の追加

連絡先の編集

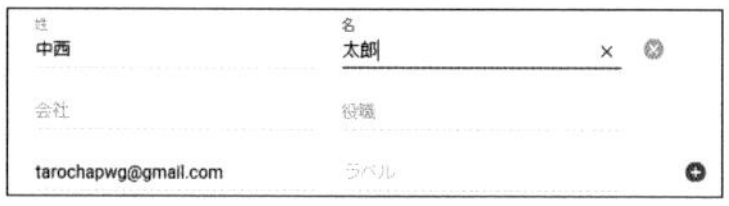

2 新しい連絡先を追加する

1 名前を入力します。

2 会社名と役職を入力します。

3 メールアドレスを入力します。

4 電話番号を入力します。

5 メモを入力します。

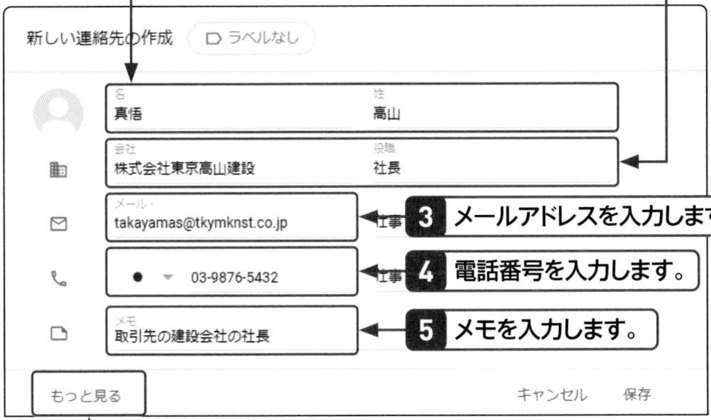

6 ＜もっと見る＞をクリックします。

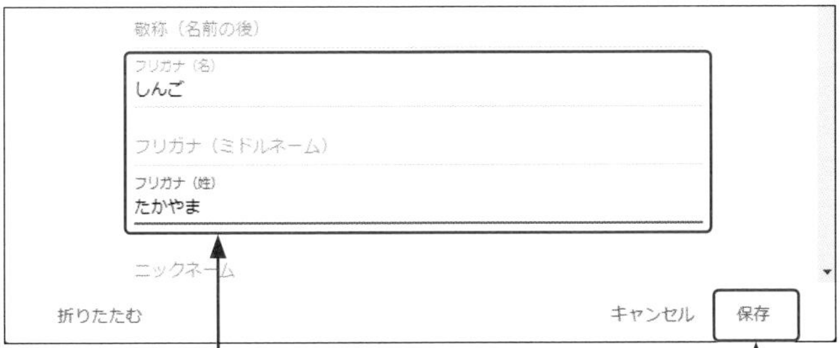

7 名前のふりがなを入力します。

8 ＜保存＞をクリックします。

9 ＜連絡先情報＞画面が表示されるので、＜戻る＞をクリックします。

10 ＜連絡先＞画面に戻り、

11 保存した連絡先が登録されています。

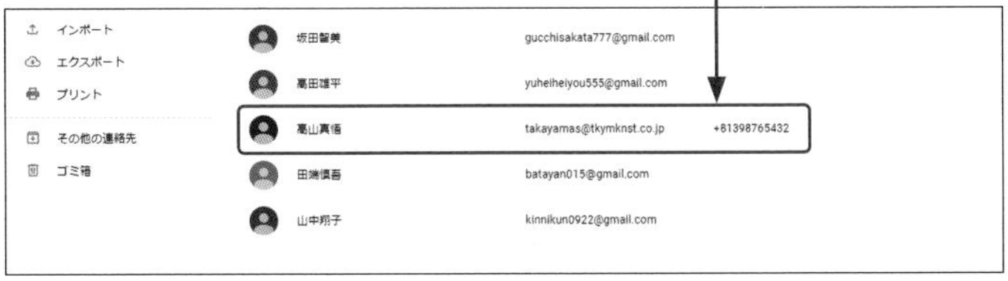

Memo 姓と名の順番

手順1では名前が先、姓を後に入力していますので、注意してください。

Memo ふりがなの入力

手順7ではふりがなを入力しています。すべてにふりがなを入れるのは面倒ですが、これによってGoogle連絡先で分類されるようになるので、できるだけ入力するようにしましょう。

Hint 受信メールから登録する

受信メールをクリックしてメッセージ画面を表示し、⋮をクリックして、＜連絡先リストに○○さんを追加＞をクリックすると、連絡先に追加されます。この方法は、メールアドレスの入力ミスを防ぐことができるので便利です。ただし、すでにメールのやりとりをしている場合は、このメニューは表示されません。

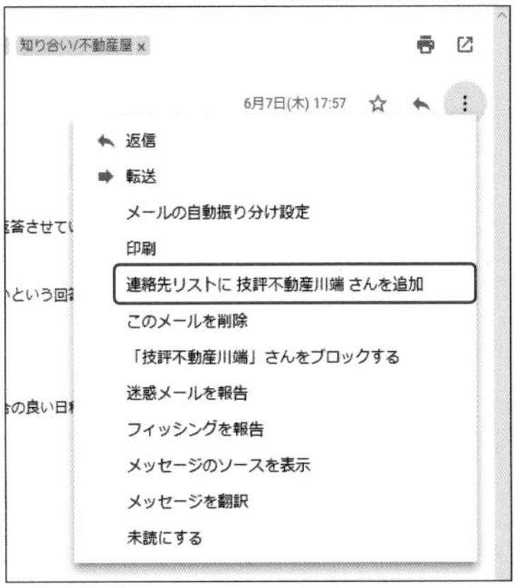

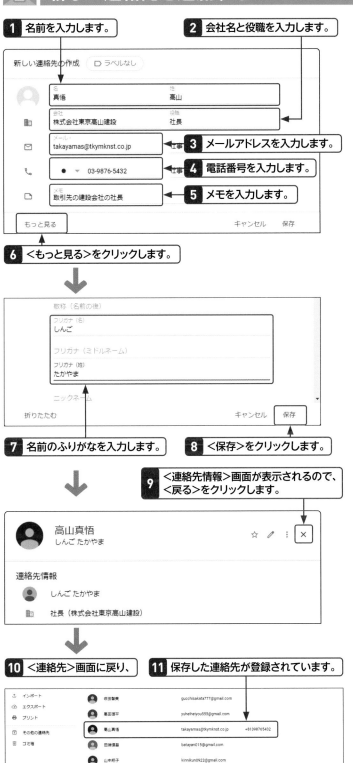

Section

25 連絡先を編集しよう

キーワード

- 連絡先の編集
- 連絡先の削除
- 連絡先の復元

連絡先に登録した情報は、いつでも編集したり削除したりすることができます。連絡先には、名前とメールアドレスのほかに、電話番号、住所などを入力することができ、複数のメールアドレスも追加することができます。なお、削除した連絡先は、削除した直後であれば復元することが可能です。

1 連絡先を編集する

Hint メールアドレスを追加する

パソコンと携帯電話、あるいは会社のメールアドレスなど、メールアドレスを複数持っている場合は、アドレス欄を追加することができます。メールアドレスの右にある⊕をクリックして、メールアドレスを入力します。

1 ＜連絡先＞画面を表示します。

2 編集したい人にマウスカーソルを移動し、＜連絡先を編集＞をクリックすると、

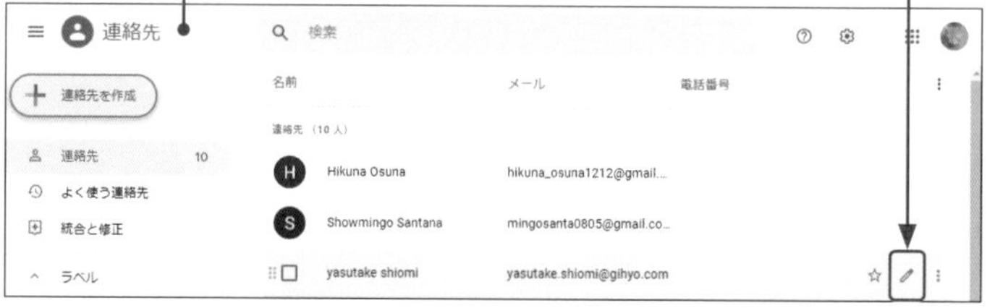

3 ＜連絡先を編集＞画面が表示されます。

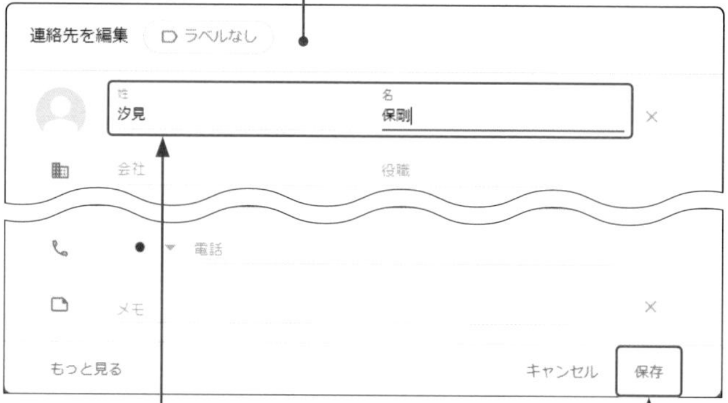

4 登録したい情報を入力し（ここでは姓と名）、

5 ＜保存＞をクリックします。

6 連絡先情報が表示されます。

名前が変更されました。

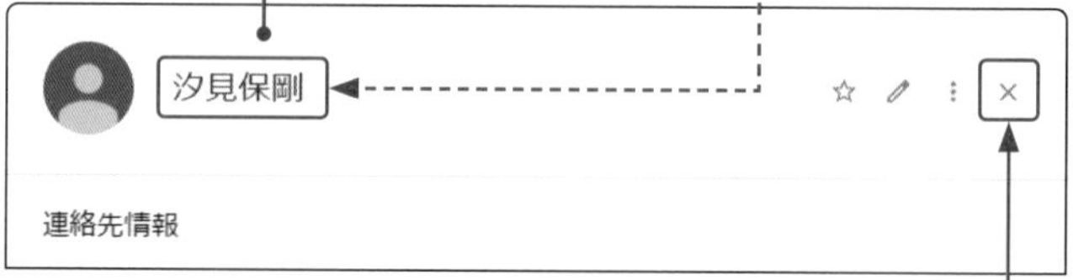

7 ここをクリックすると、＜連絡先＞画面に戻ります。

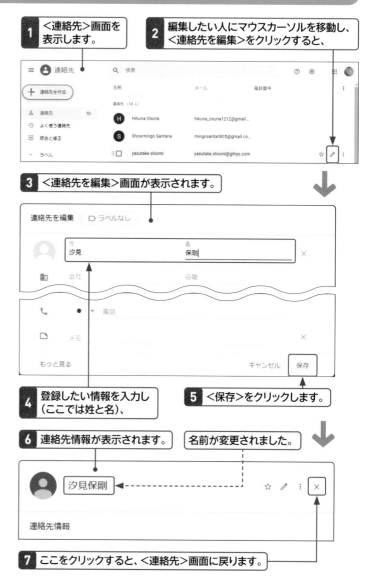

2 連絡先を削除する

1 削除したい人の右にある<その他の操作>をクリックし、

2 <削除>をクリックします。

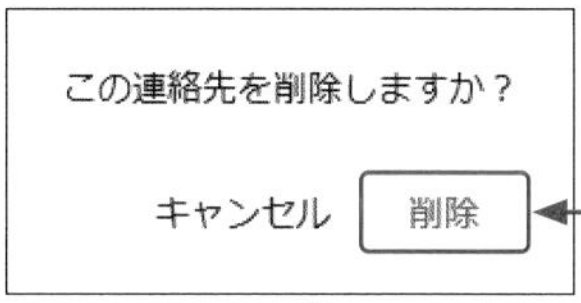

3 <削除>をクリックします。

4 削除されました。

Memo 連絡先の削除

連絡先は、Googleアカウントで共有されています。ほかのサービスで利用する場合があるので、削除する場合は注意してください。

Step up 連絡先の削除を取り消す

連絡先を削除した場合、直後であれば復元することが可能です。削除したあとで、メッセージが表示されるので、<元に戻す>をクリックします。このメッセージは10数秒で消えますので、その間に操作してください。

Section

26 連絡先を検索しよう

キーワード

・連絡先の検索
・検索ボックス
・予測表示

Gmailの連絡先は、高度な検索機能を備えています。メールアドレスや名前だけでなく、メールアドレスの一部やドメインなどを検索条件にすることができます。検索機能を利用して、大量の連絡先から目的の相手を探しましょう。検索するには、＜連絡先＞画面で検索ボックスにキーワードを入力します。

1 名前から検索する

Memo 連絡先の予測表示

検索ボックスに指定するキーワードを入力すると、Gmailが候補を予測し表示してくれます。該当する相手をクリックすると、連絡先情報が表示され、メールアドレスをクリックすると、メールの作成画面に移ります。

1 ＜連絡先＞画面を表示します。

2 検索ボックスをクリックします。

3 目的の名前を入力し、

4 検索をクリックします。

5 検索結果が表示されます。

6 目的の相手をクリックすると、連絡先情報画面が表示されます。

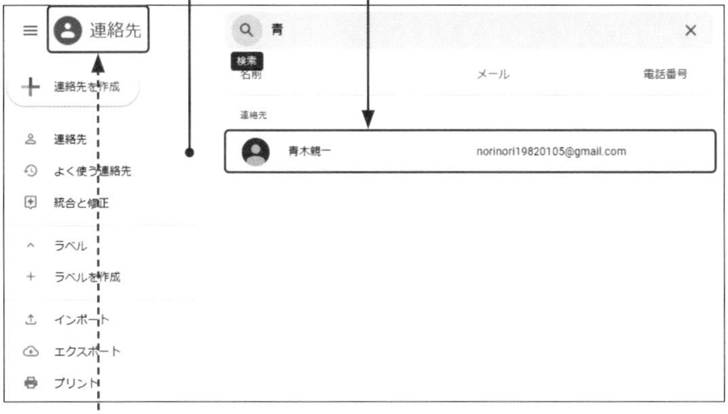

＜連絡先＞をクリックすると、もとの画面に戻ります。

2 メールアドレスの一部から検索する

1 ＜連絡先＞画面の検索ボックスにドメイン名（ここでは、「gmail」）を入力し、

2 検索をクリックします。

3 検索結果が表示され、

4 指定したドメインのメールアドレスのみ表示されます。

Key word ドメイン名

メールアドレスは、インターネット上の住所のようなもので、「個別の名前@ドメイン」の形式で作られています。このドメイン名を手掛かりに連絡先を検索することもできます。

Section

27 連絡先を使ってメールを送信しよう

キーワード
・連絡先の選択
・メールの送信
・連絡先の一覧

連絡先を登録すると、メールの作成時に送信相手のメールアドレスをかんたんに入力することができます。相手のメールアドレスをクリックすると、メールアドレスが入力されたメール作成画面が表示されます。また、新規メッセージの作成画面で＜To＞をクリックすると、連絡先の一覧が表示されます。

1 連絡先からメールを送信する

Memo 連絡先からのメール作成

連絡先のメールアドレスをクリックすると、新しいウィンドウにメッセージ作成画面が表示されます。この画面も通常のメール作成と同じように、＜下書き＞に保存されます。

Hint メールアドレス候補を利用する

Gmailで新しいメッセージ作成画面を表示し、＜To＞欄にメールアドレスを入力し始めると、連絡先に登録されている同じ文字列の候補が表示されます。この機能をオートコンプリート機能といい、目的の相手をクリックすると、挿入することができます。

「f」と入力したら、先頭に「f」の付くメールアドレスが表示されます。

1 <連絡先>画面を表示します。

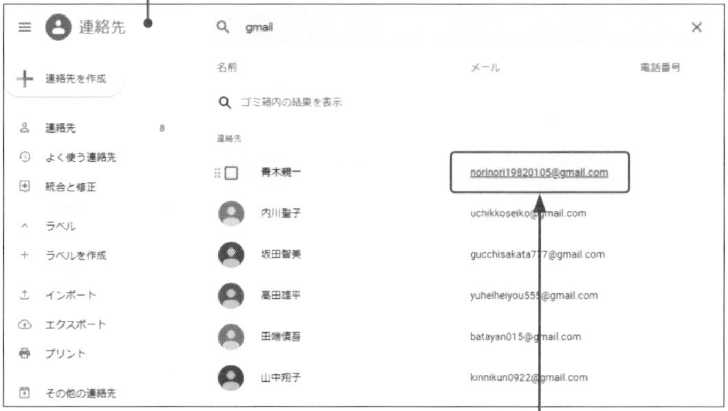

2 メールを送信したい相手のメールアドレスをクリックします。

3 新しいメッセージ作成画面が表示されます。

4 件名やメッセージを入力して、

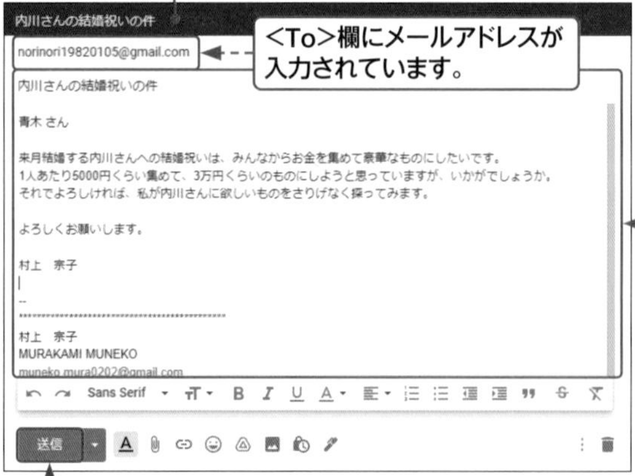

<To>欄にメールアドレスが入力されています。

5 <送信>をクリックして送信します。

2 メール作成時に連絡先を選択してメールを送信する

1 Gmail画面を表示し、

2 <作成>をクリックして、新しいメッセージ画面を表示します。

3 <宛先>にマウスカーソルを移動してクリックすると、

4 <連絡先の選択>が表示されます。

5 送信相手をクリックし、

6 <挿入>をクリックすると、

7 宛先に挿入されます。

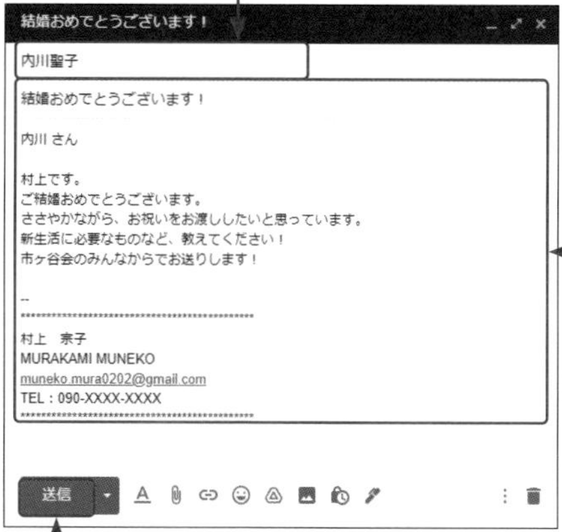

8 件名やメッセージを入力して、

9 <送信>をクリックして送信します。

Hint 複数の相手に送信する

複数の相手にメールを送信する場合は、手順5で、送信する相手すべてのチェックボックスをクリックしてオンにし、<選択>をクリックします。<To>欄に複数のメールアドレスが入力されます。

ここに、選択した連絡先が表示されます。

Step up CcやBccに指定したい

CcやBccにメールアドレスを指定する場合は、それぞれのボックスを表示します（Sec.13参照）。手順3と同様に<Cc>や<Bcc>をクリックすると、連絡先が表示されるので、同様に指定します。

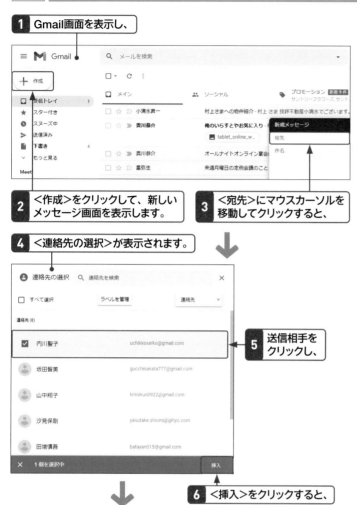

Section 28

送信メールの連絡先を自動登録しないようにしよう

キーワード
- 自動登録
- よく使う連絡先
- 変更を保存

Gmailでは、メールを送信した相手のメールアドレスが<よく使う連絡先>に自動的に登録されます。便利な機能ですが、ほとんど利用しない連絡先や登録したくない連絡先も登録されてしまいます。この機能は無効にすることができるので、必要がない場合は無効にしましょう。

1 自動登録を無効にする

Memo 自動登録機能

連絡先に追加した覚えがない人がメール作成時のアドレス入力途中に表示されて、不思議に思うことがあります。これは、自動登録機能が働いて、連絡先に登録されていない相手にメールを送信した際に、その連絡先が自動で登録されるようになっているのです。この機能は、初期設定でオンになっています。登録させたくない場合は、無効にしましょう。

1 Gmail画面の<設定>をクリックし、

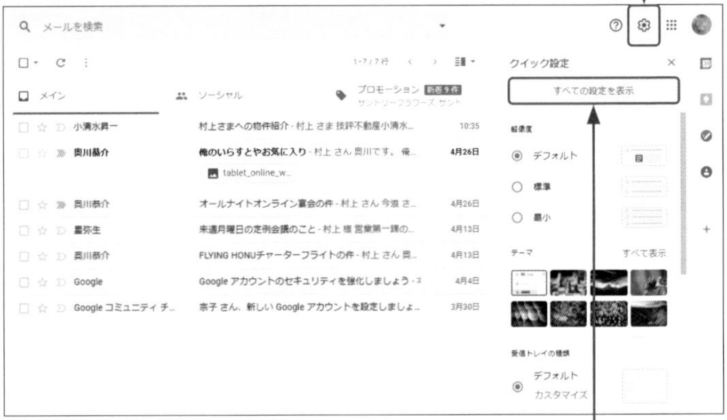

2 <すべての設定を表示>をクリックして、

3 <設定>画面の<全般>タブを表示します。

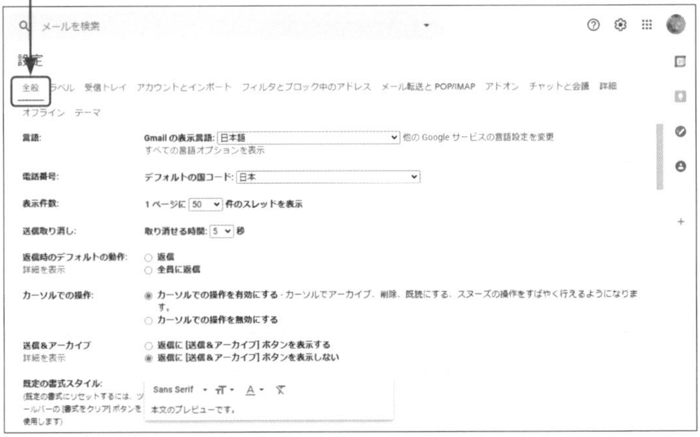

4 ＜全般＞タブの画面の下のほうにスクロールして、

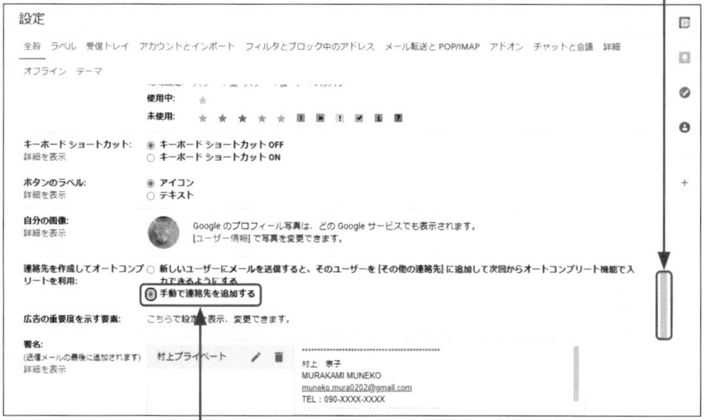

5 ＜連絡先を作成してオートコンプリートを利用＞の＜手動で連絡先を追加する＞をクリックしてオンにします。

6 さらに下にスクロールして、

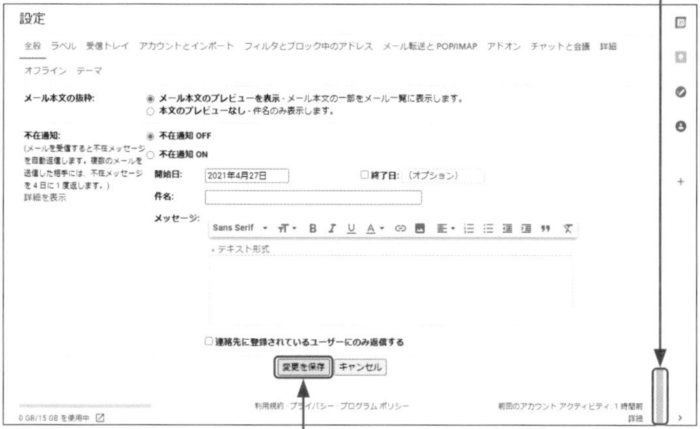

7 ＜変更を保存＞をクリックします。

Memo 変更を保存

＜設定＞画面の＜全般＞タブで設定を変更した場合は、＜変更を保存＞をクリックしなければ、設定が有効になりません。必ず、クリックして保存しましょう。

Hint 自動登録を設定する

再び、自動登録に設定したい場合は、上記手順**5**で＜新しいユーザーにメールを送信すると、そのユーザーを[その他の連絡先]に追加して次回からオートコンプリート機能で入力できるようにする＞をクリックしてオンにします。最後に、＜変更を保存＞をクリックします。

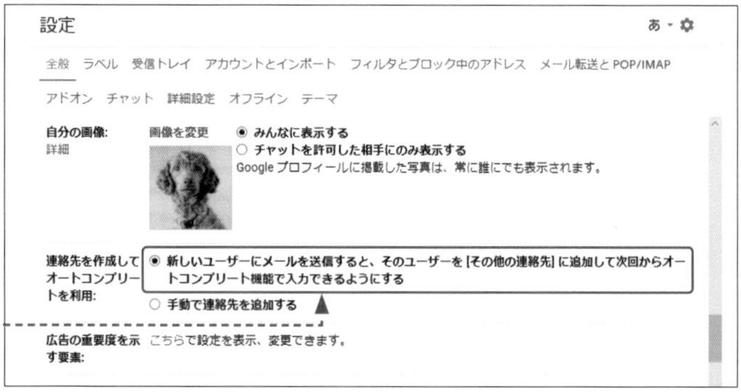

ここをオンにします。

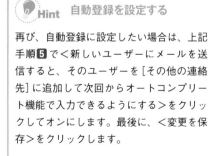

Section 29

メンバーをグループ（ラベル）でまとめよう

キーワード
・グループ
・ラベル
・一斉送信

連絡先では、グループ分けの機能を備えています。自分用の趣味仲間や勉強会グループなど、ラベルを作成して新しくグループを作成することができ、メンバーの追加や削除も自由にできます。グループにしてまとめておくと、メールを一斉に送信することができます。

1 連絡先をグループにまとめる

Hint Gmail旧バージョンとの違い

以前のGmailでは、＜新しいグループ＞でグループを作成していましたが、現在のGmailでは、グループをラベルで管理するようになっています。

1 ＜連絡先＞画面を表示します。

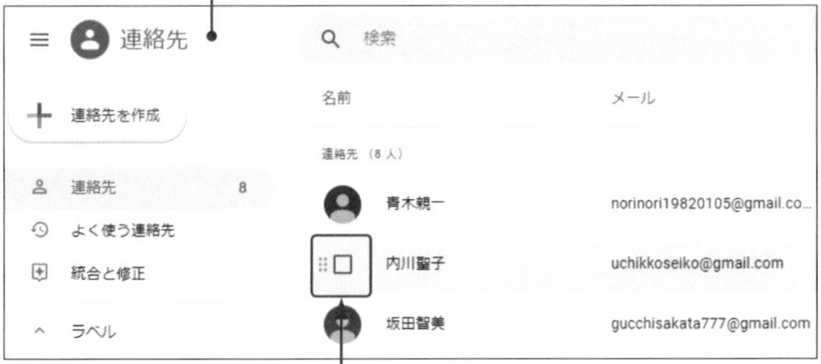

2 グループでまとめたい人にマウスカーソルを移動し、チェックボックスをクリックします。

3 オンになり、選択されます。

4 同様にして、メンバーをすべて選択したら、＜ラベルを管理＞をクリックします。

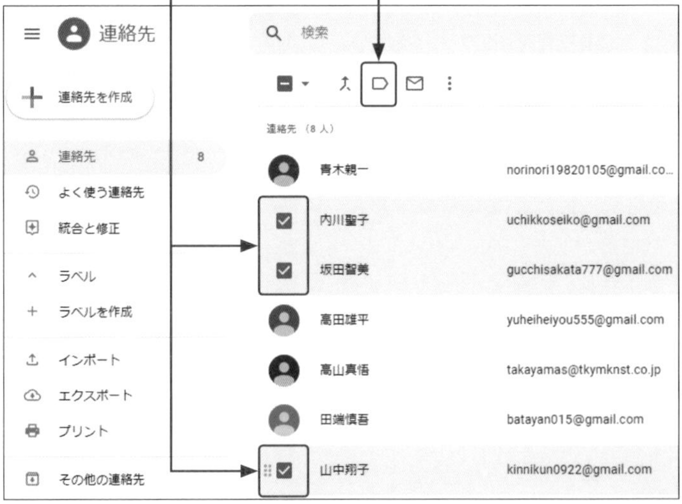

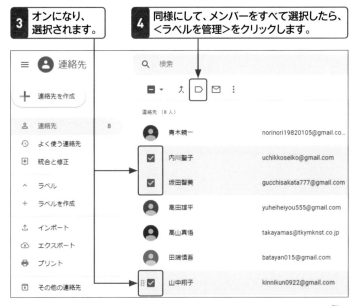

5 <ラベルを作成>をクリックします。

6 新しいグループの名前を入力し、

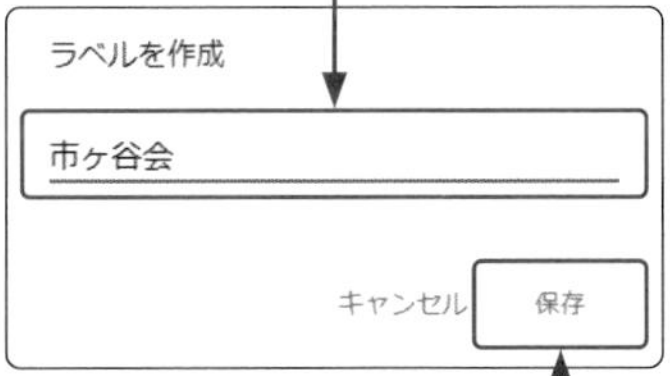

7 <保存>をクリックします。

8 作成したグループをクリックすると、

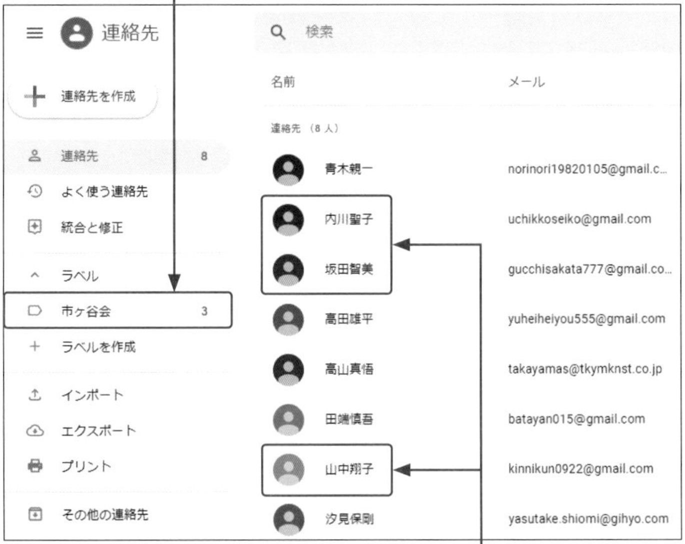

9 指定したメンバーが登録されていることが確認できます。

Hint そのほかのグループ作成方法

ここでは、メンバーを指定してからグループを作成しますが、先に<ラベルを作成>でグループを作成してから、登録するメンバーを追加する方法もあります。連絡先でグループに追加したい人を選択し、<ラベルを管理>をクリックすると、作成済のラベルが表示されますので、その中から適切なものを選択します。

Step up グループのメンバーに一斉にメールを送信する

グループのメンバー全員、あるいはグループ内の一部を指定して、メールを送信することができます。新しいメッセージ作成画面の<宛先>をクリックして表示される<連絡先の選択>画面でグループ名を選択します。グループに登録されているメンバーが表示されます。<すべて選択>をクリックするか、送りたいメンバーのみオンにし、<挿入>をクリックします。

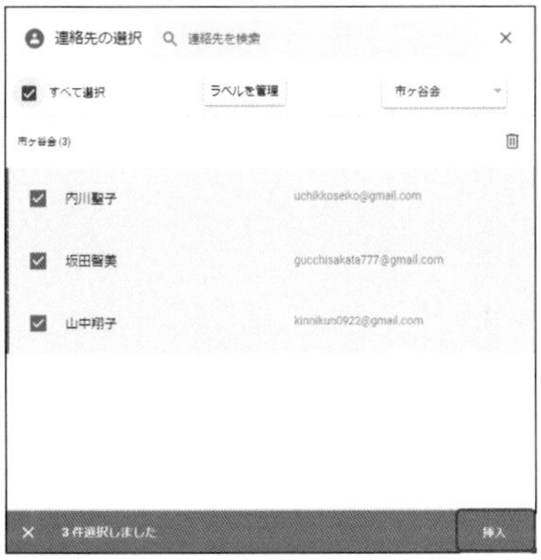

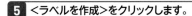

Section 30

グループ（ラベル）を編集しよう

キーワード
- ラベル名の変更
- メンバーの追加
- ラベルの削除

Sec.29で作成したグループ（ラベル）の編集をしてみましょう。ラベル名を変更したり、グループ（ラベル）にメンバーを追加したり、ラベルを削除したりすることができます。

1 ラベル名を変更する

Memo ラベルを削除する

ラベルを削除するには、ラベルにカーソルを置いて、ラベル名の横にある<ラベルを削除>をクリックします。<このラベルの削除>画面で、<このラベルを削除し、ラベルの連絡先はすべて保持する>を選択して<削除>をクリックすると、ラベルは削除されても連絡先は削除されません。一方、<このラベルとラベルの連絡先をすべて削除する>を選択して<削除>をクリックすると、ラベルとともに、連絡先もすべて削除されます。

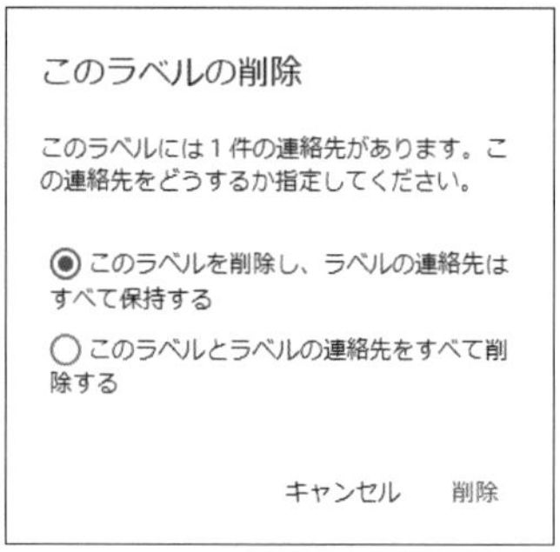

1 <連絡先>画面を表示します。

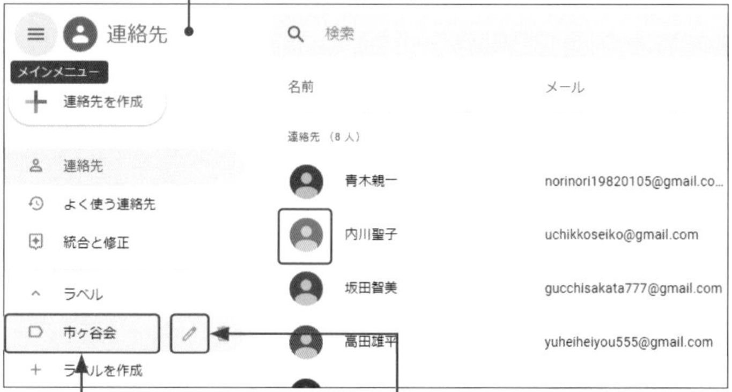

2 ラベルをクリックし、

3 <ラベル名を変更>をクリックします。

4 <ラベルを変更>画面が表示されるので、

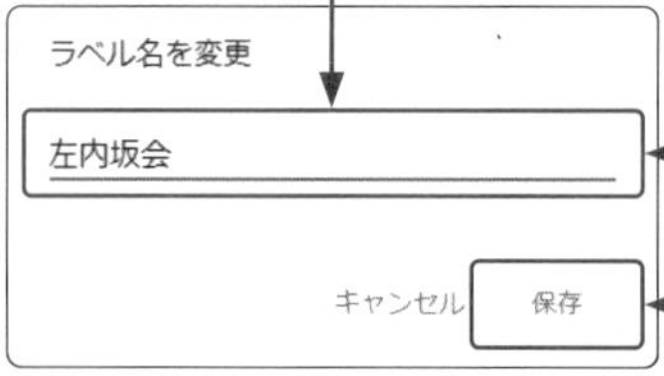

5 新しいラベル名を入力し直して、

6 <保存>をクリックします。

7 ラベル名が変更されます。

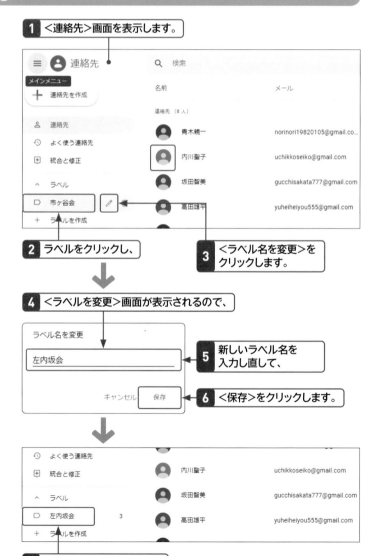

2 グループ（ラベル）にメンバーを追加する

1 <連絡先>をクリックして、すべての連絡先を表示し、

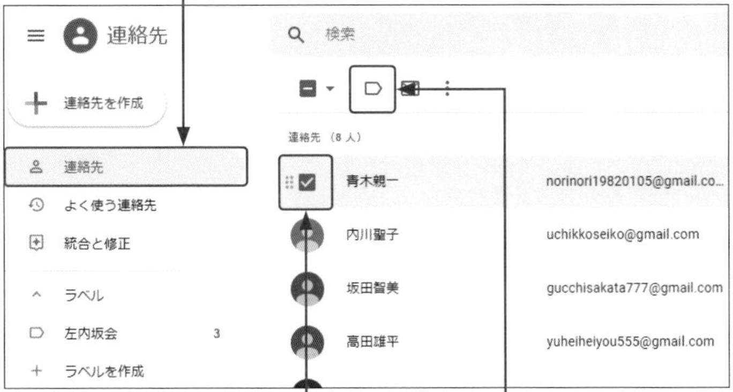

2 追加したいメンバーにチェックを付けます。

3 <ラベルを管理>をクリックし、

4 追加したいラベルにチェックを付けます。

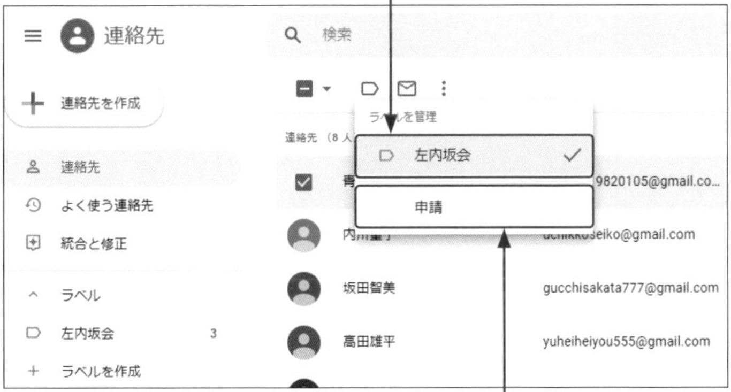

5 <申請>をクリックします。

6 メンバーを追加したラベルをクリックすると、

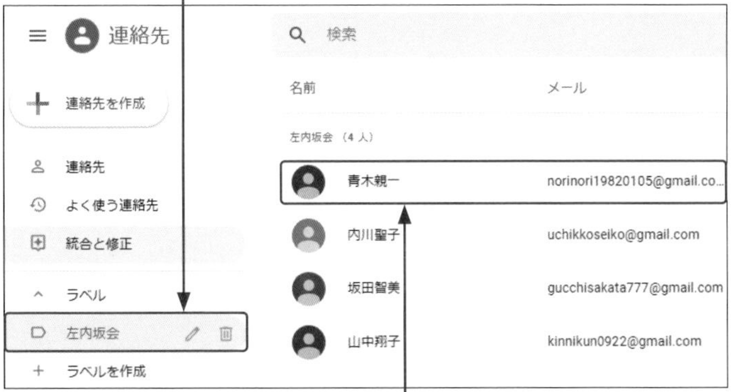

7 グループに追加されていることが確認できます。

Hint メンバーを削除する

グループ（ラベル）のメンバーから削除するには、メンバーを選択して、<ラベルを管理>をクリックし、チェックを外します。

Section 31 Outlookから連絡先を移そう

キーワード
- Outlook
- 連絡先
- エクスポート

Gmailには、連絡先を取り込むインポート機能が用意されています。それまで使っていたMicrosoft Outlookの連絡先の情報をGmailに取り込むには、Outlookでデータを取り出す(エクスポート)する必要があります。データは、CSV形式に変換します。また、Gmail用にヘッダーを英字にする必要があります。

1 Outlookのオプション画面を表示する

Memo 連絡先をインポートする

Outlookの連絡先をGmailにインポートするには、まず連絡先のデータを取り出してCSV形式として保存し、このファイルをGmailに取り込み(インポート)ます。1回にインポートできる連絡先は、3,000件です。

1 Outlookを起動します。 2 <ファイル>をクリックし、

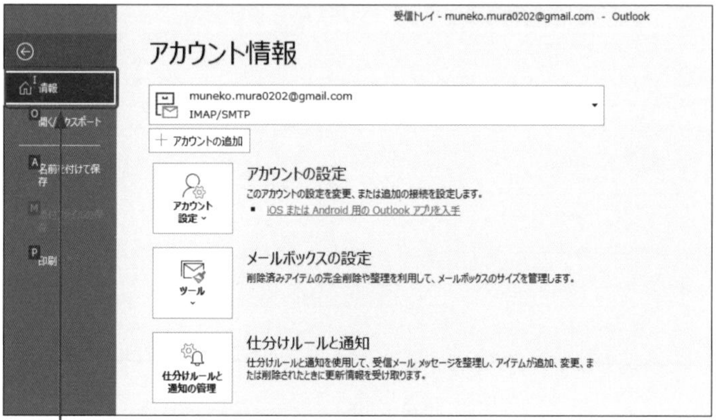

3 <開く/エクスポート>をクリックします。

4 <開く/エクスポート>画面が表示されます。

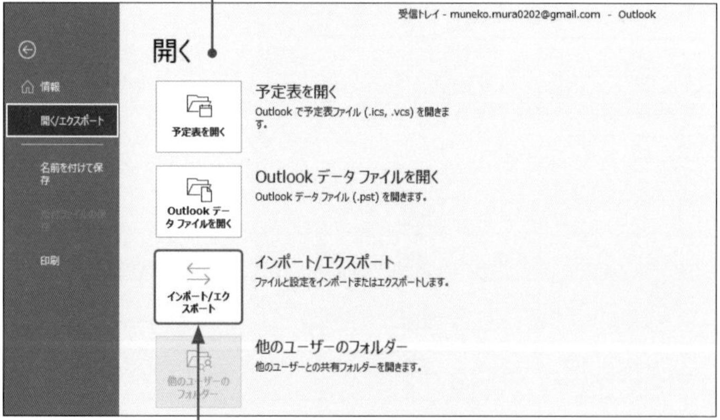

5 <インポート/エクスポート>をクリックします。

Memo Outlook

OutlookはMicrosoftが提供するメールソフトの1つです。Windowsユーザーが利用している一般的なメールソフトで、メールのほかに、連絡先やカレンダー機能を備えています。Outlookの連絡先のデータは、CSV形式またはvCardファイルに変換することで、Gmailに移行することができます。

2 Outlookの連絡先をエクスポートする

1 <インポート/エクスポートウィザード>画面が表示されます。

2 <ファイルにエクスポート>をクリックし、

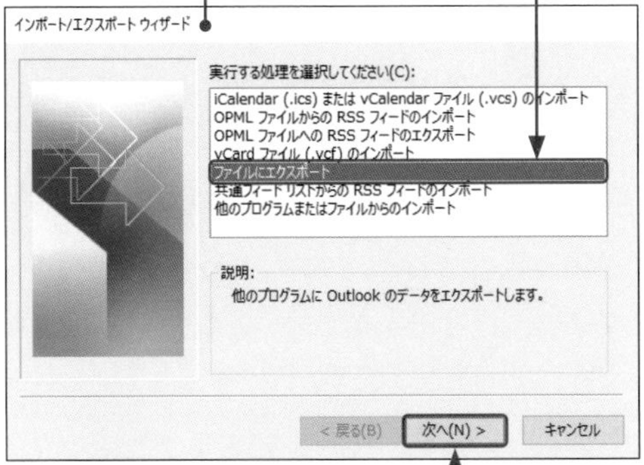

3 <次へ>をクリックします。

4 <テキストファイル(カンマ区切り)>をクリックし、

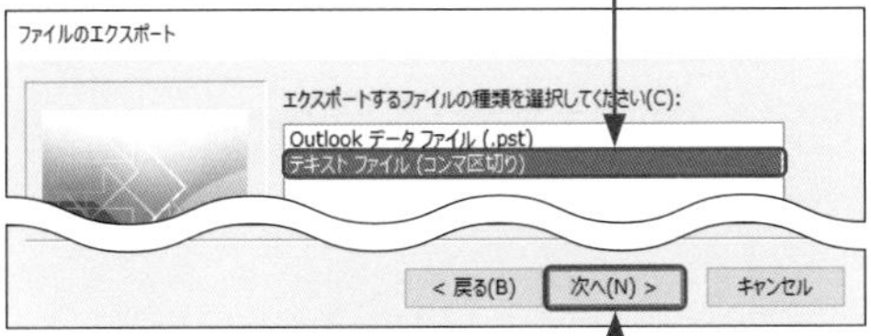

5 <次へ>をクリックします。

6 <連絡先>をクリックし、

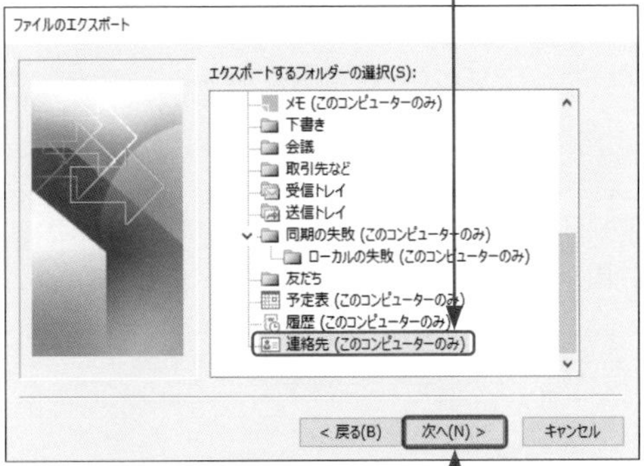

7 <次へ>をクリックします。

8 <ファイルのエクスポート>画面が表示されるので、

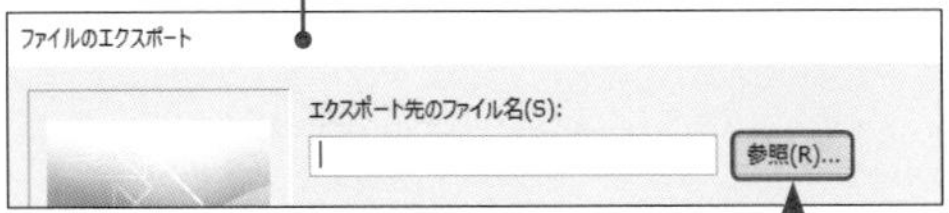

9 <参照>をクリックします。

Hint ほかの表示方法

Outlookを起動し、<ファイル>タブをクリックして、<開く>をクリックします。<インポート>をクリックすると、<インポート/エクスポートウィザード>画面が表示されます。以降は、手順2と同様です。

Memo テキストファイル

手順4でエクスポートするファイルの種類には、<テキストファイル(カンマ区切り)>を指定します。この形式はCSV形式ともいい、表のデータなどで列の横のデータがカンマで区切られ、行のデータは改行で区切られた文字と数字だけのデータです。ほとんどのメールソフトには、データを取り込む形式としてCSV形式がサポートされています。

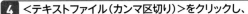

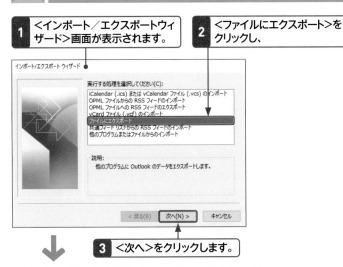

Memo 連絡先の保存先

ここでは、あらかじめデスクトップに作成した<アドレス帳>フォルダーに連絡先を保存しています。保存先は任意の場所でかまいません。

10 <参照>画面が表示されます。

11 連絡先の保存先を指定し（ここでは<アドレス帳>フォルダー）、

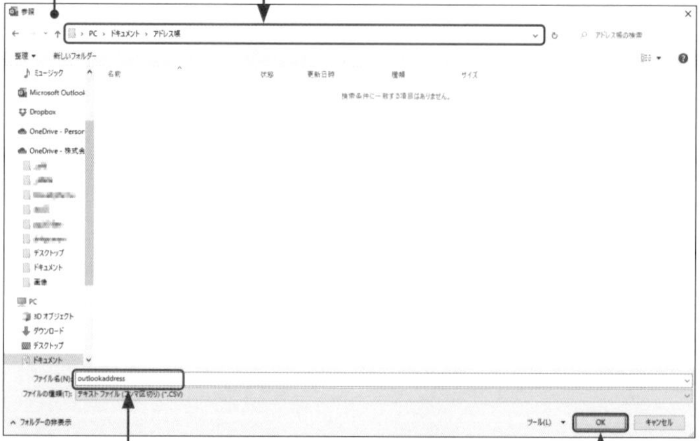

12 任意のファイル名を入力して、

13 <OK>をクリックします。

14 <ファイルのエクスポート>の画面に戻るので、

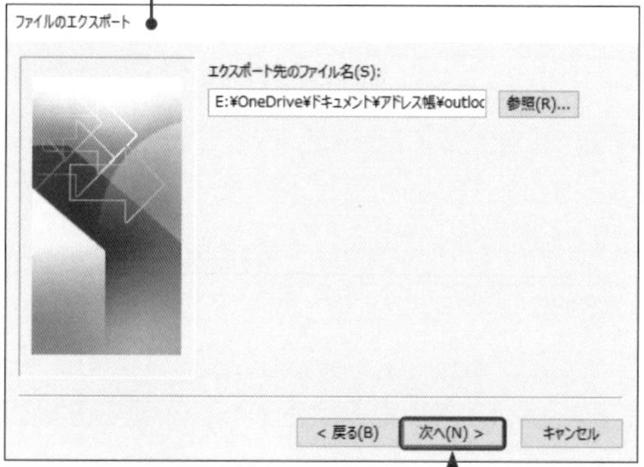

15 <次へ>をクリックします。

16 <完了>をクリックすると、連絡先の情報が作成され、指定した場所に保存されます。

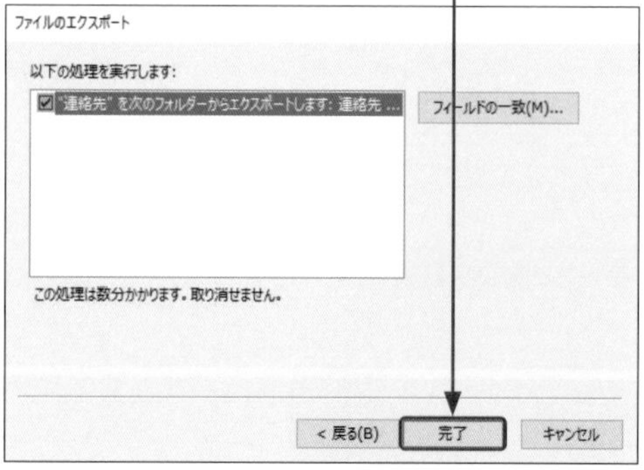

17 <Outlookのオプション>画面を閉じます。

3 Gmailで読み込める形式に編集する

1 エクスプローラーで、指定した保存先を開き、

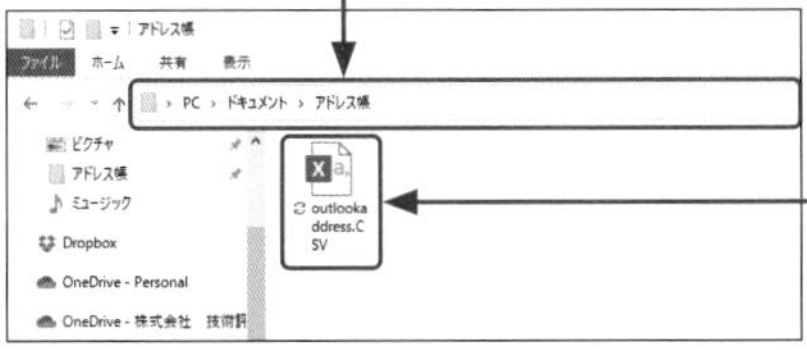

2 ファイルをダブルクリックします。

3 Excelが起動し、ファイルが開きます。

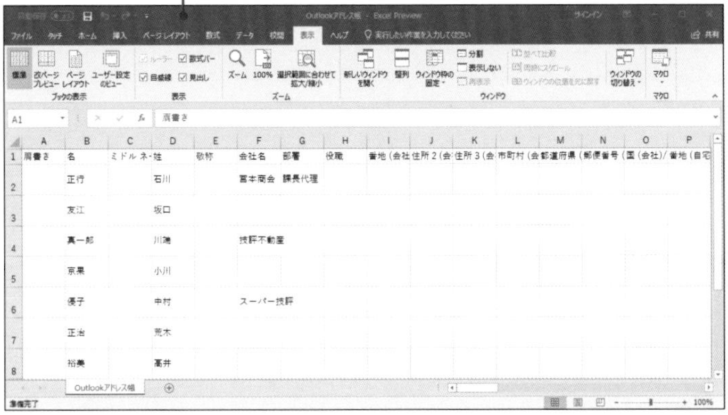

4 必要なヘッダー部分を英語に書き換え、不要な列は削除します。

姓を「Last Name」、名前を「First Name」、メールアドレスを「Email Address」と書き換えます。

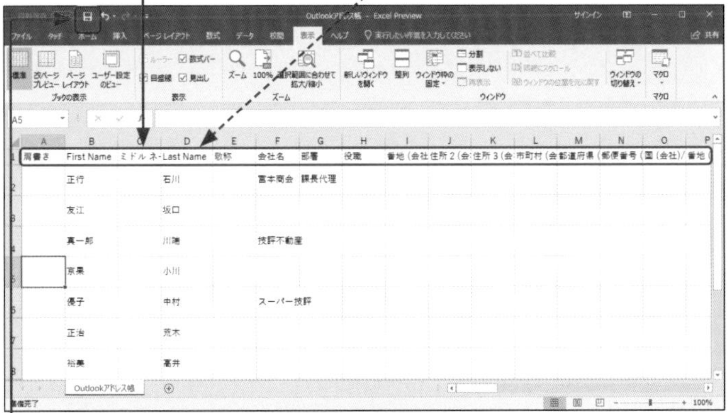

5 <上書き保存>をクリックします。

6 確認のメッセージが表示された場合は、<はい>をクリックします。（右のHint参照）

7 作成したデータをGmailに取り込みます（Sec.32参照）。

Hint Gmail用の形式に編集する

Outlookの連絡先の形式は、日本語で作成されます。Gmailでは、ヘッダー部分が日本語に対応していないので、英語に変更する必要があります。名前は「First Name」、姓は「Last Name」を、メールアドレスは「Email Address」で指定します。姓名が1つのセルにある場合は「First Name」にします。ここでは、最低限必要な名前とメールアドレスのみを指定していますが、ほかの項目もエクスポートしたい場合は、英語に書き換えます。

Hint WindowsにおけるCSVの保存

CSVデータを保存する場合、手順**6**で<はい>をクリックしても、ほかのデータ形式とは違って保存が完了しません。ファイル名を変更しない場合も<名前を付けて保存>画面が出てきます。ファイル名を変更する場合はここで変更し、しない場合も<名前を付けて保存の確認>画面の上書き確認で<はい>をクリックしてください。

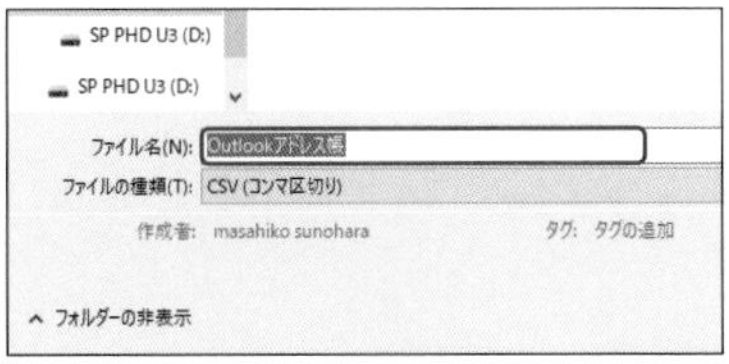

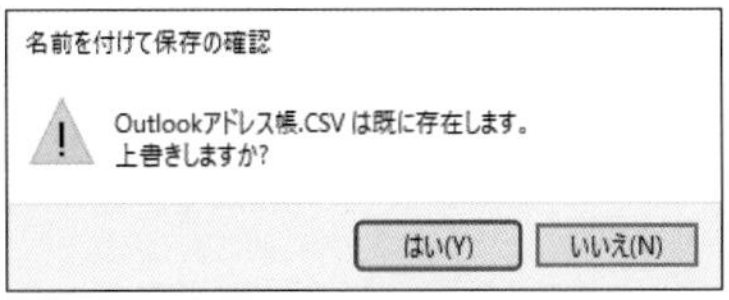

Section
32 エクスポートした連絡先をGmailにインポートしよう

キーワード
- インポート
- CSVファイル
- Google連絡先

Sec.31でMicrosoft Outlookの連絡先をエクスポートしたら、Gmailで利用できるようにインポートしましょう。操作は、どちらも同じです。ファイルを確認して、インポートしてください。

1 Gmailに連絡先をインポートする

Hint そのほかのインポート方法

Yahoo!メールなどを利用している場合は、手順5の画面でメールプロバイダーを選択してログインすることによって、そのメールの連絡先をインポートすることができます。

1 <Googleアプリ>をクリックして、

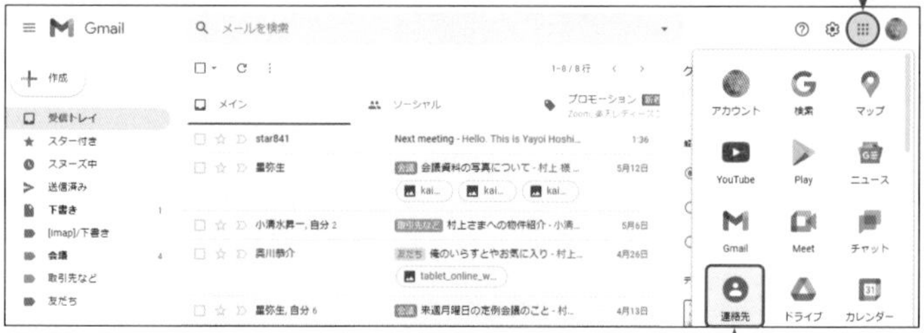

2 <連絡先>をクリックします。

3 <インポート>をクリックします。

4 <連絡先のインポート>画面が表示されるので、

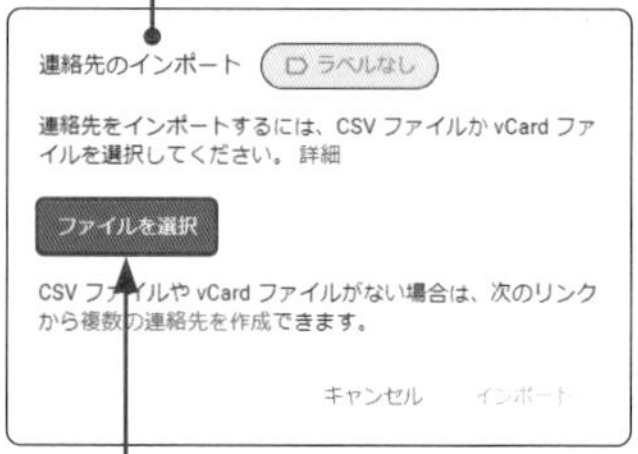

5 <ファイルを選択>をクリックし、

6 Outlookの連絡先ファイルの保存先を指定して（Sec.31参照）、

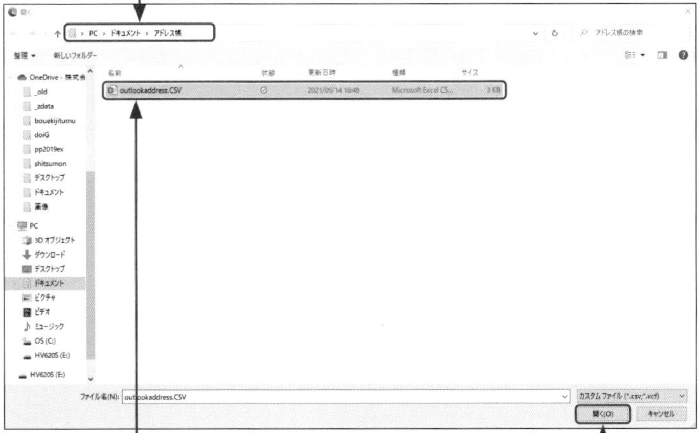

7 ファイルをクリックし、

8 <開く>をクリックします。

9 <連絡先をインポート>画面に戻るので、

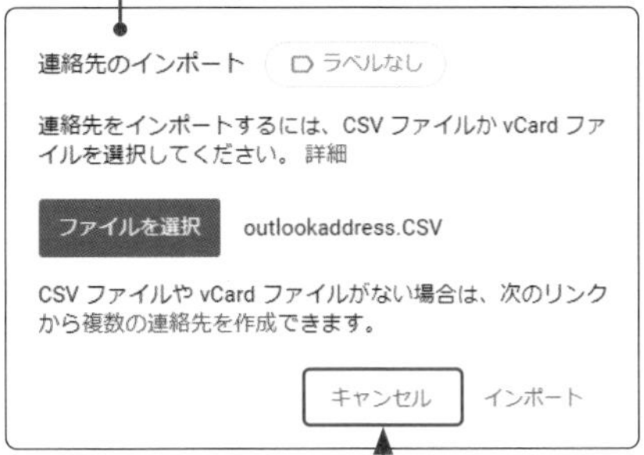

10 <インポート>をクリックします。

11 連絡先データがGmailにインポートされます。

Hint インポートができない場合

手順**10**を実行した後、以下のようなエラーメッセージが出てインポートができない場合、ファイル名の拡張子を変更すると実行できます。

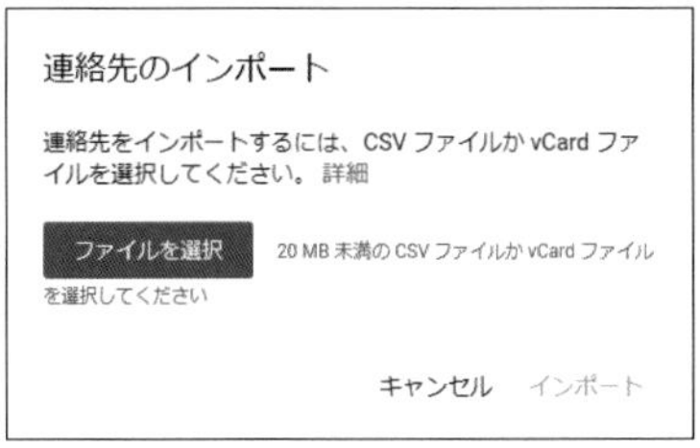

拡張子の変更手順は以下のとおりです。

1 <表示>をクリックします。

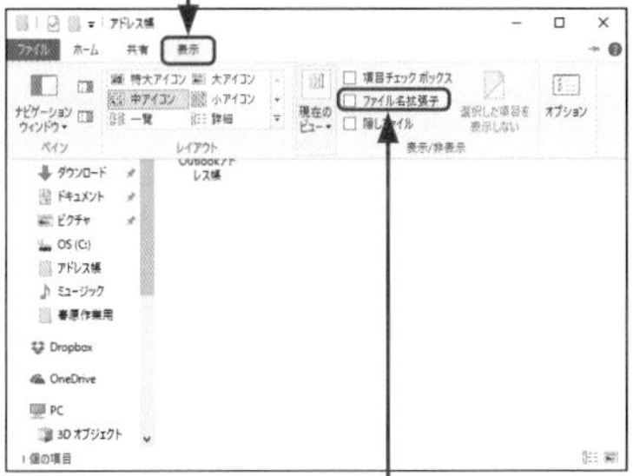

2 <ファイル名拡張子>にチェックを付けます。

3 ファイル名の辺りをクリックします。

4 大文字.CSVを小文字.csvに変更します。

Section

33

Gmailの連絡先をほかで利用できるように保存しよう

キーワード
- エクスポート
- 連絡先
- アドレス帳

Gmailで作成した連絡先をエクスポートして、ほかのメールソフトにインポートすると、連絡先のデータを利用することができます。エクスポートする連絡先を選択することもできます。エクスポートする際のファイル形式は、インポートして利用するメールソフトに合ったものを選択しましょう。

1 エクスポート画面を表示する

Key word エクスポート

エクスポートとは、ほかのメールソフトやアプリケーションソフトで使用できるようにデータを変換することです。

1 ＜連絡先＞を表示し、

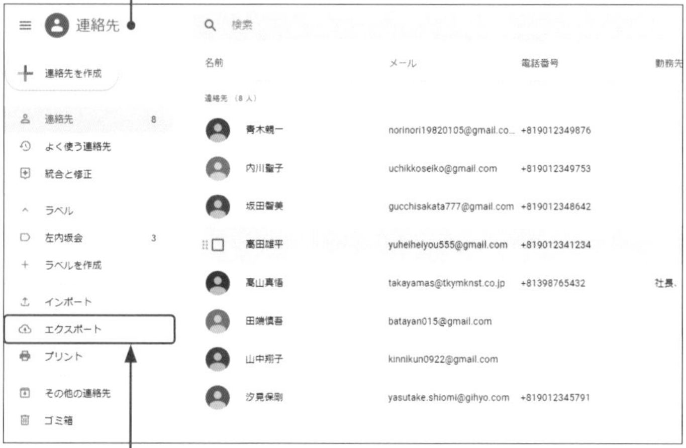

2 ＜エクスポート＞をクリックします。

3 ＜連絡先のエクスポート＞画面が表示されます。

2 すべての連絡先をエクスポートする

1 エクスポート画面で、<連絡先>をクリックし、

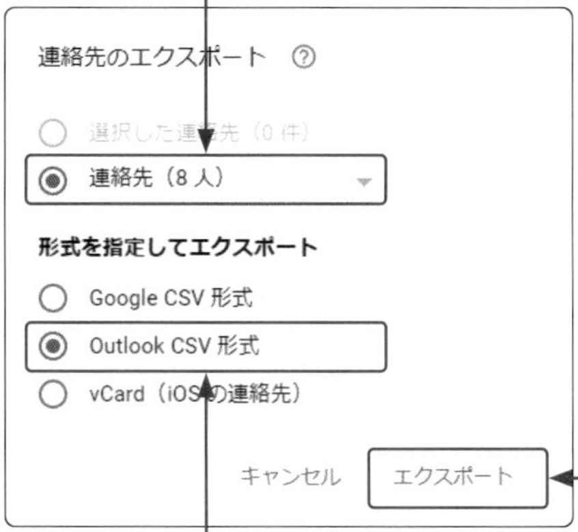

2 形式をクリックしてオンにし（ここでは<Outlook CSV形式>）、

3 <エクスポート>をクリックします。

4 ダウンロードが開始されます。

5 パソコンにファイルがダウンロードされました。

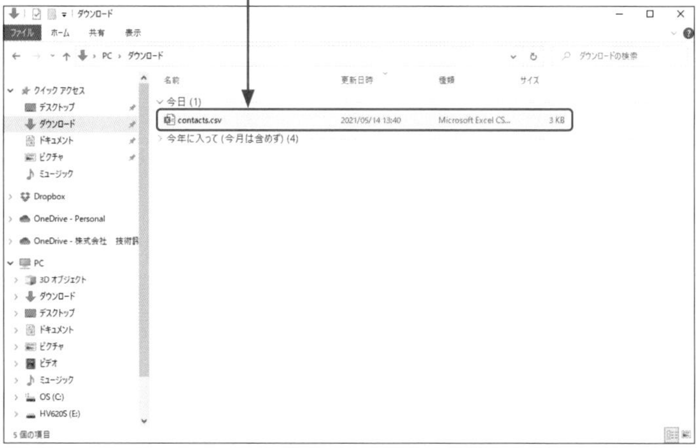

Hint エクスポート形式

手順**2**で選択するエクスポート形式は、連絡先を使用するメールソフトに合ったファイル形式を選びます。Outlook、Yahoo!メールなどで使用する場合は<Outlook CSV形式>を、Macのアドレスブックなどで利用する場合は<vCard形式>を選択します。また、ほかのGmailのアカウントで使用したり、連絡先をバックアップしたりする場合は<Google CSV形式>を選択します。

Memo ファイルのダウンロード先

Windows 10では、ダウンロード先を特に指定しない場合は、ダウンロードフォルダにファイルが保存されます。

Hint エクスポートファイルのインポート

エクスポートした連絡先ファイルは、ほかのメールソフトで「インポート」する際に指定して利用します。インポートの方法については、それぞれのメールソフトのヘルプまたは解説書を参考にしてください。

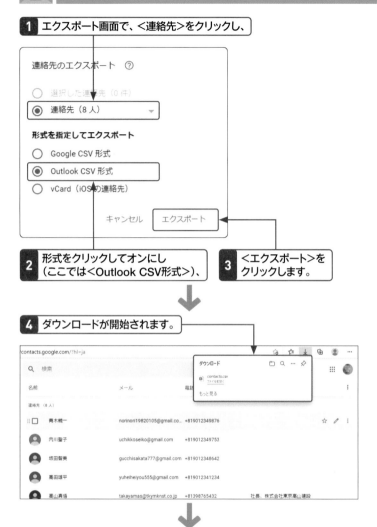

Hint エクスポートしたCSVファイルがExcelで文字化けする場合

Sec.33でGmailの連絡先をOutlook CSV形式などにエクスポートしたとき、お使いのパソコンにExcelがインストールされていると、CSVファイルがExcelのアイコンで表示されています。このファイルをダブルクリックするとExcelが起動し、文字が化けて表示されます。

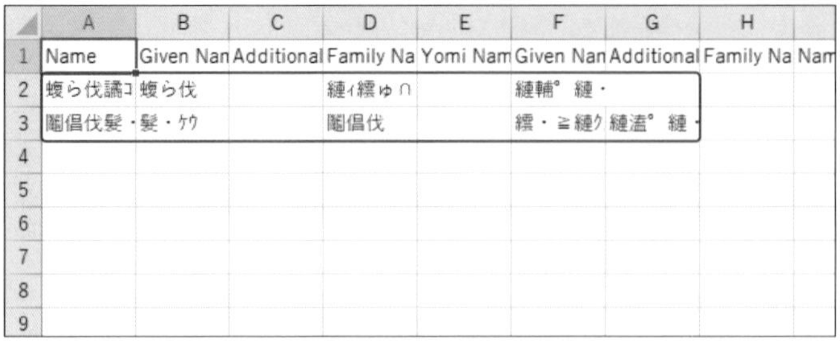

これは、エクスポートしたCSV形式の文字コード（文字をコンピューターで表示する際の決まりごと）がExcelにおけるものと異なるために発生しています。文字化けを起こさずにExcelで表示するには以下の手順が必要となります。

まず、エクスポートしたCSVファイルを右クリックし、＜プログラムから開く＞－＜メモ帳＞をクリックします。

1 CSVファイルを右クリックして、

2 ＜プログラムから開く＞をクリックし、＜メモ帳＞をクリックします。

メモ帳では文字化けしないで表示されていますが、このファイルをExcelで文字化けしない文字コードに変換します。
メモ帳の＜ファイル＞をクリックし、＜名前を付けて保存＞をクリックします。ファイル名はそのままでけっこうですので、＜名前を付けて保存＞画面の右下にある＜文字コード＞を＜ANSI＞に変更して＜保存＞をクリックします。上書き確認の画面が出てきたら＜はい＞をクリックし、メモ帳を閉じます。

3 ＜ANSI＞を選択して、

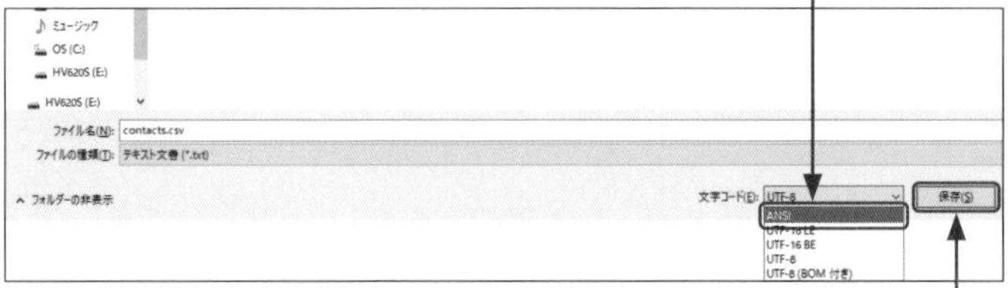

4 ＜保存＞をクリックします。

保存したCSVファイルをダブルクリックして開くと、先ほどとは異なって文字化けせずに表示されます。

文字化けしないで表示されます。

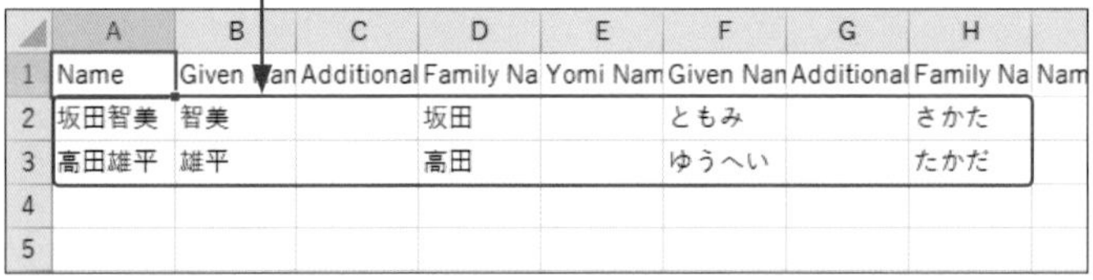

第4章

メールを整理しよう

Section 34

Gmailのメール整理機能を知っておこう

キーワード
・メールの管理
・スター
・ラベル

Gmailでメールを利用していると、受信トレイにはたくさんのメールが表示され、管理がたいへんになります。不要なメールを削除したり、大事なメールだとわかるようにしたり、当面読まないメールを非表示にしたり、メールを分類分けしたりといった、メールを整理して管理しやすくする機能を紹介します。

1 Gmailのメール整理機能

Memo メールの整理

メールのチェックボックスをクリックしてオンにすると、そのメールに対して行うことができる機能（アーカイブや削除、移動など）のアイコンが表示されます。整理したいメールを選択して、各整理機能を利用します。

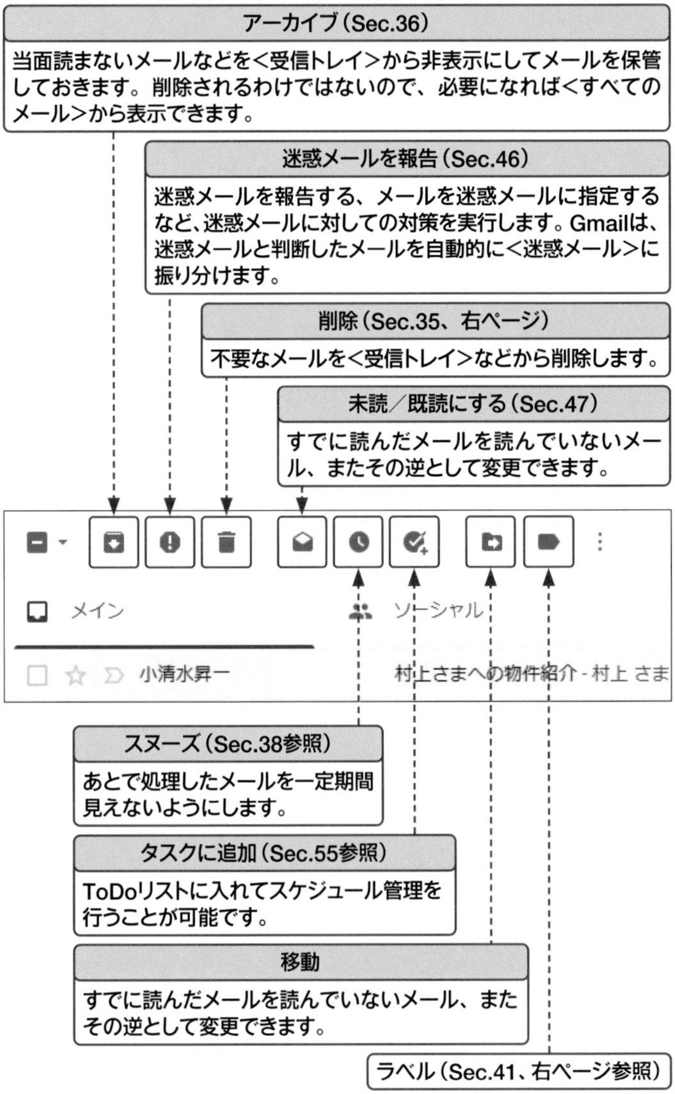

アーカイブ（Sec.36）
当面読まないメールなどを<受信トレイ>から非表示にしてメールを保管しておきます。削除されるわけではないので、必要になれば<すべてのメール>から表示できます。
迷惑メールを報告（Sec.46）
迷惑メールを報告する、メールを迷惑メールに指定するなど、迷惑メールに対しての対策を実行します。Gmailは、迷惑メールと判断したメールを自動的に<迷惑メール>に振り分けます。
削除（Sec.35、右ページ）
不要なメールを<受信トレイ>などから削除します。
未読／既読にする（Sec.47）
すでに読んだメールを読んでいないメール、またその逆として変更できます。
メイン
ソーシャル
小清水昇一
村上さまへの物件紹介 - 村上 さま
スヌーズ（Sec.38参照）
あとで処理したメールを一定期間見えないようにします。
タスクに追加（Sec.55参照）
ToDoリストに入れてスケジュール管理を行うことが可能です。

すでに読んだメールを読んでいないメール、またその逆として変更できます。
ラベル（Sec.41、右ページ参照）

Hint そのほかの機能

右図の状態で⋮をクリックすると、重要マークの付け外しや、メールの自動振り分けなどの機能を利用できます。

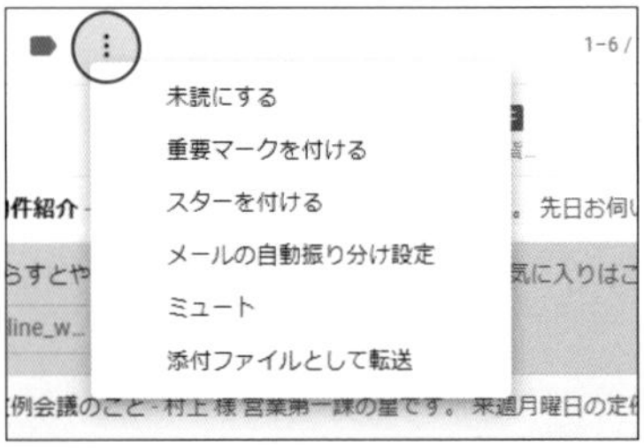

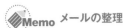

未読にする
重要マークを付ける
スターを付ける
メールの自動振り分け設定
ミュート
添付ファイルとして転送

ゴミ箱

削除されたメールは＜ゴミ箱＞に一時的に保管されます。その後、完全に削除したり、ほかのラベルに移動したりすることができます。

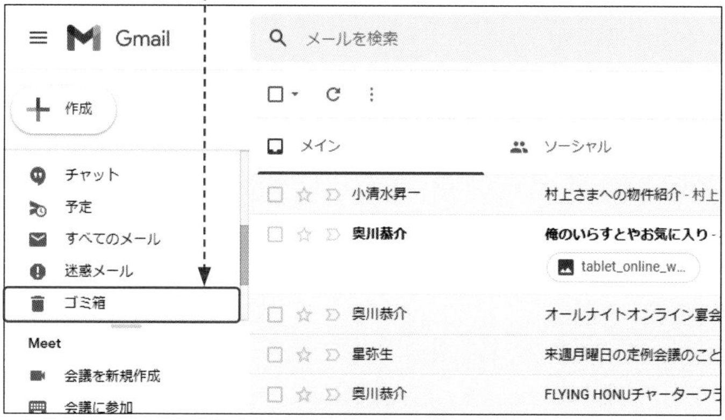

スター機能（Sec.39）

メールの相手や用件などによって目印を付けておくと、メールがわかりやすくなります。目印には「スター」が用意されています。黄色の星ほか、形や色分けしたマークも利用できます。

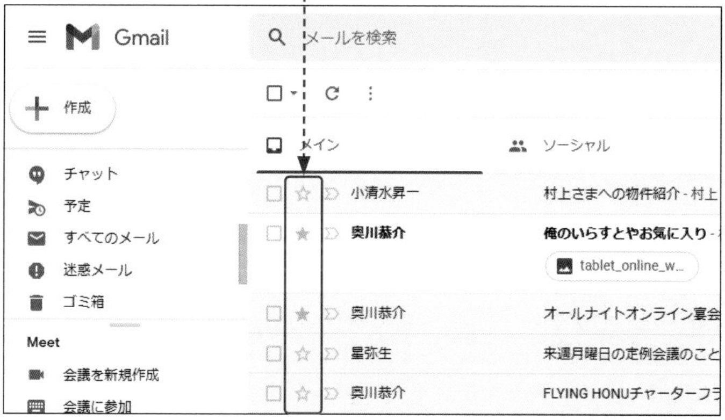

ラベル機能

メールにラベルを付けて、カテゴリ別に分類することができます。ラベルの色によって、ひと目でどのようなメールなのかがわかるようになります。

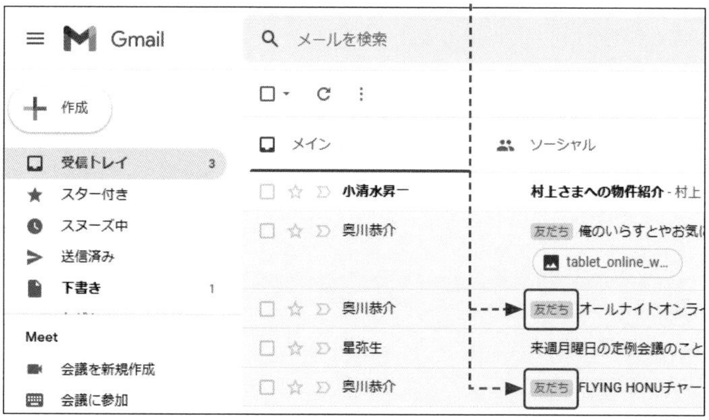

Memo メールの選択

メールのチェックボックスをクリックしてオンにすると選択された状態になります。＜選択＞の横にある をクリックして＜すべて＞をクリックすると、すべてのメールがオンになり、＜選択解除＞をクリックするとすべてオフにできます。また、＜既読＞＜未読＞＜スター付き＞＜スターなし＞をクリックすると、それぞれに該当するメールのチェックボックスがオンになります。

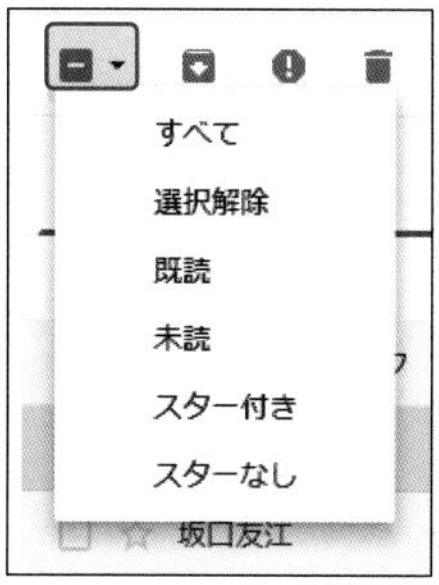

Hint そのほかの機能

- **ミュート機能（Sec.37参照）**
  受信トレイからメールを見えなくする機能です。アーカイブと似ていますが、設定した後にやりとりが続いても変わらず見えないのがミュート、新しいやりとりがあると受信トレイに復活するのがアーカイブという違いがあります。
- **バックアップ機能**
  Googleのサービスを利用してメールのデータをバックアップすることができます。

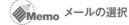

Section 35

メールを削除しよう

キーワード
- メールの削除
- 完全に削除
- ゴミ箱を空にする

削除されたメールは＜ゴミ箱＞に移動します。＜ゴミ箱＞の中のメールは30日経つと自動的に削除されます。また、＜ゴミ箱＞を空にすればこの時点で完全に削除されます。なお、削除したいメールの中に、迷惑メールと思われるものがある場合は削除せずに、報告しましょう（Sec.46参照）。

1 メールを削除する

Memo メールの削除

メールのチェックボックスをオンにして選択すると、＜削除＞などメールに対して行うことができるコマンドツールが表示されます。このとき、ほかのメールも選択された状態になっていると、同じ処理（削除）がされてしまうので、注意しましょう。

Hint そのほかの方法

メールのメッセージ画面で、＜削除＞をクリックしてもメールを削除できます。

Hint 削除の取り消し

削除したあとで、数秒間メッセージが表示されます。＜取消＞をクリックすると、削除したメールがもとに戻ります。この表示が消えたあとに、もとに戻したい場合は、次ページのHintを参照してください。

1 ＜受信トレイ＞をクリックします。

2 削除したいメールにマウスカーソルを合わせ、チェックボックスをクリックし、

3 オンにします。

4 ＜削除＞をクリックすると、

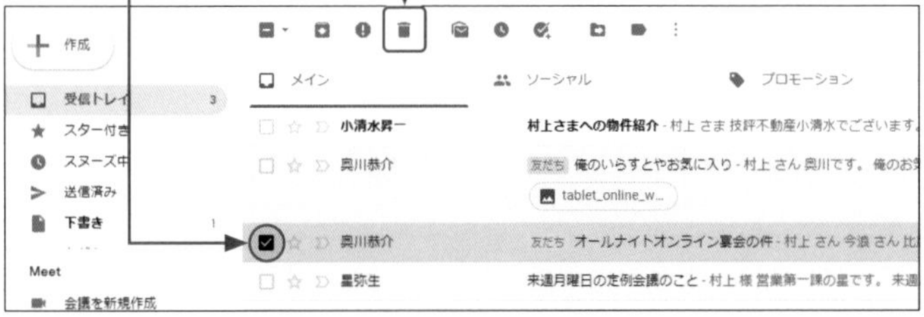

5 ＜受信トレイ＞から削除されます。

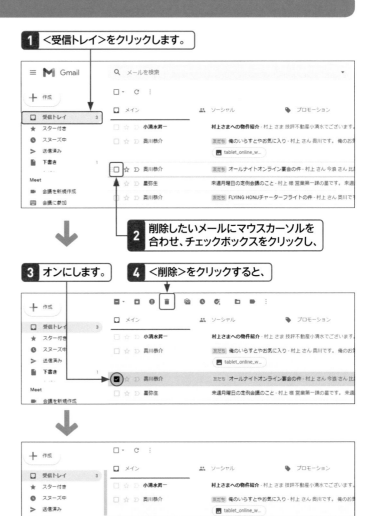

6 <もっと見る>をクリックし、<ゴミ箱>をクリックすると、

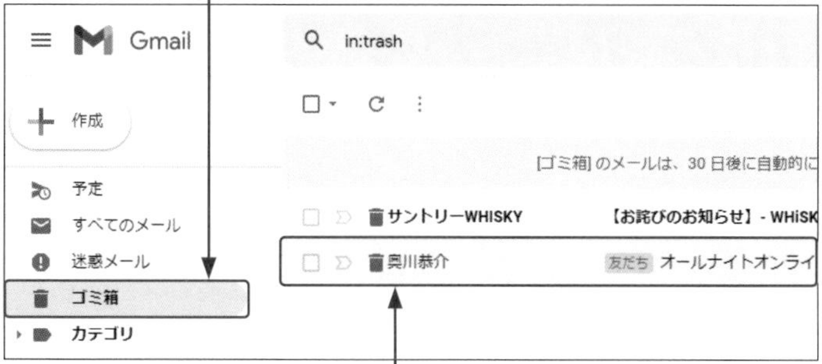

7 削除したメールが移動したことが確認できます。

Hint 削除したメールをもとに戻す

削除したメールを戻すには、<ゴミ箱>の一覧から戻したいメールのチェックボックスをオンにし、<移動>をクリックして、<受信トレイ>をクリックします。なお、<ゴミ箱>に入ったメールは30日後に自動的に削除されてしまいます。

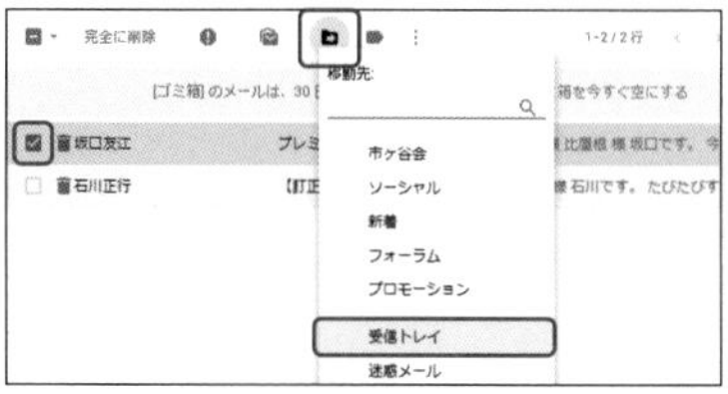

2 メールを完全に削除する

1 <もっと見る>をクリックし、<ゴミ箱>をクリックすると、

2 削除したメールの一覧が表示されます。

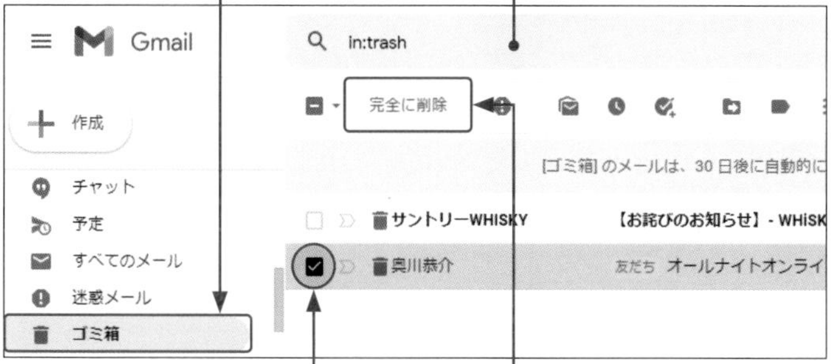

3 完全に削除したいメールにマウスカーソルを合わせ、チェックボックスをクリックしてオンにします。

4 <完全に削除>をクリックします。

5 メールが完全に削除されました。

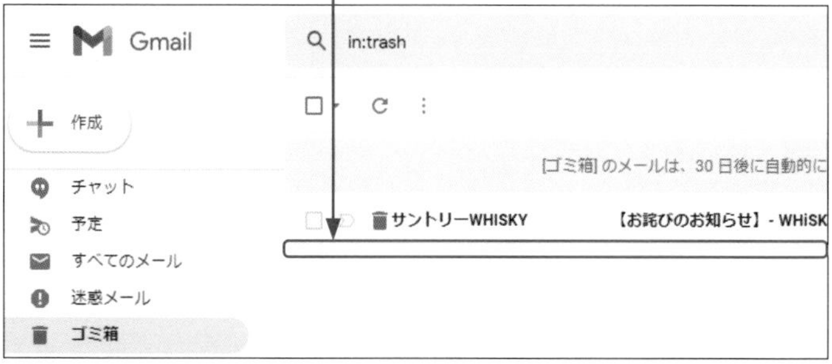

Memo <ゴミ箱>ラベルの表示

手順**1**で<もっと見る>をクリックして<ゴミ箱>を表示させていますが、<ゴミ箱>ラベルが<もっと見る>よりも上位に表示されている場合は、そのままクリックします。

Step up <ゴミ箱>の中身を今すぐ空にする

<ゴミ箱>の中身を今すぐ空にしたい場合は、<ゴミ箱を今すぐ空にする>をクリックします。

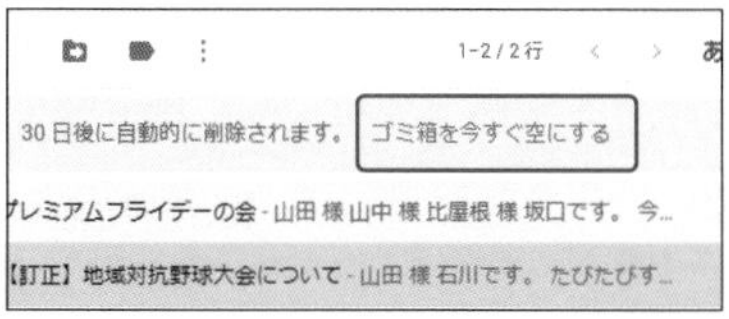

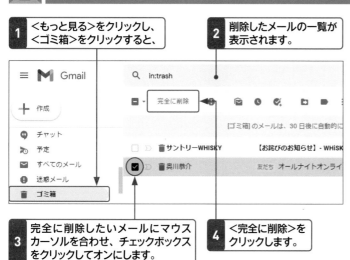

Section
36 メールをアーカイブしよう

キーワード
- アーカイブ
- 非表示
- すべてのメール

受信トレイにメールが大量にたまってくると、管理しにくくなります。メールを削除してもよいですが、あとから必要になることもあるでしょう。こういうときは、アーカイブ(保管)機能を利用しましょう。アーカイブしたメールは削除されたわけではないので、検索して呼び出すことができます。

1 不要なメールをアーカイブする

Key word アーカイブ

アーカイブとは複数のファイルなどを1つにまとめることで、データを長期保存するために効率的にまとめる方法、あるいはまとめられたデータを指します。Gmailでも、読み終えたメールなど、いまはとくに必要ではないメールを非表示にして保管するアーカイブ機能を備えています。アーカイブしたメールは、削除されてはいないので、必要なときに検索して表示することができます。

Memo 複数のメールをアーカイブする

手順**2**でアーカイブしたいメールすべてをクリックしてオンにし、選択状態にして、同様の手順を操作します。

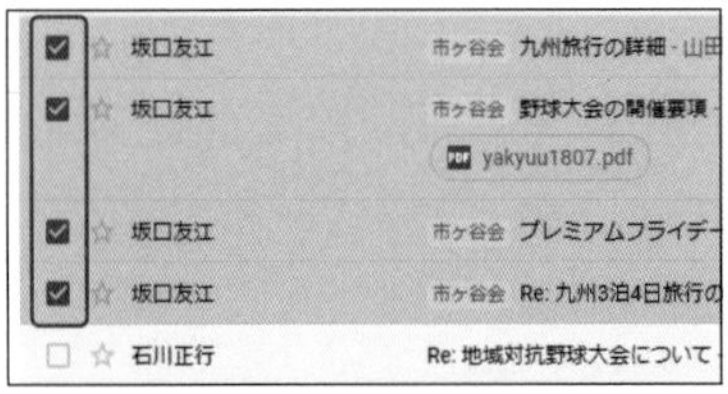

1 ＜受信トレイ＞をクリックします。

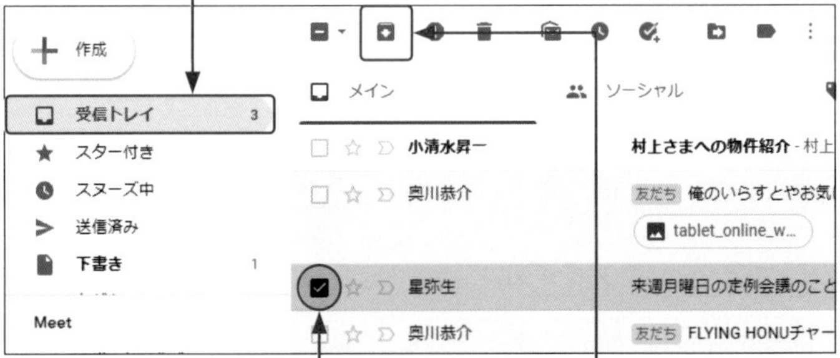

2 アーカイブしたいメールにマウスカーソルを合わせ、チェックボックスをクリックしてオンにします。

3 ＜アーカイブ＞をクリックすると、

4 指定したメールが消えます。

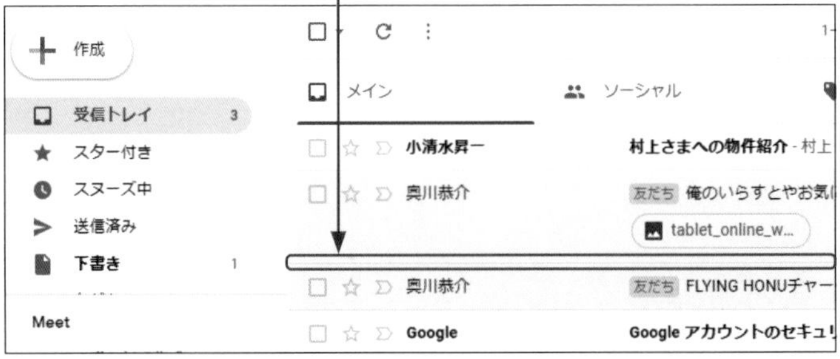

2 アーカイブしたメールを確認する

Hint ＜もっと見る＞が表示されない

ラベルリストにマウスカーソルを合わせると下に隠れている＜重要＞などのラベルが表示されます。

1 ＜もっと見る＞をクリックし、

2 <すべてのメール>をクリックすると、

3 すべてのメールが表示されます。

Memo参照

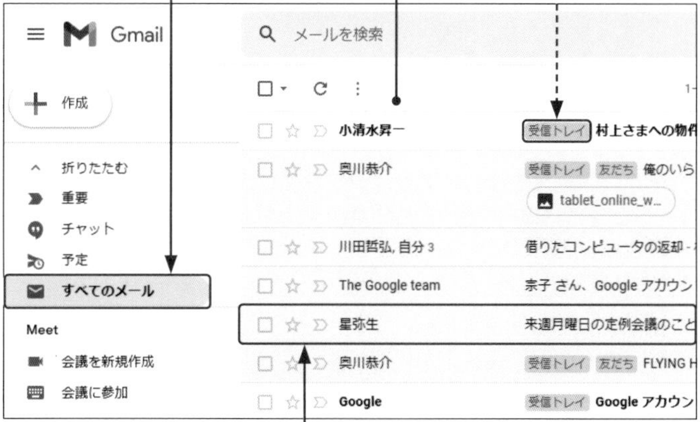

4 アーカイブしたメールが確認できます。

Memo 受信トレイの表示

件名の左に<受信トレイ>と表示されているメールは、<受信トレイ>内に保存されているメールです。ここにはラベル名が表示されます。

Hint アーカイブしたメールを探す

メールは<すべてのメール>に保管されていますが、この中から探すのがたいへんな場合は、メールを検索して探すとよいでしょう。詳しくは、Sec.20を参照してください。

3 アーカイブしたメールを<受信トレイ>に戻す

1 <すべてのメール>をクリックすると、

3 <受信トレイに移動>をクリックすると、

2 <受信トレイ>に戻したいメールにマウスカーソルを合わせ、チェックボックスをクリックしてオンにします。

4 <受信トレイ>に移動します。

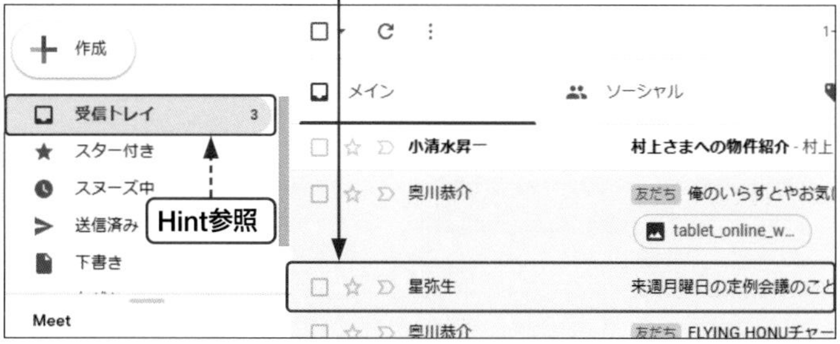

Hint 移動したメール

<受信トレイ>に移動しても、<すべてのメール>から削除されたわけではありません。メールを移動したあと、<すべてのメール>では移動したメールのラベルには<受信トレイ>と表示されます。<すべてのメール>にあるメールは削除されない限り、保管されます。

Memo アーカイブと削除の違い

アーカイブしたメールは、<受信トレイ>から非表示になりますが、もとのメールは<すべてのメール>から、いつでも表示することができます。メールを削除した場合は(Sec.35参照)、<ゴミ箱>に移動し、30日後には完全に削除されてなくなるため、<すべてのメール>からも表示できなくなります。完全に必要ではないメール以外は削除せずに、アーカイブして保管しておくことをオススメします。

Section 37

関係ないメールのやりとりはミュートしよう

キーワード
・ミュート
・スレッド表示
・ミュートの解除

複数のメンバーでメールをやりとりするメーリングリストなどでは、自分には関係のないテーマでのやりとりが続くときがあります。そういう場合は、そのメールあるいはスレッドごとにミュートするとよいでしょう。それ以降のやりとりは＜受信トレイ＞に届かなくなり、自動的にアーカイブされます。

1 関係ないメールを非表示にする

Keyword ミュート

ミュートは、自動的にアーカイブされ、＜受信トレイ＞に表示されないようにする機能です。受信拒否にしたり、削除するものではありません。もとのメールは＜すべてのメール＞に保管されており、検索などで表示することができます。

1 <受信トレイ>をクリックします。

2 非表示にしたいスレッドにマウスカーソルを合わせ、チェックボックスをクリックしてオンにします。

3 <その他>をクリックし、

4 <ミュート>をクリックすると、

5 ミュートされます。

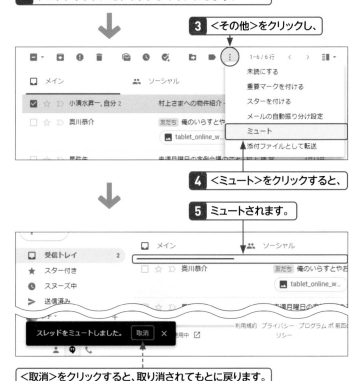

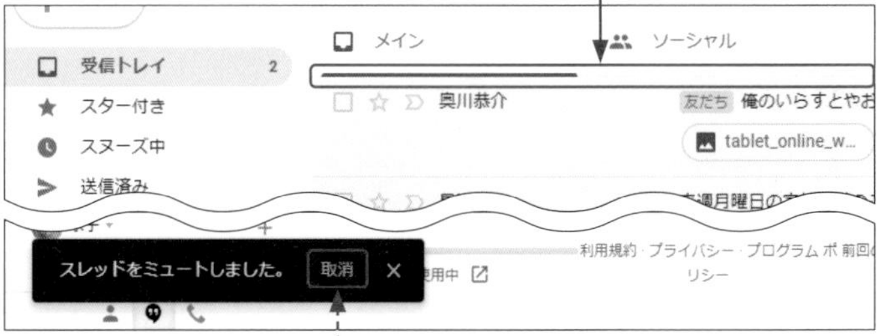

<取消>をクリックすると、取り消されてもとに戻ります。

Hint スレッド表示にする

ミュートを設定する場合は、スレッド表示（Sec.10参照）にしておくと、選択するメールの数を減らすことができます。

2 ミュートしたメールを確認する

1 <もっと見る>をクリックします。

2 <すべてのメール>をクリックすると、

3 ミュートしたスレッドに<ミュート>ラベルが表示されているのを確認できます。

Memo すべてのメールの表示

手順1で<もっと見る>をクリックしていますが、<すべてのメール>が<もっと見る>よりも上位に表示されている場合は、そのままクリックします。これは、ラベルの表示／非表示の設定で変更できます。

3 ミュートを解除する

1 <すべてのメール>をクリックすると、

2 ミュートを解除したいスレッドにマウスカーソルを合わせ、チェックボックスをクリックしてオンにします。

3 <その他>をクリックし、 4 <ミュートを解除>をクリックします。

Hint そのほかの解除方法

ミュートのスレッドを選択し、<受信トレイに移動>をクリックしてもミュートが解除され、<受信トレイ>の一覧に表示されます。

Memo 「ミュートを解除」を行った場合

ミュートの解除を行っただけでは、メールは受信トレイには戻りません。再度受信トレイで表示したい場合は、上記Hintの方法を実行する必要があります。

Section 38

あとで処理したいメールにスヌーズを設定しよう

キーワード
・スヌーズ
・スヌーズの設定
・スヌーズの解除

スヌーズとは、受信トレイにあるメールを一定期間見えないようにして、必要になったときに再び表示できます。たとえば、すぐに対応する必要はないが、後で対応しなければならないメールなどに設定しておくと、受信トレイがすっきりして便利です。

1 スヌーズを設定する

Memo スヌーズ

メールの表示を遅らせて、そのメールが必要になるまで一時的に受信トレイから消去する機能です。Gmailをビジネス用途で利用し、Gmailでタスク管理を行っている人が主に利用しています。受信トレイに届いた連絡事項が処理しきれないとき、再び表示される日付と時間を指定して、受信トレイから消すことで、やらなければならないことが整理でき、仕事をスムーズに進めることができます。

Hint 日付と時間を指定する

スヌーズが解除される日付は、＜今日中＞、＜明日＞、＜今週末＞、＜来週＞（日曜日ではなく月曜日の朝になっていることに注意）があらかじめ設定されています。ご自身で日付を設定したい場合は、手順4で＜日付と時間を選択＞をクリックして表示されるカレンダーで設定します。

1 ＜受信トレイ＞をクリックします。

2 スヌーズしたいメールの上にカーソルを置きます。

3 ＜スヌーズ＞をクリックします。

4 スヌーズする期間を選択します。

5 設定したメールは受信トレイから見えなくなりました。

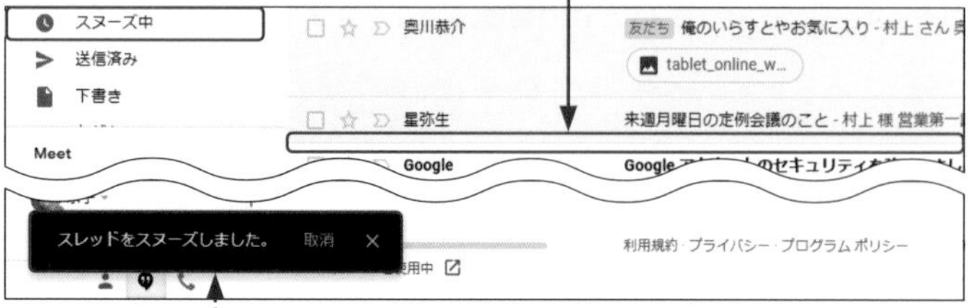

スヌーズしたことがポップアップで表示されています。

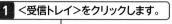

2 スヌーズを解除する

1 <スヌーズ中>をクリックし、

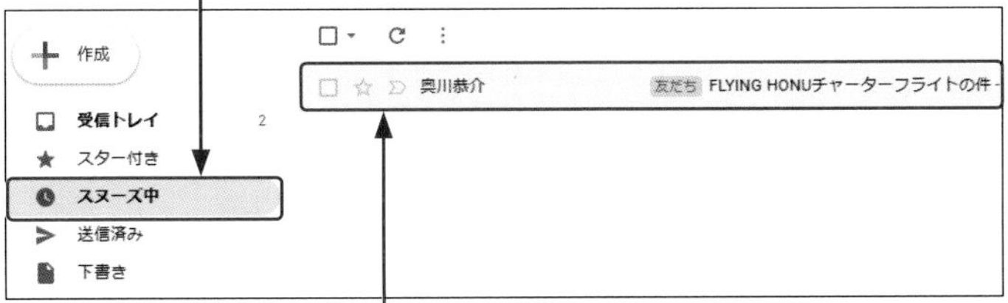

2 スヌーズ設定中のメールにカーソルを置きます。

3 <スヌーズ>をクリックし、

4 <スヌーズを解除>をクリックします。

5 <スヌーズ中>の一覧からメールが消えます。

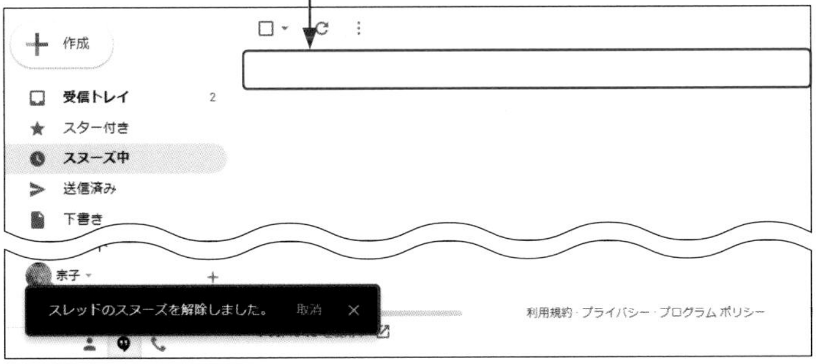

6 受信トレイにメールが戻っています。

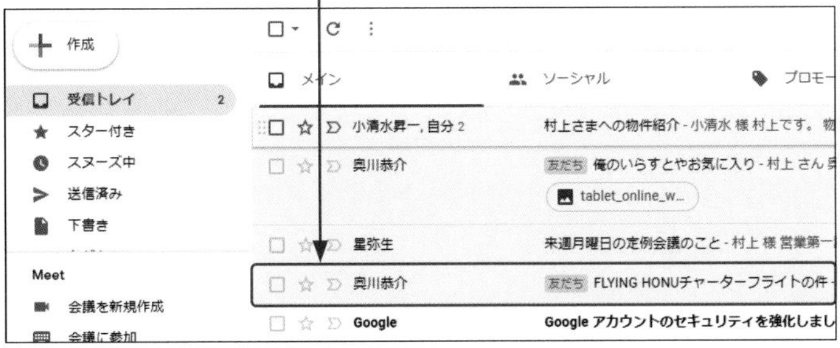

Memo 設定した時間になったら

スヌーズを設定した時間になると、下図のように受信トレイにメールが表示されます。
<新着>となっていますが、実際にはすでに受け取ったメールなので、注意してください。

Hint スヌーズ機能が利用できない場合

スヌーズはスレッド表示がオンになっているときのみ利用可能です。スレッド表示のオン／オフを切り替える方法については、Sec.10を参照してください。

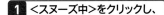

Section 39

スター機能でメールを整理しよう

キーワード
- スター
- スターの使い分け
- スターの種類

メールの量が多くなると、必要なメールが探しづらくなります。こういうときは、メールにスターを付けておくと、スターを付けたメールだけを表示することができます。また、スターの種類も選べるので、用途に合わせてスターを使い分けるとよいでしょう。

1 スターを付けて整理する

Key word スター

あとで返信する必要があるメールや重要なメールにスターを付けると、ほかのメールと区別することができます。手順5のように、スターを付けたメールだけを抽出して表示することもできます。Microsoft Outlookなど、ほかのメールソフトを使っていた方なら、「フラグ」と同じ機能だと思ってください。

1 <受信トレイ>をクリックします。

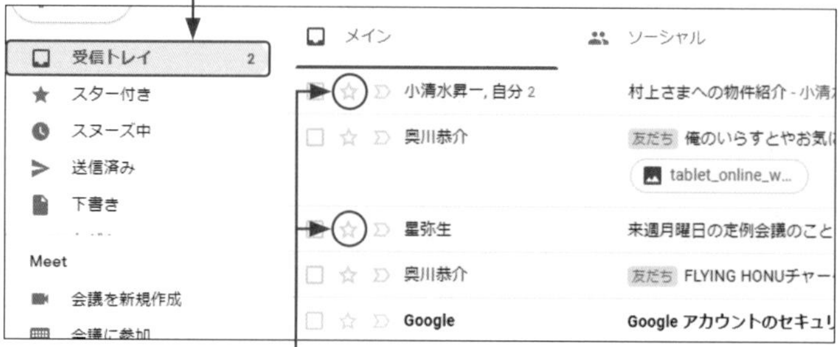

2 重要なメールの☆をクリックすると、

3 スターが付きます。

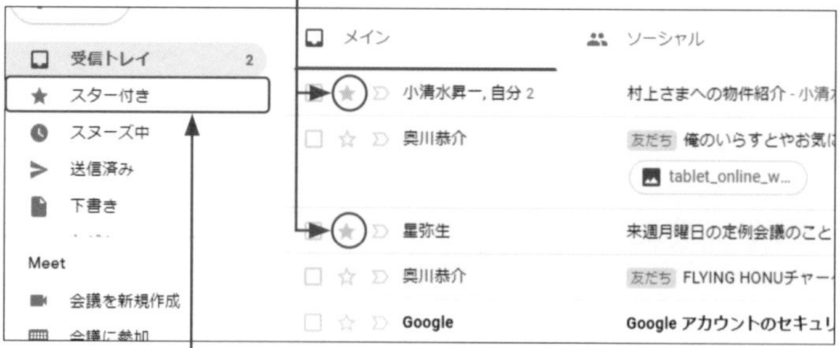

4 <スター付き>をクリックすると、

5 スターが付いたメールだけが表示されます。

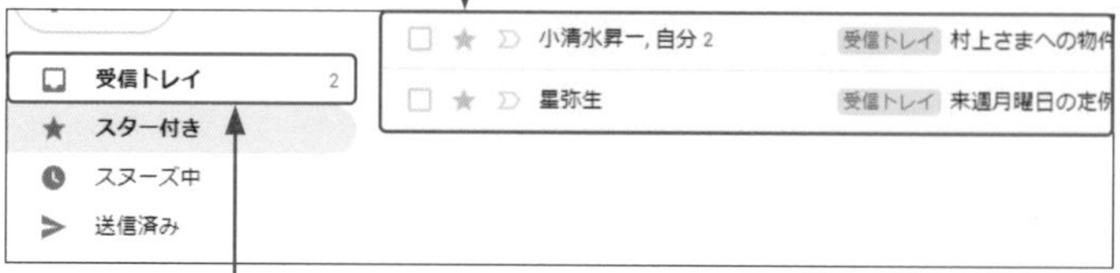

6 <受信トレイ>をクリックして、もとの表示に戻します。

Memo タブに分類されたメールにスターを付けた場合

スターを付けたメールは、分類されたタブとメインタブの両方に表示されます。

2 複数のスターを使い分ける

1 Gmail画面の<設定>をクリックし、<すべての設定を表示>をクリックして、<設定>画面の<全般>タブを表示します。

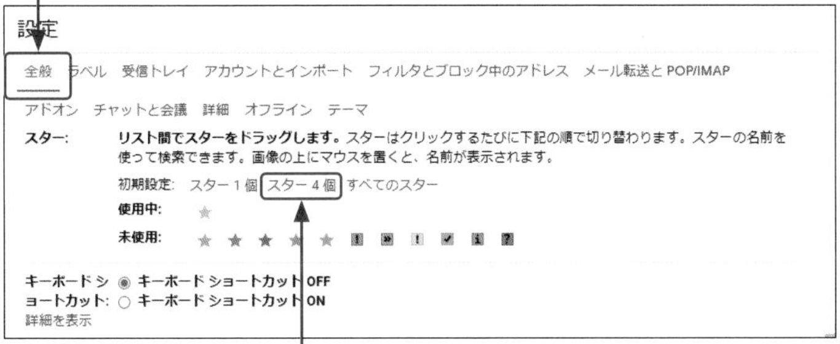

2 <スター>の<スター4個>をクリックします。

3 4種類のスターが表示されます。

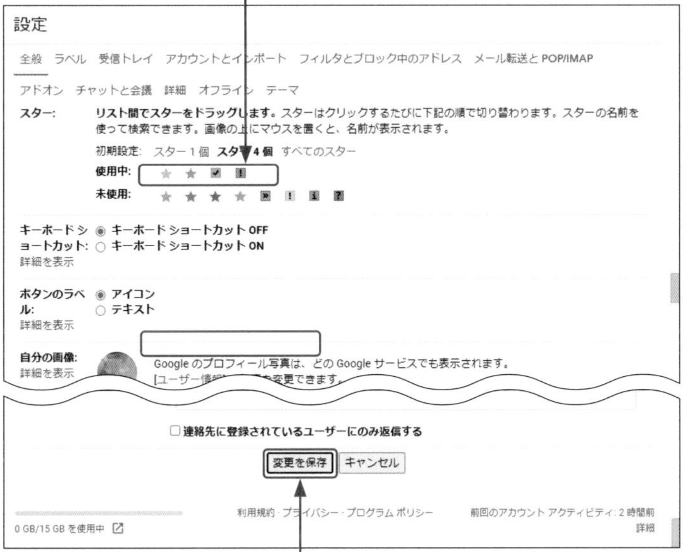

4 画面下の<変更を保存>をクリックします。

5 <受信トレイ>をクリックし、

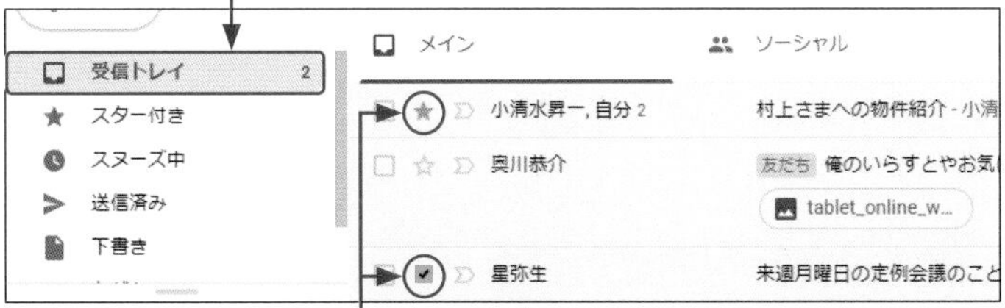

6 メールのスターをクリックするたびに、スターの種類が順に切り替わります。

Memo スターの種類

スターは初期設定では黄色の1種類ですが、左のように設定を変更して、<スター4個>と<すべてのスター>の計12種類を利用することができます。

<スター4個>を選択した場合、スターをクリックすると、黄色のスターが付き、再度クリックするとスターの種類が変わります。このように、4種類のスターの色と形が順に切り替わります。

重要マークでメールを整理しよう

キーワード
- 重要マーク
- 先頭に表示
- 表示／非表示

Gmailには重要と判断するメールに重要マークを自動的に判断して付ける機能があります。重要でないものは取り消し、自分で重要マークを付けることで、Gmailの重要マーク自動判断機能が向上していきます。また、重要マークのメールだけを一覧で表示することもできます。

1 大事なメールに重要マークを付ける

Key word 重要マーク

よくメールする相手や返信メール、閲覧したメール、頻繁に登場するキーワードなどの情報から、Gmail（Google）が自動的に判断して重要マークを付ける場合があります。重要でない場合はマークをクリックしてオフにし、また重要なメールには自分でクリックして重要マークを付けます。この繰り返しによって、Gmailの判断基準の学習になり、精度が上がります。

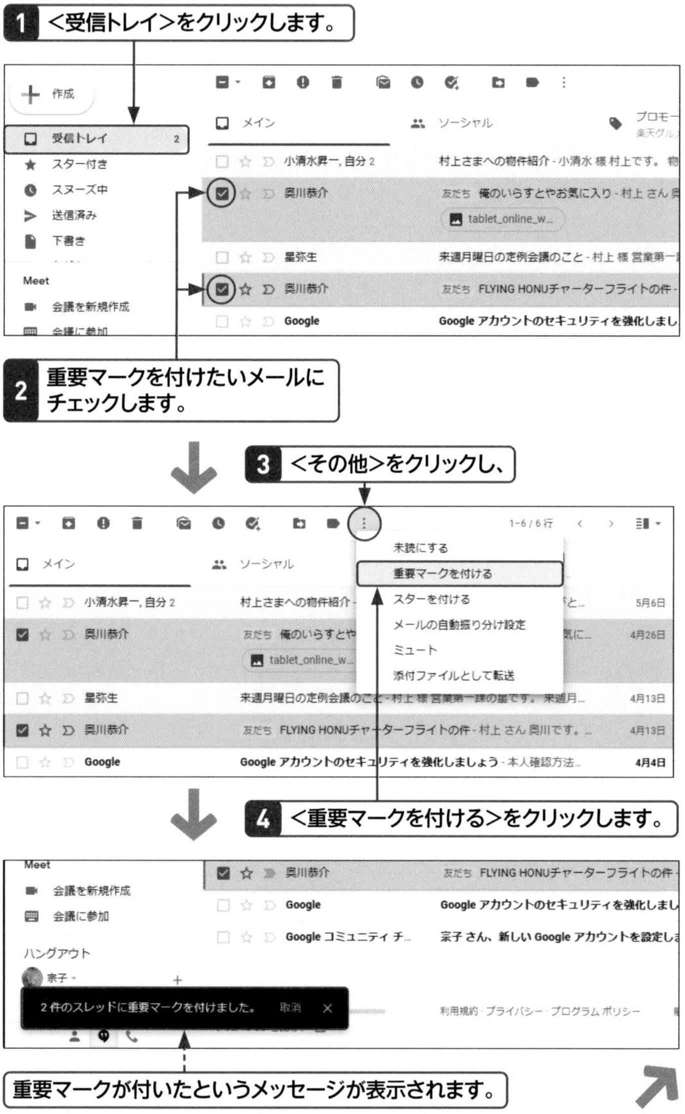

5 <もっと見る>をクリックし、

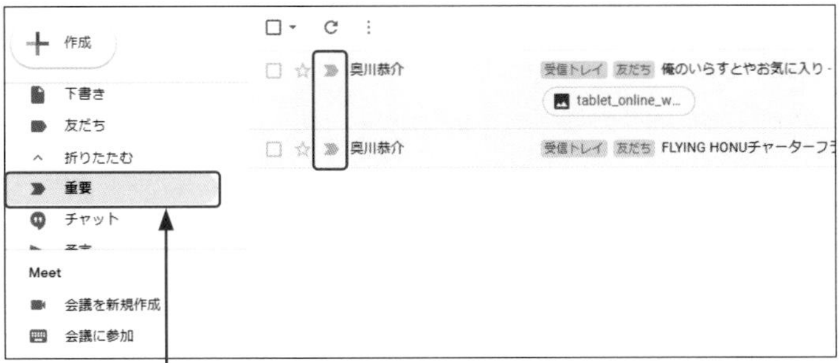

6 <重要>をクリックすると、重要マークの付いたメールが表示されます。

2 重要マークの表示／非表示を切り替える

1 Gmail画面の<設定>をクリックし、<すべての設定を表示>をクリックして、<設定>画面の<受信トレイ>タブを表示します。

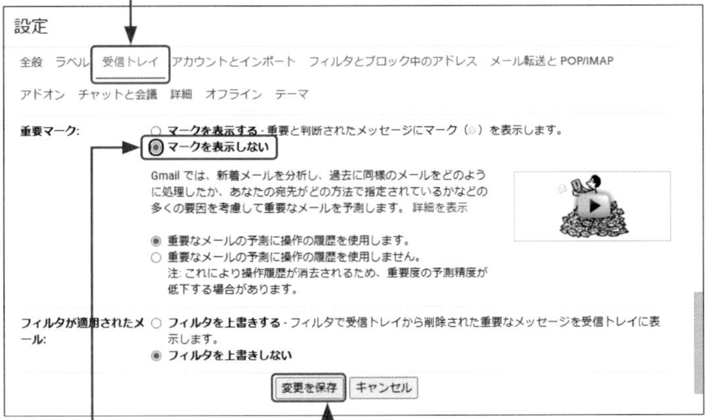

2 重要マークの<マークを表示しない>を選択し、

3 <変更を保存>をクリックします。

4 <受信トレイ>をクリックすると、

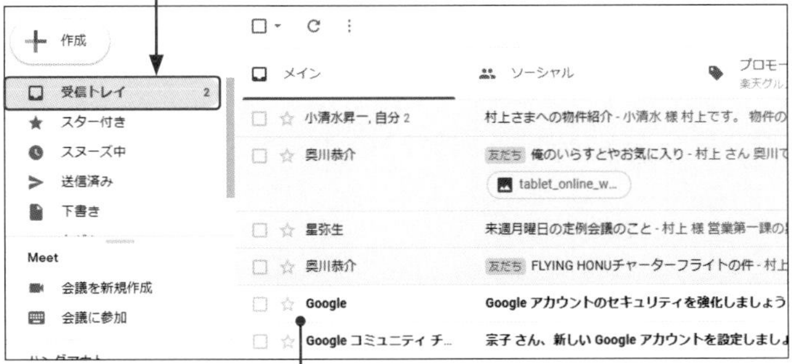

5 重要マークの表示がされなくなります。

Memo 重要マーク以外のメールの表示

重要マークが付いたメールだけを表示していますが、ほかのメールも区別して表示することが可能です。詳しくは、Sec.43を参照してください。

Memo 重要マークとスター機能の使い分け

スターマーク（Sec.39）と重要マークは似たような機能であるため、どのように使い分けるとよいかわかりにくいと思います。前ページキーワードでも述べましたが、重要マークはこれまでのメールの利用状況からGmailのほうで重要か否かを判断し、自動で付けられることがあります（もちろん前ページ手順のように自分で付けることも可能です）。一方スター機能は自動で付けられることはなく自分で付ける必要があります。また109ページのように複数のスターを使い分けることもできますので、よりきめ細やかな管理が可能です。ご自身の用途によって使い分けていくとよいでしょう。

Section 41

ラベルを付けてメールを分類しよう

キーワード
・ラベルの作成
・ラベルの適用
・複数のラベル

Gmailにはフォルダーの機能がなく、代わりにラベルを使ってメールを分類することができます。ラベル名は自由に設定できるので、仕事、趣味、家族などのカテゴリを使用するとよいでしょう。また、ラベルは1通のメールに複数付けることができます。

1 新しいラベルを作成する

Keyword ラベル

ラベルとは、Gmailを分類するための目印のことです。グループや同じ話題のメールに対してラベルを付けておくと、メールをまとめて整理することができます。

Memo <もっと見る>が表示されない

<もっと見る>が隠れて表示されない場合は、ラベルリストの上にマウスカーソルを合わせると、下に隠れているラベルが表示されます。

Memo ラベルの管理

<もっと見る>をクリックし、<ラベルの管理>をクリックすると、<設定>画面の<ラベル>タブが表示され、ラベルの表示/非表示や削除ができます。ラベルの編集については、Sec.42を参照してください。

Hint そのほかの方法

先にメールを選択してからラベルを作成することもできます。ラベルを付けたいメールのチェックボックスをオンにし、<ラベル>をクリックして、<新規作成>をクリックすると、手順4の画面が表示されるので、同様に操作して作成します。

1 Gmail画面を表示します。

2 ラベルリストの<もっと見る>をクリックして、

3 <新しいラベルを作成>をクリックします。

4 <新しいラベル>画面が表示されるので、

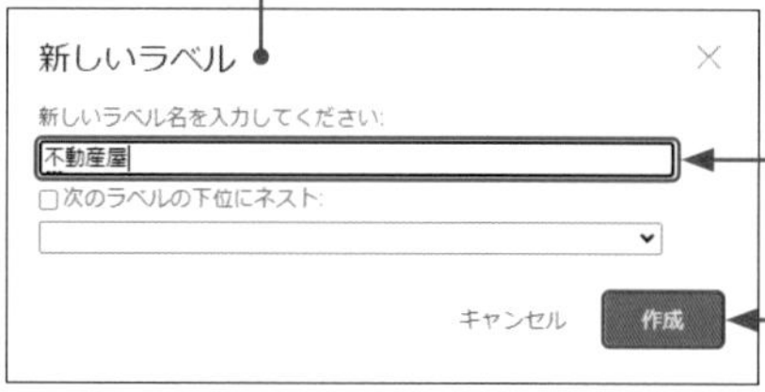

5 ラベル名を入力して、

6 <作成>をクリックします。

7 ラベルが追加されました。

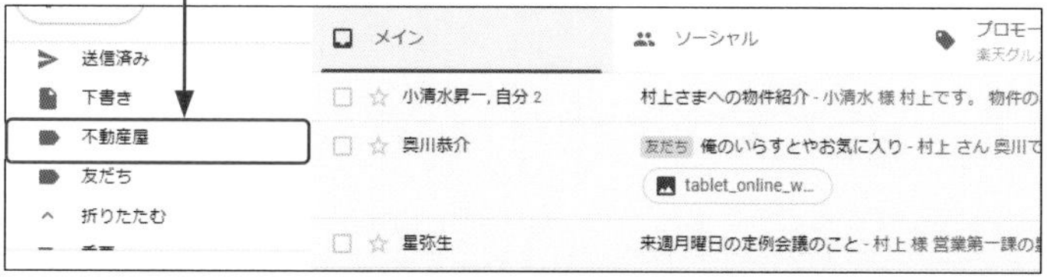

2 メールにラベルを付ける

1 ラベルを付けたいメールをクリックしてオンにします。

2 <ラベル>をクリックし、

3 ラベル名にチェックを付けて、

4 <適用>をクリックします。

5 メールにラベル名が付きます。

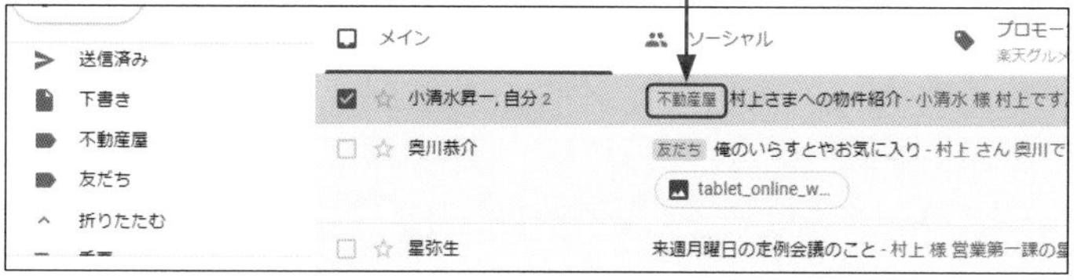

6 同じラベルを付けたいメールも同様にします。

7 <ラベル>をクリックすると、

8 ラベルの付いたメールのみが表示されます。

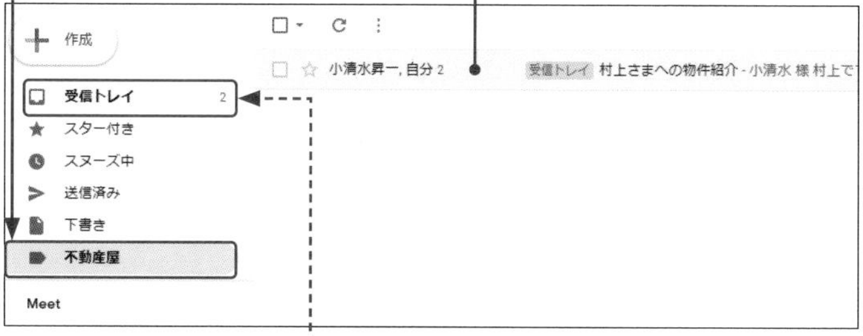

<受信トレイ>をクリックして、もとの表示に戻します。

Hint ラベルを削除する

ラベルを削除したい場合は、ラベルにマウスカーソルを合わせると表示される ⋮ をクリックし、<ラベルを削除>をクリックします。表示されたメッセージで<削除>をクリックします。

Hint 複数のラベルを付ける

ラベルは複数作成できます。複数のラベルを付ける場合は、手順**3**で付けたいラベルの左側のチェックボックスをオンにして選択し、<適用>をクリックします。

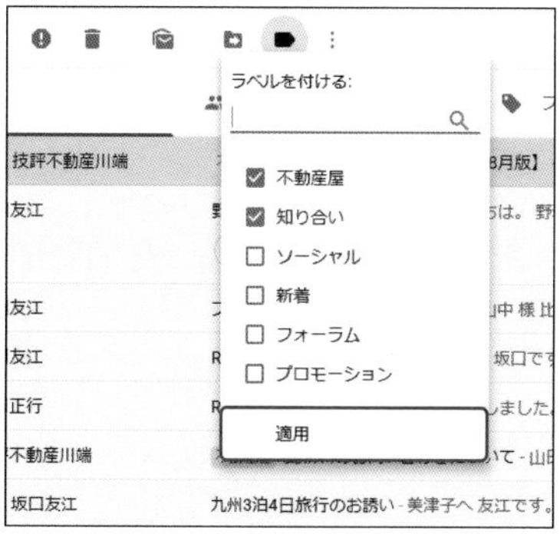

Memo ラベル単位のメール抽出

作成したラベルは、ラベルリストに表示されます。ラベル名をクリックすると、該当するメールのみが表示されます。

Memo スレッド表示のラベル

スレッド表示にしている場合、スレッドにラベルを付けると、スレッドに入っているメールにのみ適用されます。ラベルを付けたあとに受信したメールにはラベルが適用されません。ラベルでメールを検索する際に対象外になるので注意してください。

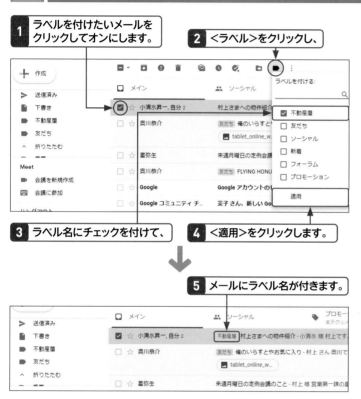

Section
42 ラベルの色や名前を編集しよう

キーワード
- ラベルの色
- ラベルの名前
- サブラベル

ラベルを作成したら、ラベルの色や名前を変更してみましょう。ラベルの色を仕事や趣味仲間などで分けておくと、メールがさらに見やすく、探しやすくなります。ラベルの名前は、ラベルの編集画面で変更できます。また、ラベルは階層化することができるので、ラベルの下にサブラベルを作成することができます。

1 ラベルの色を変更する

Hint オリジナルのカラー

カラーパレット以外の色にしたい場合は、手順3で＜カスタム色を追加＞をクリックし、カラーパレットから色を選んで＜適用＞をクリックします。プレビューされるので、気に入ったものを選べます。

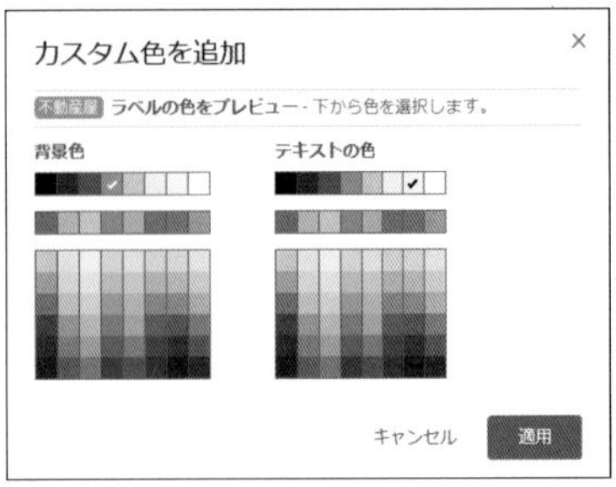

1 変更したいラベルにマウスカーソルを合わせ、⋮をクリックします。

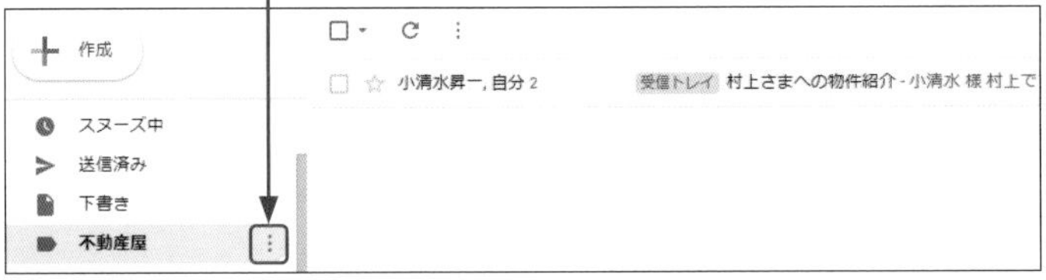

2 ＜ラベルの色＞をマウスカーソルを合わせ、

3 表示されるカラーパレットから色をクリックします。

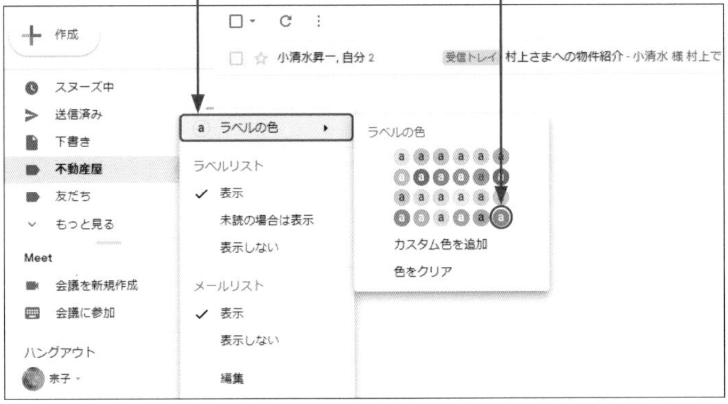

4 メールの本文を開いて確認すると、ラベルの色が変わっています。

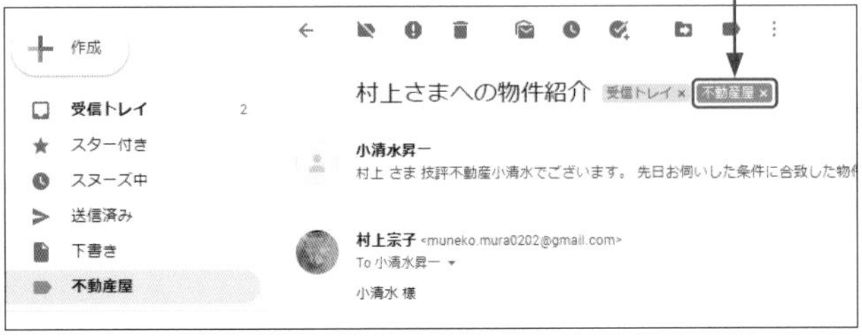

Memo ラベルの色の変更

ラベルの色は、右の操作で、何度でも変更することができます。もとに戻したい場合は、＜色をクリア＞をクリックします。

2 ラベル名を編集する

1 変更したいラベルにマウスカーソルを合わせせ、⋮をクリックして、

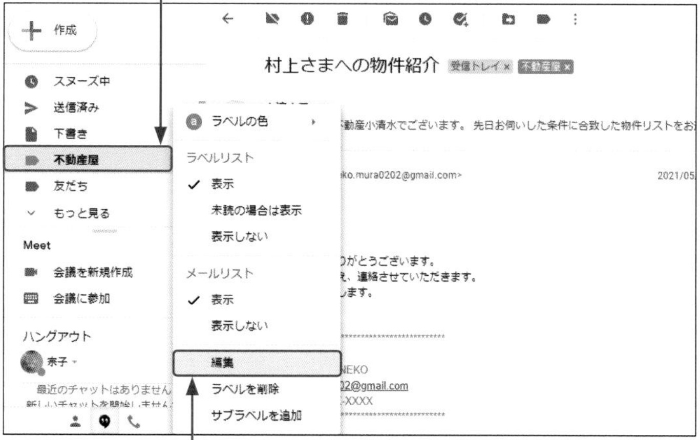

2 <編集>をクリックします。

3 <ラベルを編集>画面が表示されるので、

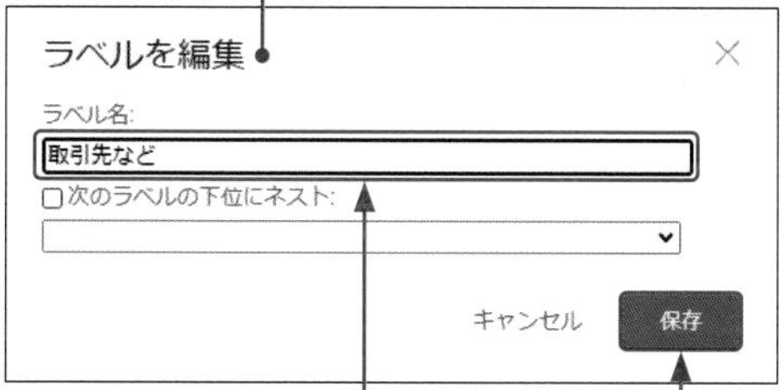

4 変更するラベル名を入力して、

5 <保存>をクリックします。

6 ラベル名が変更されました。

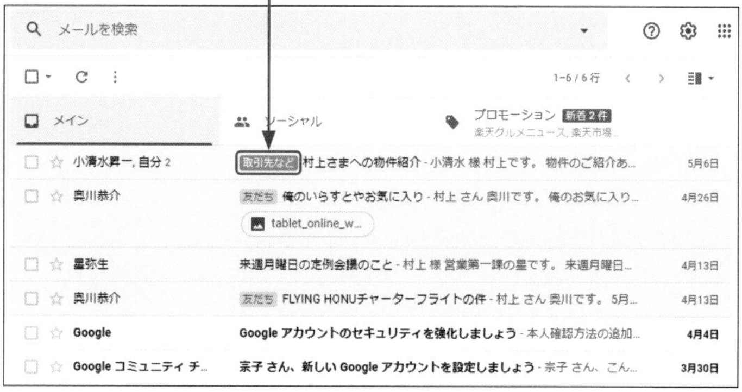

Step up サブラベルを作成する

ラベルは階層構造（ネスト）にすることができます。ラベルにマウスカーソルを合わせ、⋮をクリックして<サブラベルを追加>をクリックします。サブラベルの名前を入力して、<作成>をクリックします。メールのチェックボックスをオンにします。<ラベル>をクリックし、作成したサブラベルをクリックしてオンにし、<適用>をクリックすると、サブラベルが追加されます。

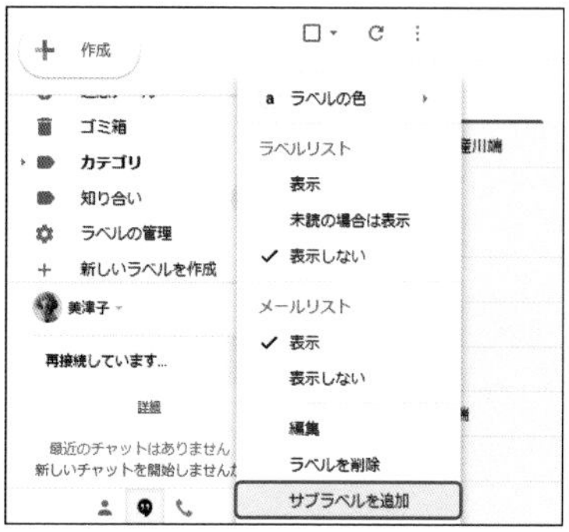

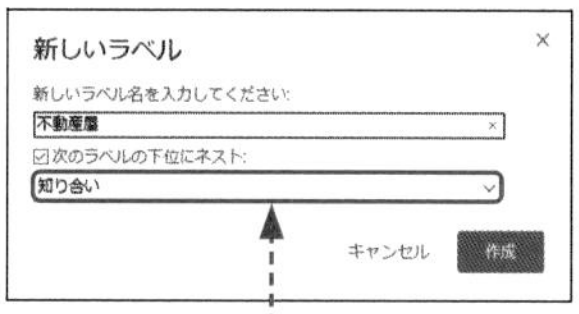

サブラベル名を入力します。

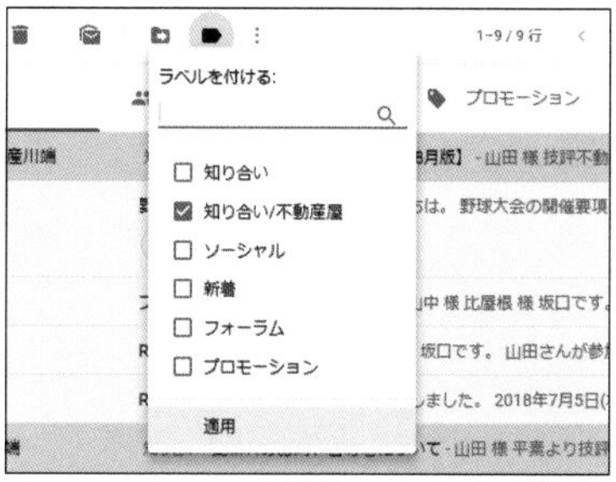

サブラベルが表示されます。

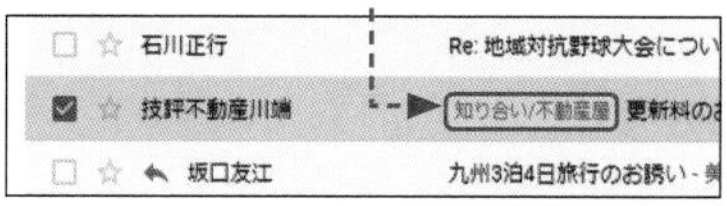

Section 43

フィルタ機能で受信メールを振り分けよう

キーワード
・フィルタ
・フィルタの作成
・フィルタの条件

Gmailには、メールの整理方法の1つとして、フィルタ機能があります。メールの送信者や件名、キーワードなどの条件を指定したフィルタを使用し、アーカイブする、既読にする、スターを付ける、ラベルを付ける、削除するといった処理を設定することで、受信したメールの振り分けを行うことができます。

1 フィルタを作成する

Key word フィルタ

フィルタとは、メールを整理する方法の1つです。件名やメッセージのキーワードや、メールの送信者、受信者などをもとに、自動的にラベルやスターを付けたり、転送したり（Sec.63参照）、迷惑メールに振り分けたりといった処理ができます。

Memo そのほかの方法

Gmail画面を表示し、⚙をクリックして、＜設定＞をクリックし、＜設定＞画面を表示します。＜フィルタとブロック中のアドレス＞タブをクリックし、＜新しいフィルタを作成＞クリックすると、手順3の画面が表示できます。

1 ＜受信トレイ＞をクリックします。

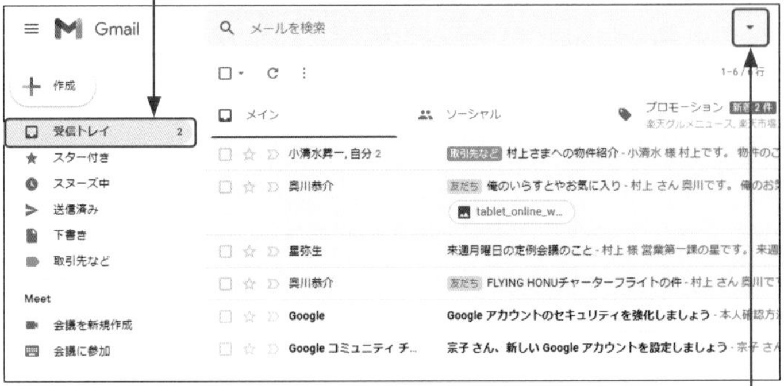

2 検索ボックスにある＜検索オプションを表示＞をクリックします。

3 フィルタの条件（ここでは＜From＞に奥川恭介のメールアドレス）を指定して、

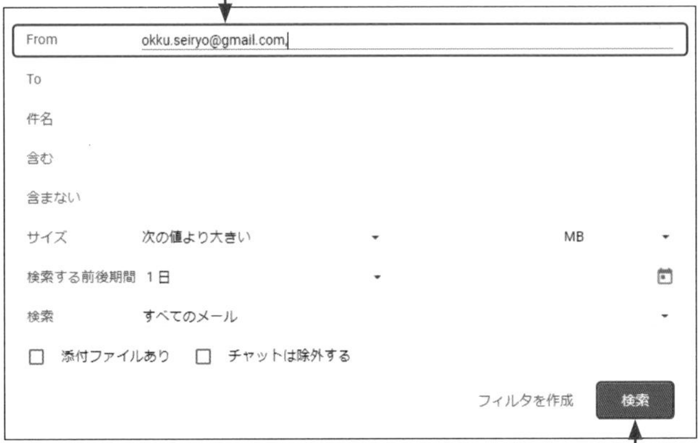

4 ＜フィルタを作成＞をクリックします。

5 指定した条件に一致するメールが届いたときの処理方法を指定します（ここでは＜スターを付ける＞）。

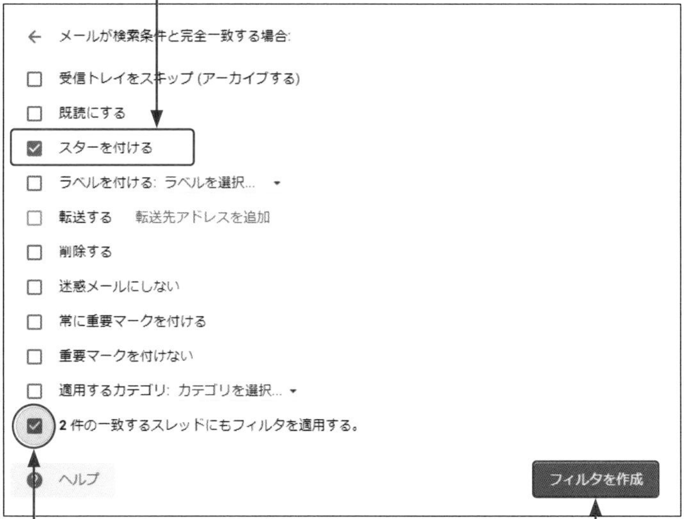

6 ここをクリックしてオンにし（Hint参照）、

7 ＜フィルタを作成＞をクリックすると、

8 ＜受信トレイ＞をクリックして確認すると、設定した検索条件（奥川恭介からのメール）でフィルタ（スターを付ける）が適用されます。

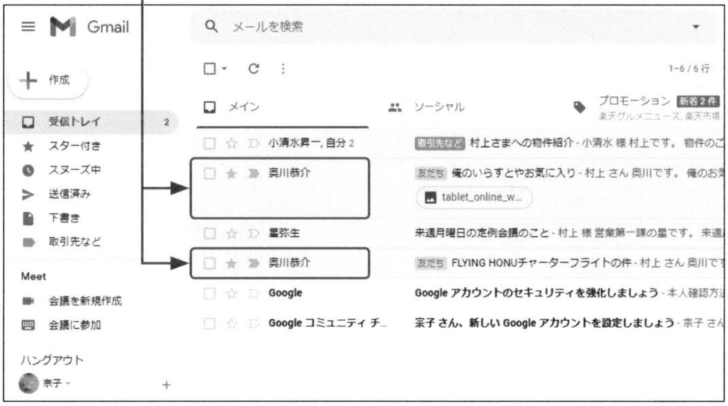

Memo フィルタの検索条件

左の手順では、フィルタの検索条件に差出人のメールアドレス（From）を指定していますが、複数の条件や詳細な条件を設定することができます。詳しくはSec.44を参照してください。

Hint 既存のメールにも反映する

手順6で＜○通の一致するメッセージにもフィルタを適用する。＞をオンにすると、すでに送られてきたメールに対しても同じフィルタ処理が可能になります。

Memo フィルタの処理方法

条件に一致するメールに対して行う処理方法には、スターを付けるほかに、アーカイブする、既読にする、ラベルを付ける、転送する、削除するなどがあります。また、迷惑メールにしない、常に重要マークを付ける／付けないといった設定もできます。これらの処理方法は、複数設定することができます。

Step up メールを利用してフィルタを作成する

受信したメールからでも、フィルタを作成することができます。メールの一覧でメールを選択し、⋮をクリックして＜メールの自動振り分け設定＞をクリックします。あるいは、メッセージ画面を表示し、⋮をクリックして、＜メールの自動振り分け設定＞をクリックします。
いずれも、フィルタ作成画面が表示され、＜From＞欄には自動的に送信者のメールアドレスが入力されています。あとは、手順4以降と同様です。

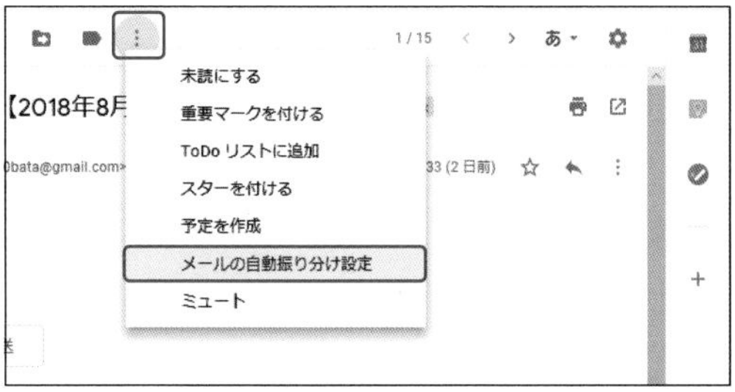

Section
44

フィルタを編集して複雑な条件を指定しよう

キーワード
- フィルタの編集
- フィルタの削除
- 複合条件

作成したフィルタは、<設定>画面で編集や削除ができます。また、振り分ける条件を指定する際に、「AかBのいずれかの場合」や「AかBのいずれかで、Cが該当する場合」などの複合した条件を指定することができます。

1 フィルタを編集する

Memo フィルタの編集

作成したフィルタの内容を編集するには、<設定>画面の<フィルタとブロック中のアドレス>タブで、作成したフィルタ名の横にある<編集>をクリックします。フィルタ作成画面が表示されるので編集します。

Hint フィルタの削除

削除したいフィルタの<削除>をクリックします。確認メッセージが表示されるので、<OK>をクリックします。

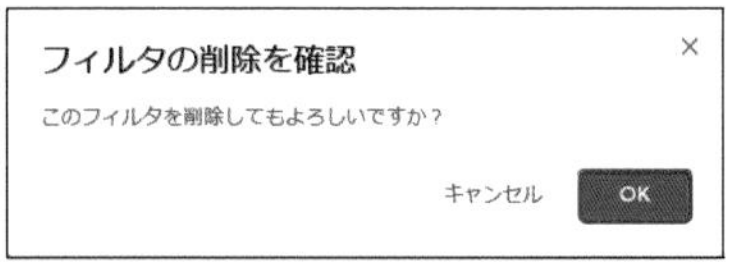

1 Gmail画面の<設定>をクリックし、<すべての設定を表示>をクリックします。

2 <フィルタとブロック中のアドレス>タブをクリックして、

3 作成したフィルタの<編集>をクリックします。

Hint参照

4 フィルタの編集画面が表示されるので、

5 編集をして(ここでは件名にキーワードを追加)、

6 <続行>をクリックします。

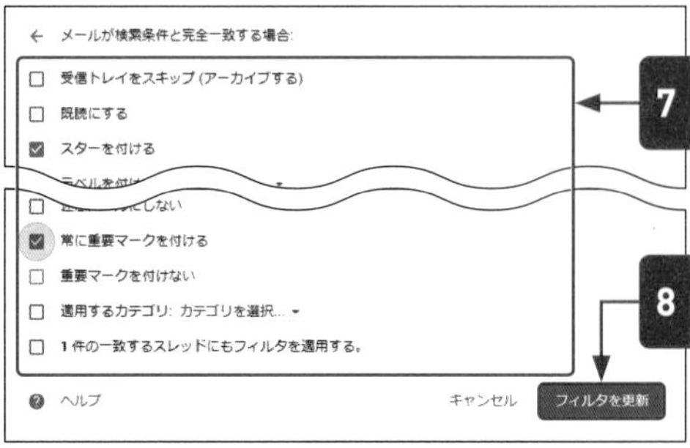

7 必要があれば設定を編集し、

8 <フィルタを更新>をクリックします。

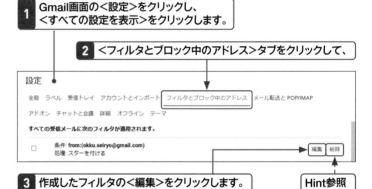

9 ＜受信トレイ＞をクリックして、メール一覧画面に戻ると、設定が反映されています。

2 フィルタに複合条件を指定する

ここでは、「野球」あるいは「テニス」が含まれるメールにラベルを付けます。

1 検索ボックスにある＜検索オプションを表示＞をクリックし、フィルタ作成画面を表示します。

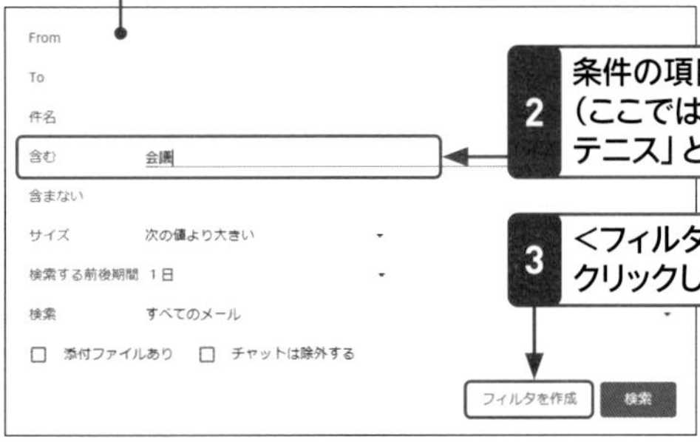

2 条件の項目に条件を入力します（ここでは＜含む＞に「野球 OR テニス」と入力しています）。

3 ＜フィルタを作成＞をクリックします。

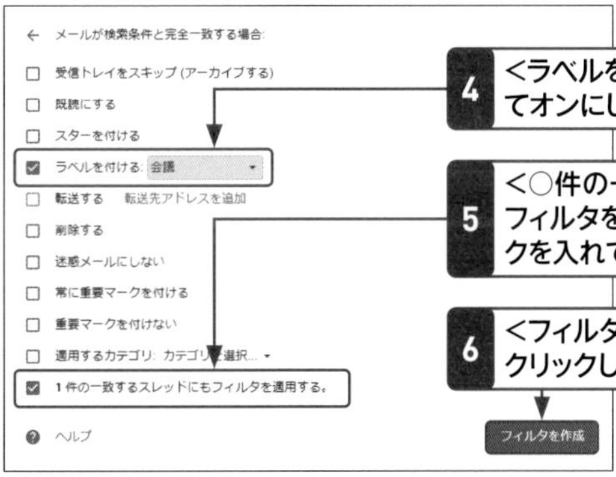

4 ＜ラベルを付ける＞をクリックしてオンにし、ラベルを選択して、

5 ＜○件の一致するメッセージにフィルタを適用する。＞にチェックを入れて、

6 ＜フィルタを作成＞をクリックします。

7 受信トレイを表示して画面を F5 で更新すると、指定した処理が実行されていることが確認できます。

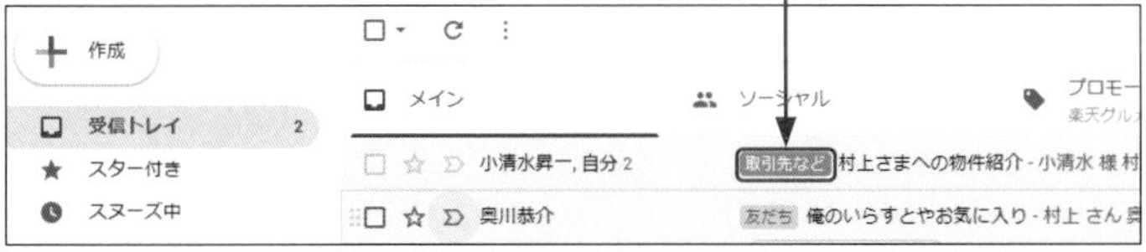

Hint 複合する条件

「AもしくはB」の条件に合ったメールを対象にする場合、各キーワードとの間に半角スペースを空けて「OR」をはさみます。

Memo ラベルの作成

条件にラベルを指定する場合は、事前に作成しておくか、手順**5**で＜新しいラベル＞をクリックし、ラベルを作成します。

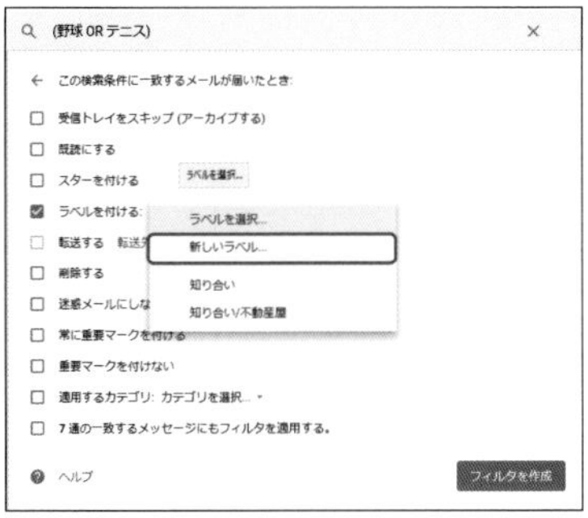

Section 45

タブを利用して受信トレイを見やすくしよう

Gmailの受信トレイは、初期設定では3つのタブ（メイン、ソーシャル、プロモーション）が表示されており、届いたメールが自動的に分類されます。タブの種類を増やしてよりメールの分類を細かくしたり、タブそのものを非表示にして＜メイン＞タブのみでメールを管理したりすることもできます。

キーワード
- タブ
- ソーシャル
- プロモーション

1 タブを追加する

Key word タブ

タブは、新着情報をひと目で確認できるように作成されたもので、Gmailの＜受信トレイ＞でカテゴリ別に分類された見出しです。初期設定では、＜メイン＞＜ソーシャル＞＜プロモーション＞の3つが表示されていますが、以下の5つのカテゴリが用意されています。

カテゴリ	機　能
メイン	友達や家族からのメールや、ほかのタブに表示されないすべてのメール
ソーシャル	ソーシャルネットワーク、ゲームやメディア共有サイトなど、ソーシャルWebサイトからのメール
プロモーション	クーポンや特価情報など、プロモーション用に送られるメール
新着	直近で送られたメール
フォーラム	オンライングループや掲示板、メーリングリストからのメール

1 ＜受信トレイ＞をクリックします。

2 ＜設定＞をクリックし、＜すべての設定を表示＞をクリックします。

3 ＜受信トレイ＞タブをクリックし、

4 追加したいタブをクリックしてオンにします（ここではすべて）。

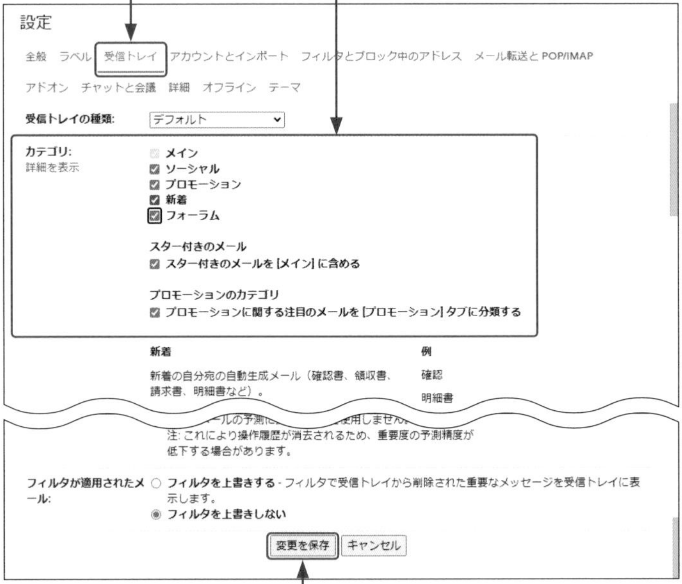

5 ＜変更を保存＞をクリックすると、

6 すべてのタブが表示されます。

新着のメールは<新着>タブに移動します。

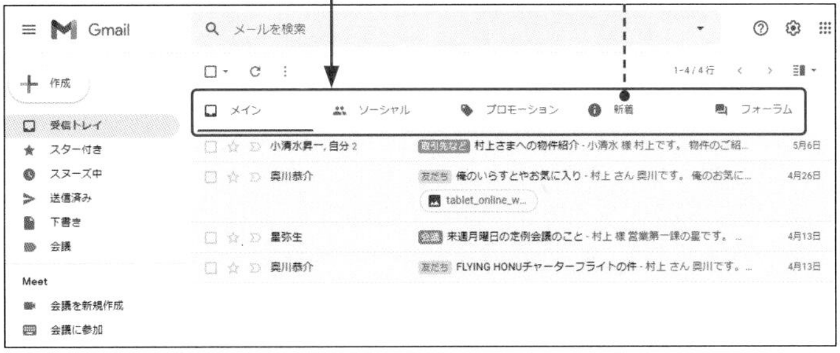

2 タブを非表示にする

1 <受信トレイ>をクリックします。

2 <設定>をクリックして、<すべての設定を表示>をクリックします。

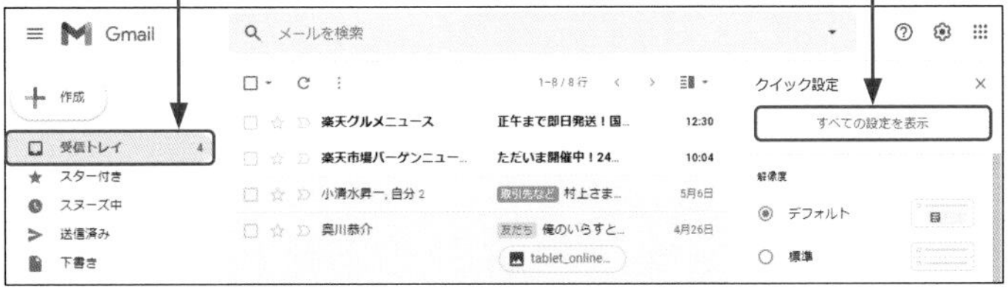

3 <受信トレイ>タブをクリックし、

4 <メイン>以外をオフにして、

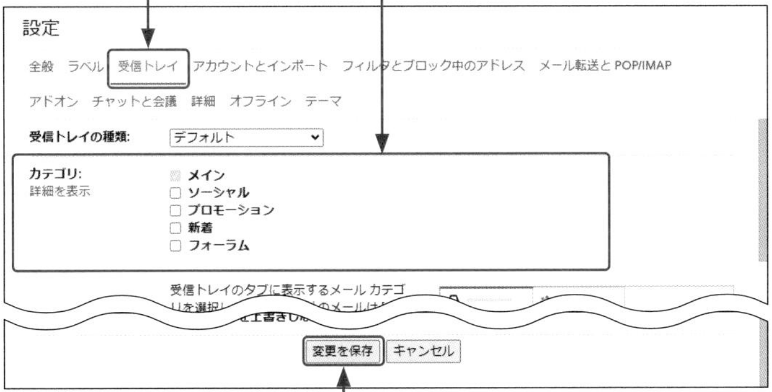

5 <変更を保存>をクリックします。

6 <受信トレイ>をクリックします。

7 タブが非表示になります。

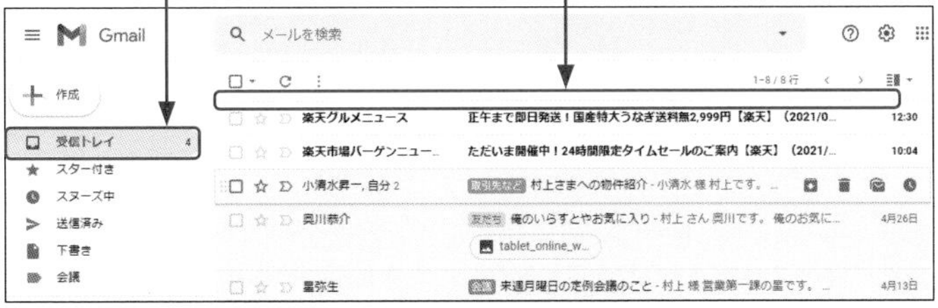

Memo タブの表示／非表示

タブは、<メイン>のほか最低1つのカテゴリをオンにしていると表示されます。<有効にするタブを選択>画面で<メイン>以外のすべてをオフにすると、タブ全体を非表示にすることができます。なお、<メイン>はオフにすることはできません。

Hint タブの表示をもとに戻す

非表示にしたタブをもとの表示に戻すには、<設定>⚙をクリックし、<受信トレイを設定>をクリックします。<有効にするタブを選択>画面が表示されるので、<ソーシャル>や<プロモーション>をクリックしてオンにします。

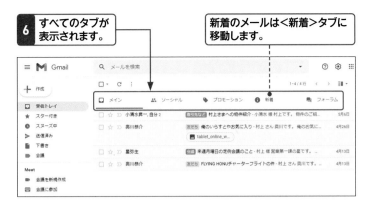

Section
46

迷惑メールを管理しよう

キーワード

- 迷惑メール
- 迷惑メールの報告
- 迷惑メールの解除

受信メールには迷惑メールも含みます。Gmailの迷惑メール対策機能によって、自動で＜迷惑メール＞に振り分けられますが、＜受信トレイ＞に入る場合もあります。その場合は、迷惑メールを報告したり、＜迷惑メール＞に移動します。誤って＜迷惑メール＞に振り分けられた場合は、迷惑メールを解除します。

1 迷惑メールを＜迷惑メール＞に移動する

Key word 迷惑メール

迷惑メールとは、受信に同意した覚えのない広告宣伝メールや、送信者を偽って送信したメールのことで、スパムメールともいいます。Gmailには、迷惑メールを自動的に振り分ける機能が搭載されており、＜迷惑メール＞に自動的に移動されます。

Hint ＜迷惑メール＞の表示

画面左側のラベルリストに＜迷惑メール＞が表示されていない場合は、＜もっと見る＞をクリックすると表示できます。またラベルの表示／非表示の設定によって、表示される位置が異なります。

Memo ＜迷惑メール＞から完全に削除する

＜迷惑メール＞に移動したメールは、30日後に自動的に削除されます。すぐに削除したい場合は、メールをクリックしてオンにし、＜完全に削除＞をクリックします。

1 ＜受信トレイ＞をクリックします。

2 迷惑メールにマウスカーソルを合わせ、チェックボックスをクリックしてオンにし、

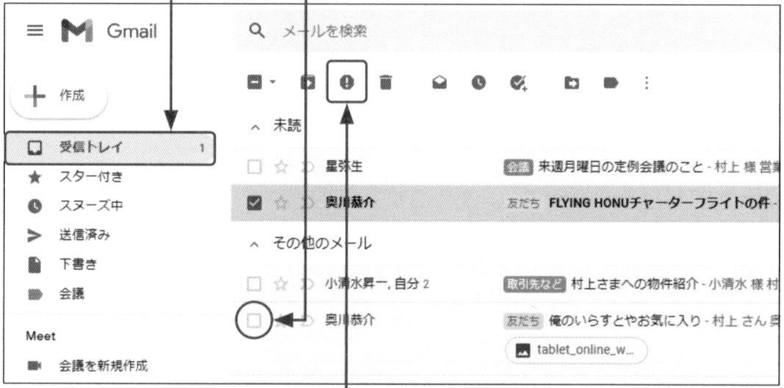

3 ＜迷惑メールを報告＞をクリックすると、

4 メールが＜受信トレイ＞から消えます。

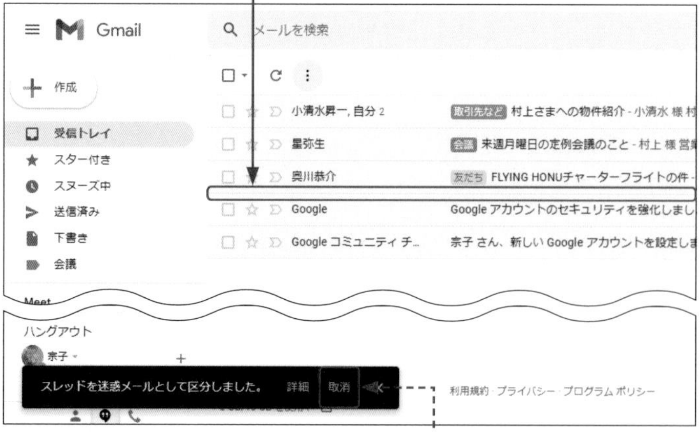

5 ＜もっと見る＞をクリックし、＜迷惑メール＞をクリックすると、

＜取消＞をクリックすると取り消されます。

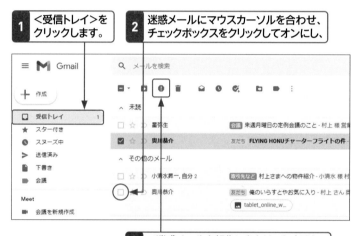

6 メールが移動しているのが確認できます。

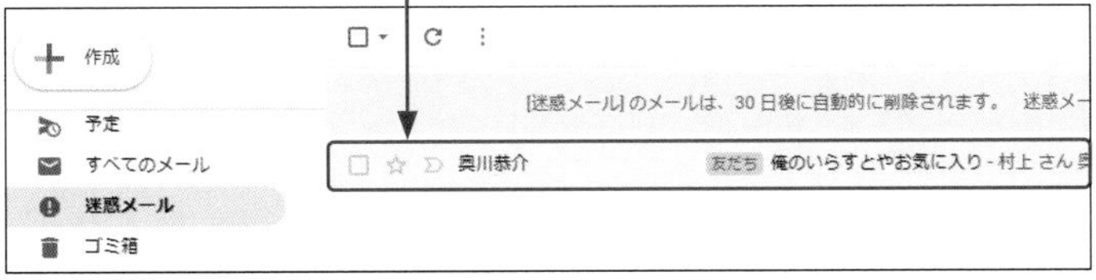

2 迷惑メールを解除する

1 <迷惑メール>をクリックします。

2 迷惑メールでないメールのチェックボックスをクリックしてオンにして、

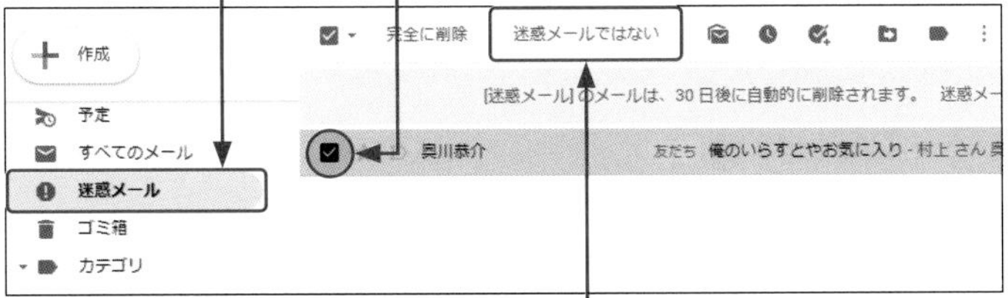

3 <迷惑メールではない>をクリックします。

4 迷惑メールが解除されました。

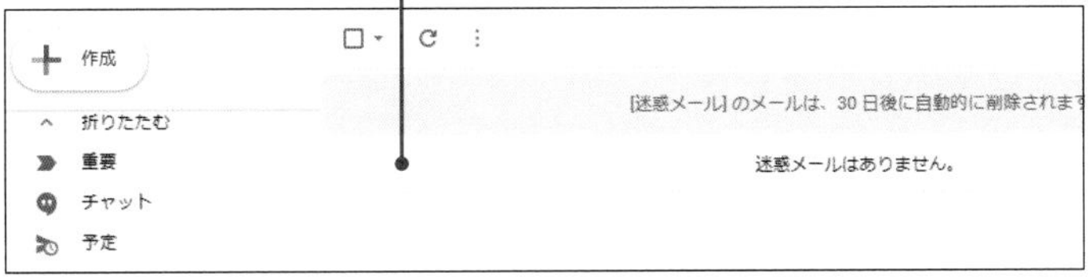

5 <受信トレイ>をクリックすると、

6 メールが移動しています。

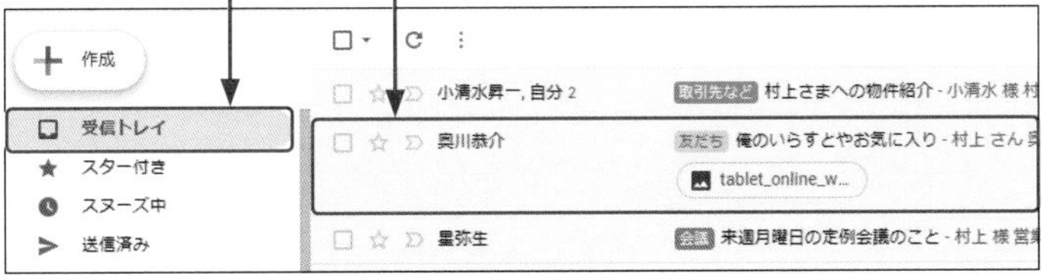

Memo 迷惑メールを確認する

Gmailの迷惑メール振り分け機能は、使い始めの頃は、迷惑メールでないメールも迷惑メールと判断してしまう場合があります。相手から送信されたはずのメールが届かない場合は、<迷惑メール>に振り分けられている可能性があります。随時確認するとよいでしょう。

Hint 迷惑メールフィルタを利用する

迷惑メールではないメールがいつも迷惑メールと判断されてしまう場合は、フィルタを作成して（Sec.43参照）、メールアドレスを指定し、<迷惑メールにしない>をオンにします。

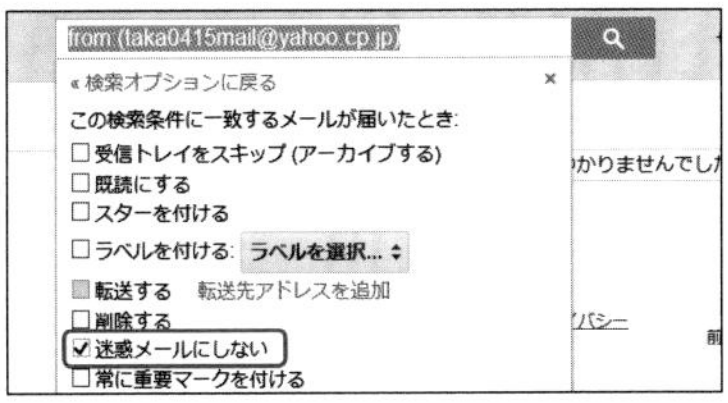

Step up 迷惑メールを報告する

迷惑メールは、Gmailの迷惑メール機能によって自動的に<迷惑メール>に振り分けられます。振り分けられなかった迷惑メールは、<迷惑メールを報告>をクリックすると、<迷惑メール>に移動されます。さらに、この操作によって振り分ける機能が学習し、振り分けの精度が向上します。なお、<迷惑メールを報告>をクリックすると、Googleに報告され、その内容が調査されます。
このほかに、日本国内で迷惑メールを報告する場合は、財団法人日本データ通信協会のホームページ（https://www.dekyo.or.jp/）で確認してください。

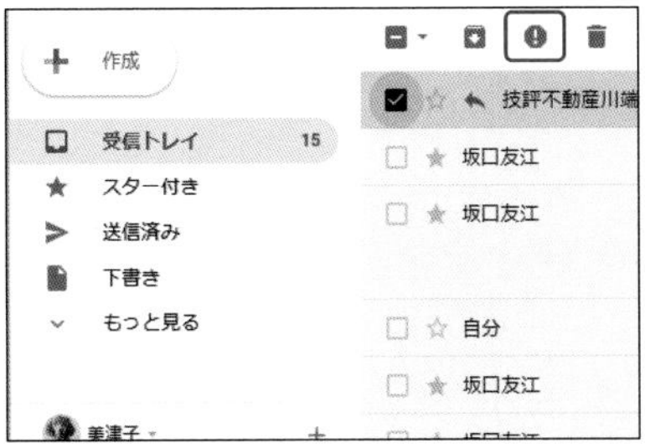

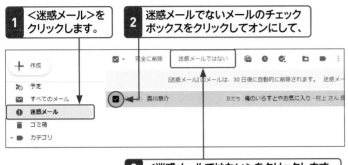

Section
47

メールの既読／未読を管理しよう

キーワード
・未読
・既読
・未読メールを先頭に表示

新しい受信メールをクリックしてメッセージ画面を表示したあとで<受信トレイ>に戻ると、文字が細くなっています。これは未読と既読を区別するための表示方法で、未読は太字、既読は細字になります。既読や未読を条件に表示することができるので、既読を未読、未読を既読にすることができます。

1 メールを既読にする

Key word 未読／既読

未読とはメールをまだ読んでいない状態のことで、メールの文字が太字で表示されます。
既読とはメールの内容を読んだ状態のことで、メールの文字が細字になります。通常は、受信したメールをクリックしてメッセージ画面を開くと、メッセージを読んだこと（既読したこと）になります。メール一覧で、すでに読んだメールかどうかの判断ができ、メールが見やすくなります。

Hint そのほかの方法

未読のメールを右クリックして、<既読にする>をクリックします。

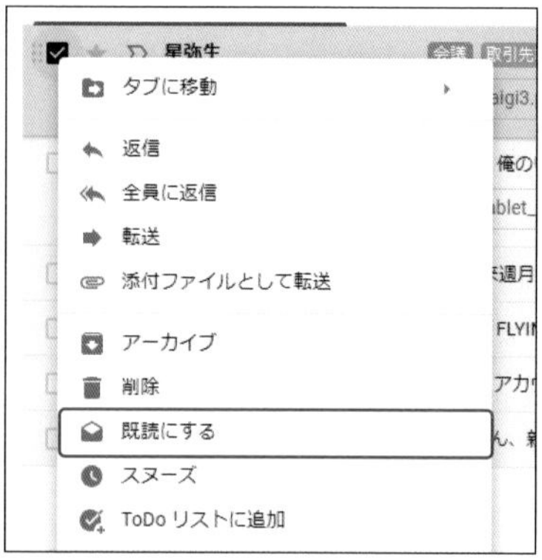

1 <受信トレイ>をクリックします。

2 未読メールにマウスカーソルを合わせ、チェックボックスをクリックして、

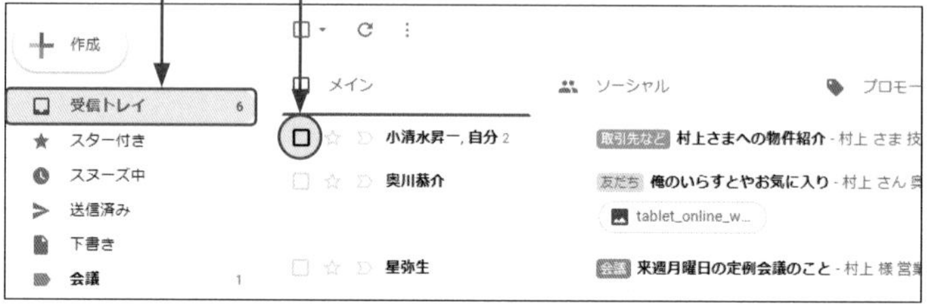

3 チェックを付けます。

4 <その他>をクリックして、

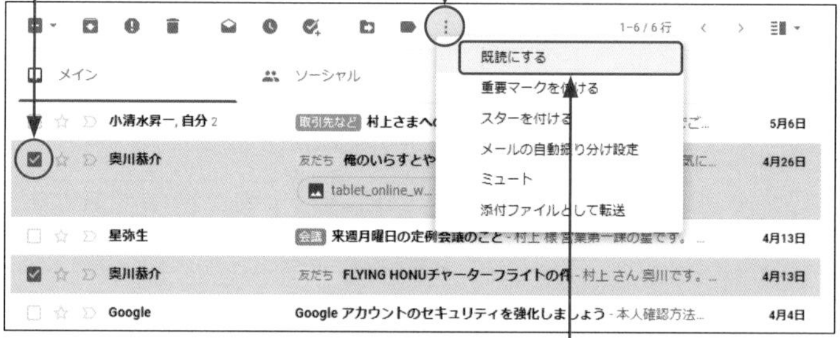

5 <既読にする>をクリックします。

6 細字になります。

チェックボックスをクリックして、選択をオフにします。

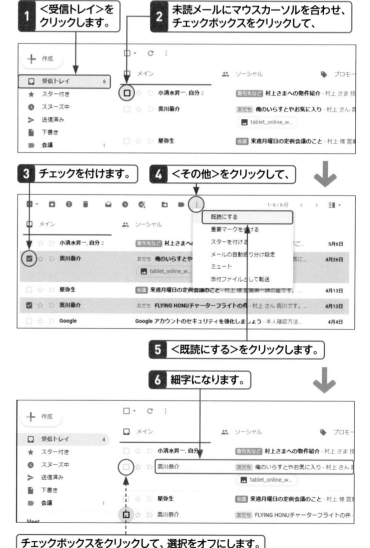

2 メールを未読にする

1 既読メールのチェックボックスをオンにします。

2 <その他>をクリックして、

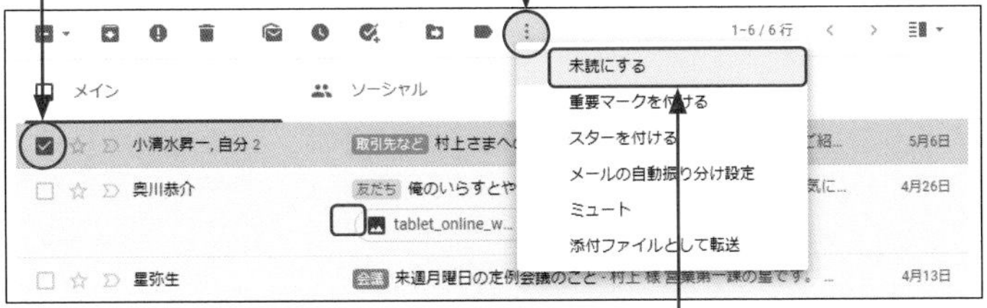

3 <既読にする>をクリックします。

4 太字になります。

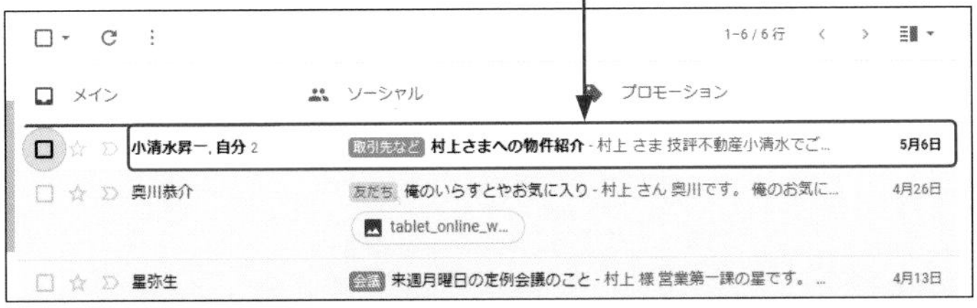

Hint そのほかの方法

既読のメールを右クリックして、<未読にする>をクリックします。

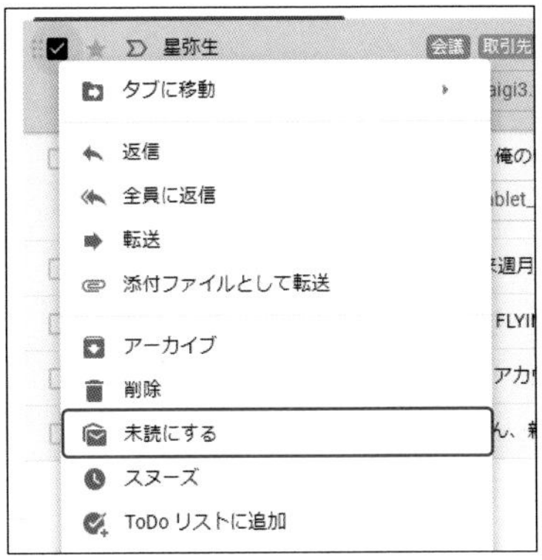

3 未読メールを先頭に表示する

1 <受信トレイ>をクリックします。

2 <設定>をクリックして、

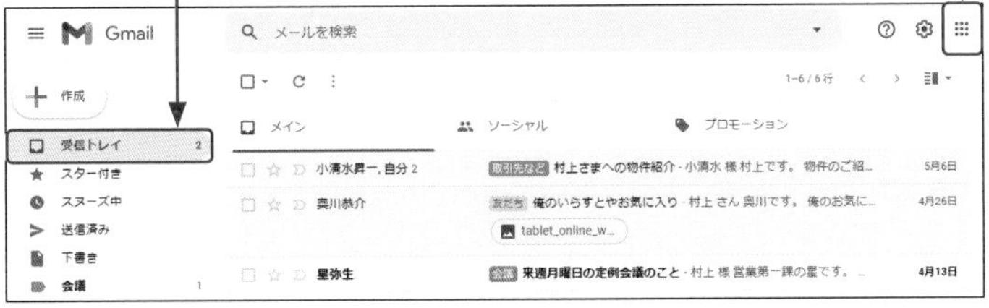

3 <未読メールを先頭>をクリックすると、

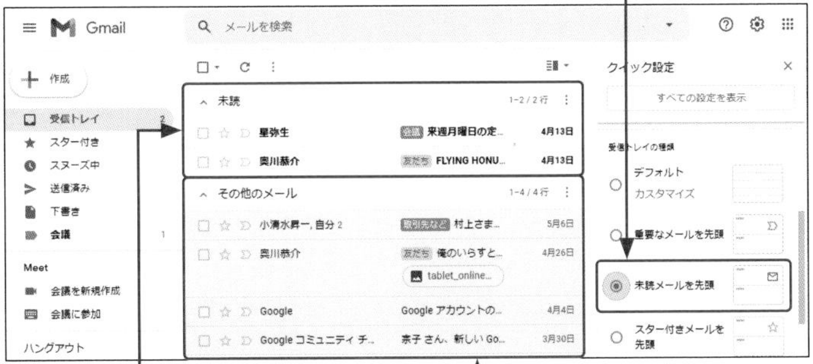

4 未読メールのまとまりが先頭に表示されます。

未読メール以外のメールは<その他のメール>にまとめられます。

Hint もとの表示に戻す

手順3で<デフォルト>をクリックすると、もとの表示に戻ります。

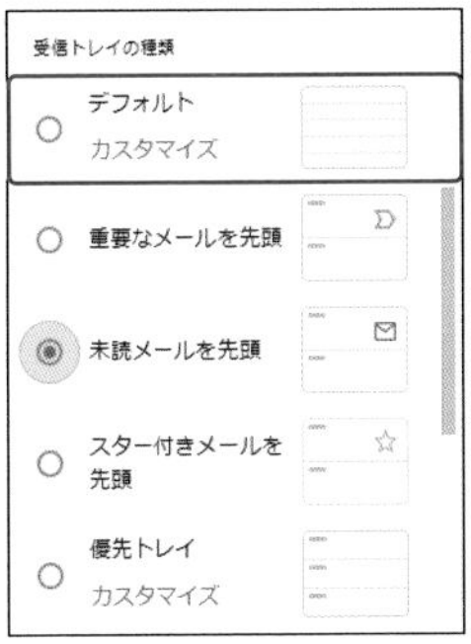

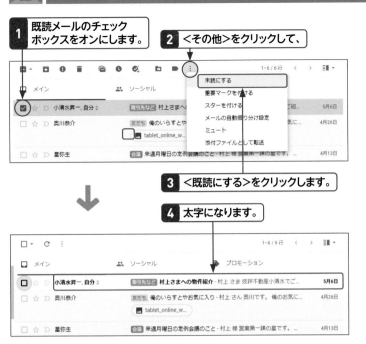

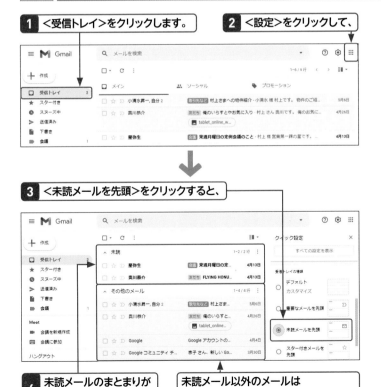

Section 48

メールを効率よく管理するコツを知っておこう

キーワード
- アーカイブ
- スター
- 検索

大量のメールが溜まってくると管理がたいへんになります。本章で紹介したスターを付けるやアーカイブなどの機能を応用して、効率よくメールの管理をしましょう。また、たくさんのメールの中から目的のメールを探すコツも覚えておきましょう。

1 アーカイブを利用して<受信トレイ>のメールの数を減らす

Memo アーカイブする癖を付ける

読み終えたメールはすぐにアーカイブする癖を付けるとよいでしょう。重要なメールにはスターを付け（Sec.39参照）、それ以外のメールはアーカイブ（Sec.36参照）しておきます。
また、<ソーシャル>タブや<プロモーション>タブのメールはざっと見る程度で、必要なメールのみ内容を確認したら、すべてオンにして選択し、まとめてアーカイブするとよいでしょう。

1 読み終えた、とくに重要ではないメールは、チェックボックスをオンにし、

メールは6件

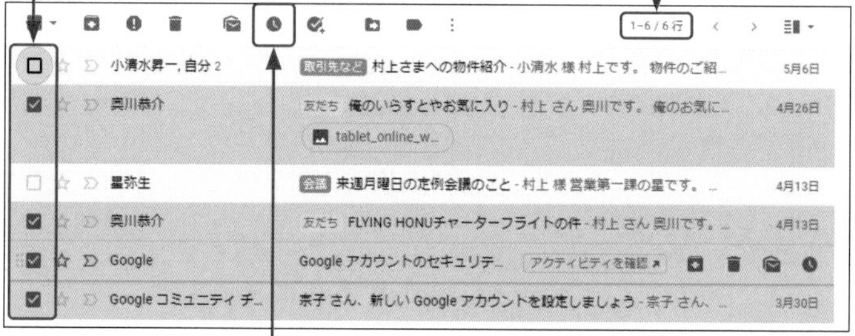

2 <アーカイブ>をクリックして、アーカイブします。

3 <受信トレイ>に表示されるメールの数を極力減らして、重要なメールのみを表示させます。

メールは2件

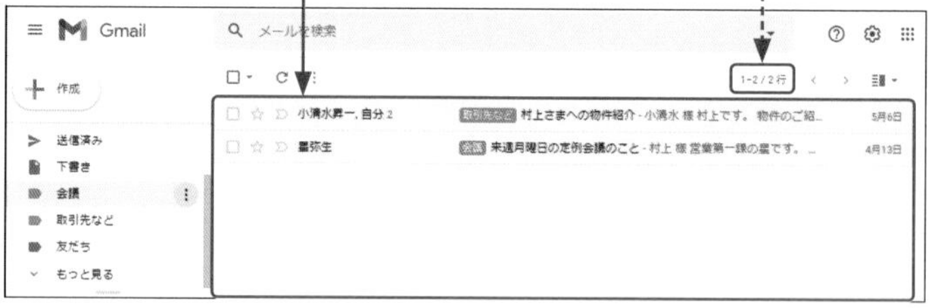

Hint 検索やラベルを使って必要なメールをすばやく探し出す

目的のメールを探す場合、メールの一覧を見ながら目で追っていたのでは手間がかかります。Gmailの検索機能は優秀なので、検索で探しましょう。重要なメールにはスターを付けておけば、検索オプション画面で<スター付き>を検索対象にすることができます（Sec.20参照）。
また、特定の相手からのメールをまとめて一覧したい場合は、ラベルとフィルタ機能を使って自動で振り分けておくとよいでしょう。

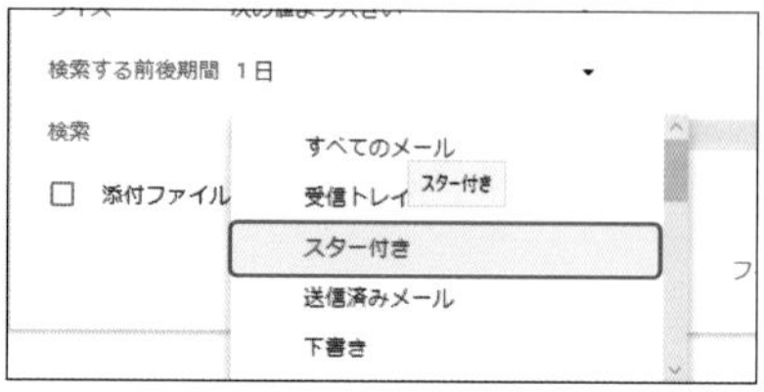

第5章

Gmailを テレワークに活用しよう

Section 49

Gmailからビデオ会議(Meet)に参加しよう

キーワード
・ビデオ会議の基礎知識
・ビデオ会議への参加
・テレワークでの活用

2020年からのコロナ禍によって、自宅で仕事を行うテレワークの人が増えました。それと同時に社内もしくは取引先とビデオ会議ツールを使って打ち合わせを行うようになりました。Googleのビデオ会議用ツールとしてGoogle Meetがリリースされており、Gmailからシームレスに利用することができます。

1 Gmailから招待されたビデオ会議に参加する

Keyword Google Meet

Google MeetはGoogleが提供するビデオ会議ツールです。2020年4月まではHangouts Meetという名称が使われていました。無償で使用する場合、3人以上のビデオ会議は1時間までとなっています(2021年6月現在は24時間まで無償。変更の可能性あり)。無制限(実際は24時間まで)で使用するには、有償版のGoogle Workspaceに登録する必要があります。

Hint Google Meetの起動

Google Meetを直接起動する場合は、<Googleアプリ>をクリックし、<Meet>をクリックします。

1 Gmail画面で<受信トレイ>を表示して、

2 他の人からの招待メールをクリックします。

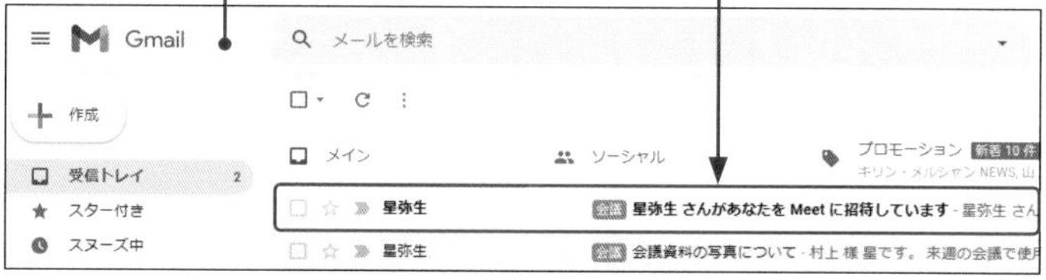

3 メール文面内のリンクをクリックすると、

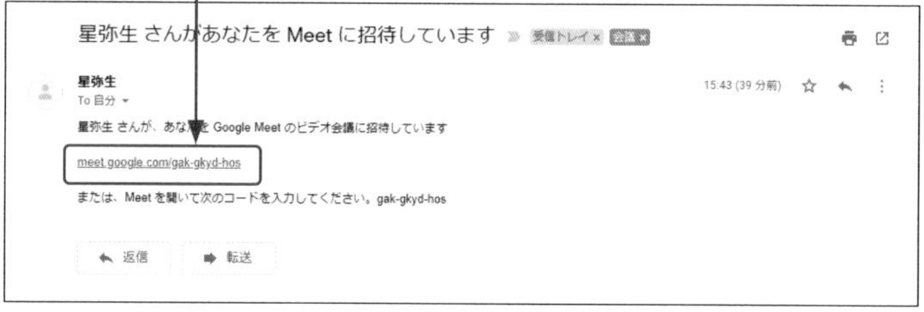

4 Google Meetの画面が表示されます。

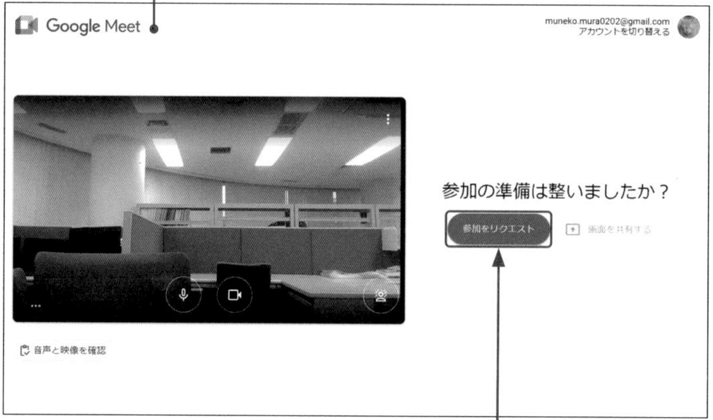

5 <参加をリクエスト>をクリックします。

2 コードを用いて招待されたビデオ会議に参加する

1 前ページの手順1と同様に、受信トレイを表示して、他の人からの招待メールをクリックします。

2 メール文面内のコードを確認して、

3 メール文面内のリンクをクリックします。

4 手順2で確認したコードを入力します。

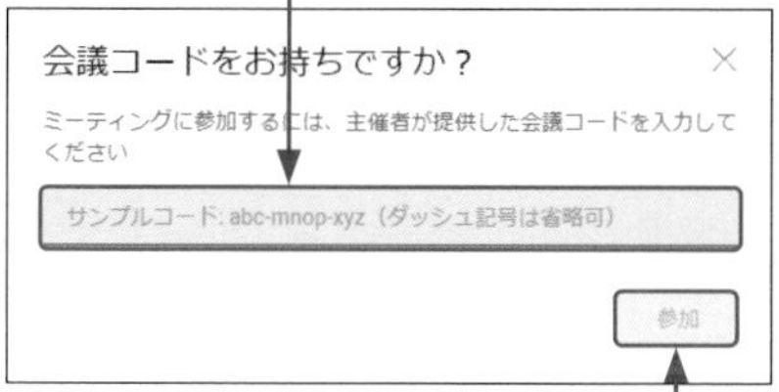

5 ＜参加＞をクリックします。

6 Google Meetの画面が表示されます。

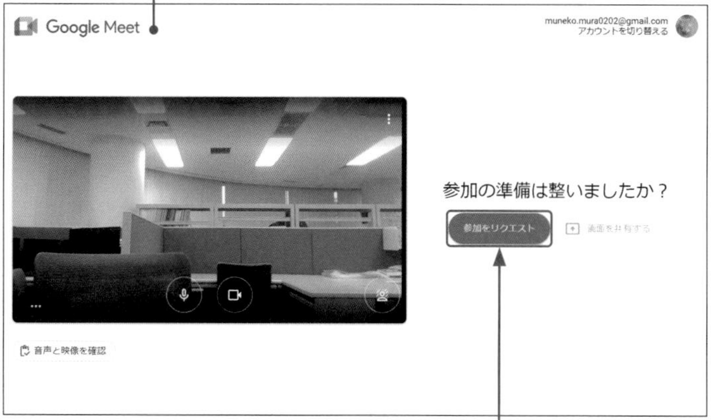

7 ＜参加をリクエスト＞をクリックします。

Hint カメラ映像が映らない場合

ビデオ会議に参加したあとも、カメラ映像が表示されない場合は、いろいろな理由が考えられますが、まずカメラへのアクセスが有効になっているか確認してみてください。設定を確認するには、＜スタート＞－＜設定＞をクリックし、＜プライバシー＞をクリックします。左側メニューの＜カメラ＞をクリックし、＜このデバイスのカメラへのアクセスを許可する＞および＜アプリがカメラにアクセスできるようにする＞が＜オン＞になっているか確認します。

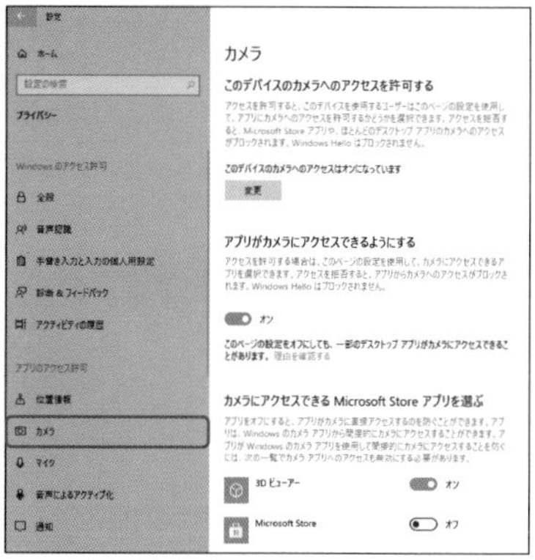

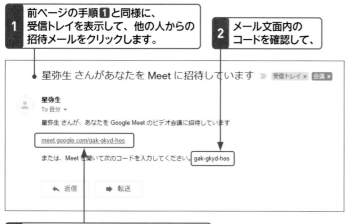

Section 50

Gmailからビデオ会議(Meet)を作成して招待しよう

キーワード
・ビデオ会議の基礎知識
・ビデオ会議の作成
・テレワークでの活用

Sec.49では、Google Meetを用いたビデオ会議とその参加手順について解説しました。本項では他の人が設定したビデオ会議への参加ではなく、自分からビデオ会議を設定し、その会議に他の人を招待する手順について解説します。

1 ビデオ会議に設定して招待状を送付する

Memo 会議の招待リンクをコピー

手順2<会議の招待リンクをコピー>を選択した場合は、ビデオ会議の招待に関するテキストがコピーされます。ビデオ会議への招待がメインではなく、他の要件のメールに会議への招待を入れ込みたい場合などは、こちらを選択してください。

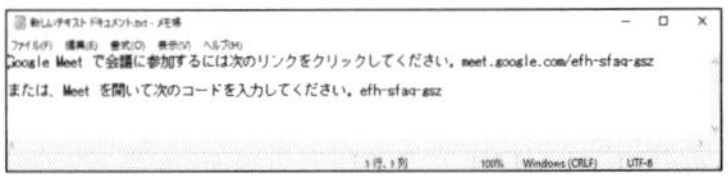

1 Gmail画面で<会議を新規作成>をクリックし、

2 <招待状を送信>をクリックし、

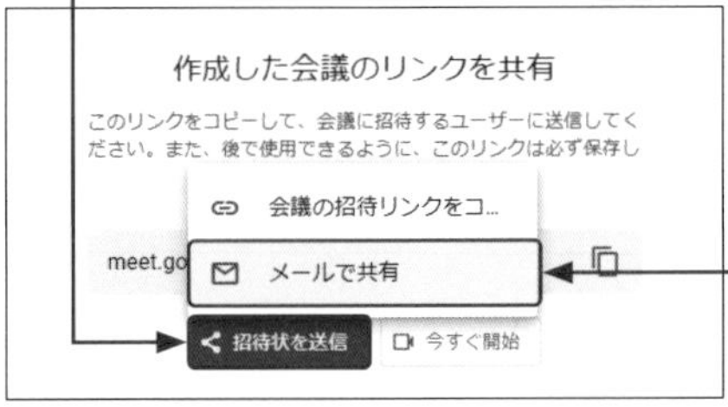

3 <メールで共有>をクリックします。

4 <宛先>に招待する相手を入力し、

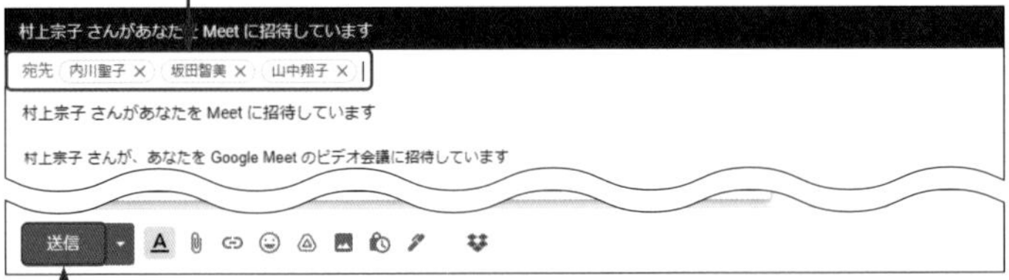

5 <送信>をクリックします。

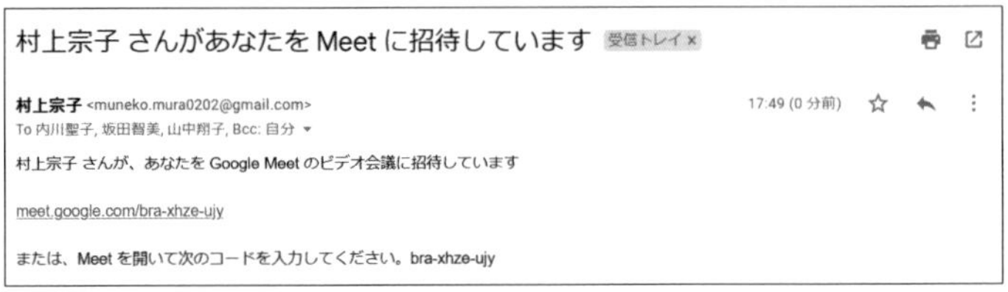

送信された相手にはメールが送信され、リンクをクリックもしくはコードの入力(Sec.49参照)でビデオ会議に参加することができます。

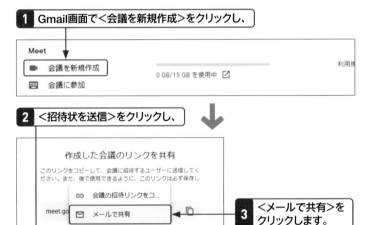

2 ビデオ会議中にユーザーを招待する

1 前ページの手順**2**の画面で<今すぐ開始>をクリックすると、Google Meetが起動します。

2 <全員を表示>をクリックし、

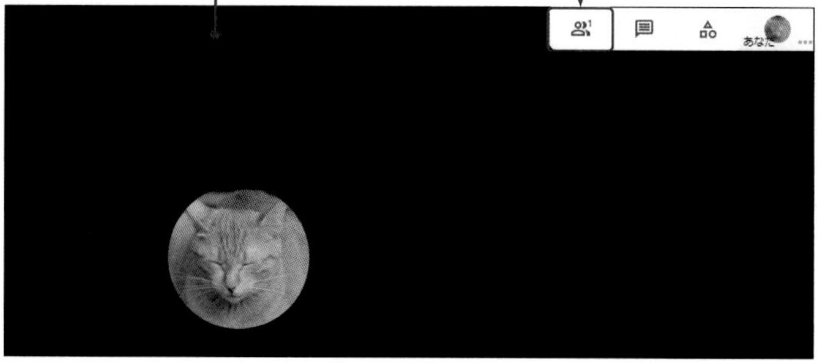

3 <ユーザーを追加>をクリックし、

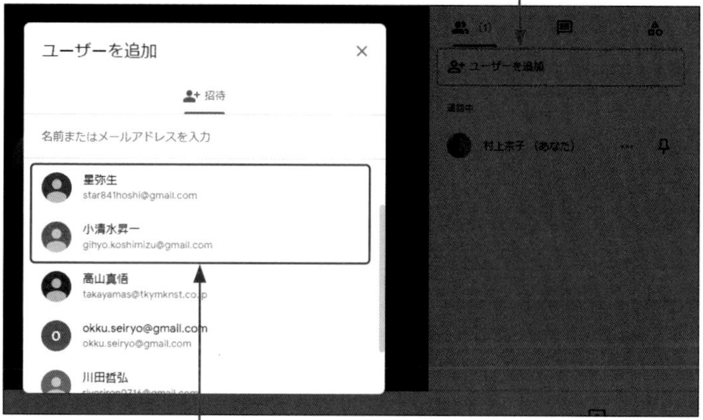

4 会議に招待したいユーザーをクリックして、

5 <メールを送信>をクリックします。

Section 51

Gmailからチャットを利用しよう

キーワード

- チャットの基礎知識
- チャットの作成
- テレワークでの活用

Sec.49～50ではビデオ会議ツールであるGoogle Meetの基本的な使い方について解説しました。ビデオ会議は非常に便利ですが、ちょっとしたことであればチャットの方が使い勝手がよいこともあります。本項ではGoogleのチャットツールであるGoogle Chatの基本的な使い方について解説します。

1 チャットを利用する

Key word Google Chat

Google ChatはGoogleが提供するチャットツールです。以前はHangouts Chatという名称が使われていました。従来Googleのビデオ会議およびチャットツールはハングアウトというツールが使われていました。チャットについては2021年中にGoogle Chatに移行することになっています（2021年6月現在Gmailの画面上では＜ハングアウト＞と表示されています）。

Hint Google Chatの起動

Google Chatを直接起動する場合は、＜Googleアプリ＞をクリックし、＜チャット＞をクリックします。

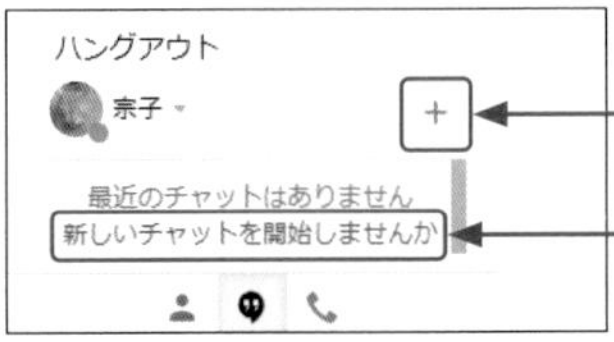

1 ＜ハングアウト＞のご自身の名前の横の+もしくは＜新しいチャットを開始しませんか＞をクリックして、

2 名前もしくはメールアドレスの一部を入力すると、

3 候補のユーザーが表示されるので、＜招待する＞をクリックします。

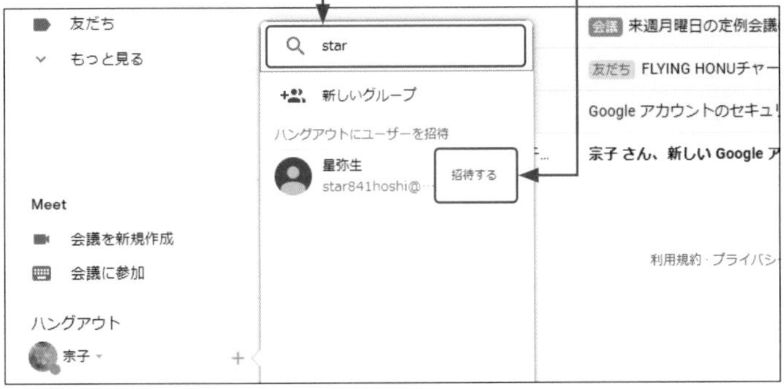

4 招待状が送信されます。

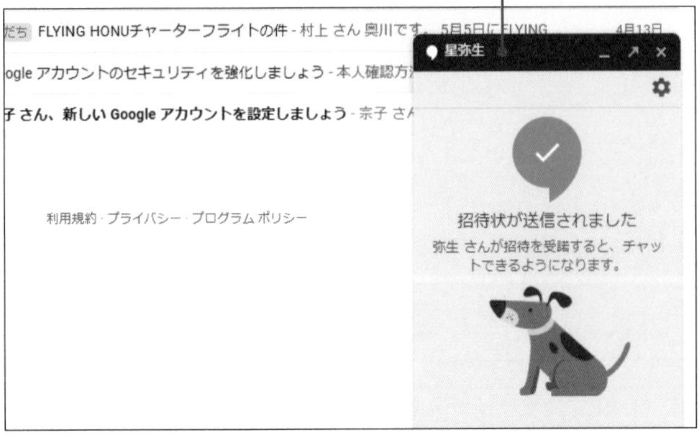

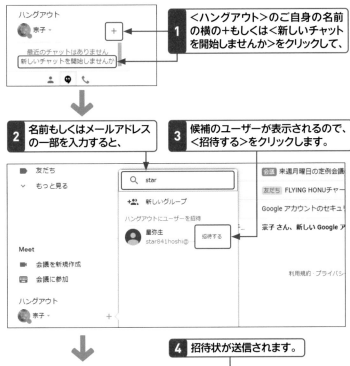

5 相手側のハングアウトに「メッセージあり」が表示されるので、クリックすると、

6 ハングアウトの招待について聞かれます。

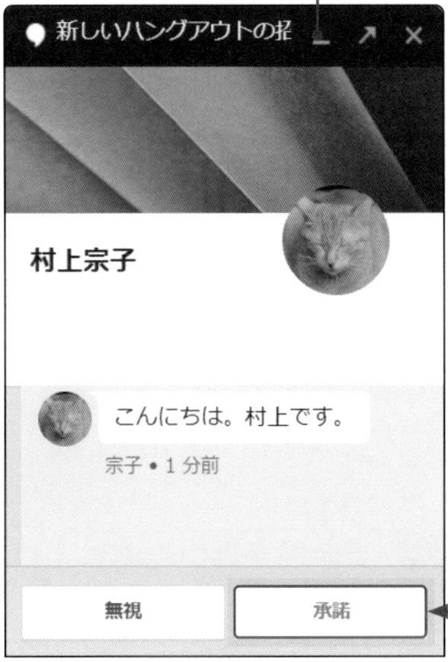

7 <承諾>をクリックすると、

8 文字チャットを行うことが可能になります。

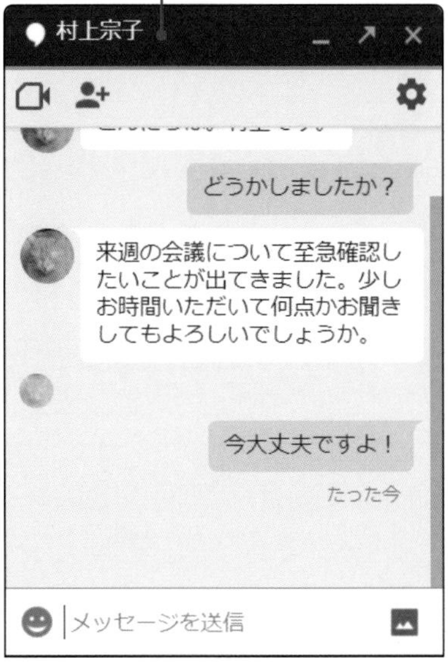

Memo 相手とチャットしたことがない場合

チャットの相手とチャットをしたことがない場合は、下記画面で<送信>をクリックすると、チャットの使用を促すメッセージが送信されます。

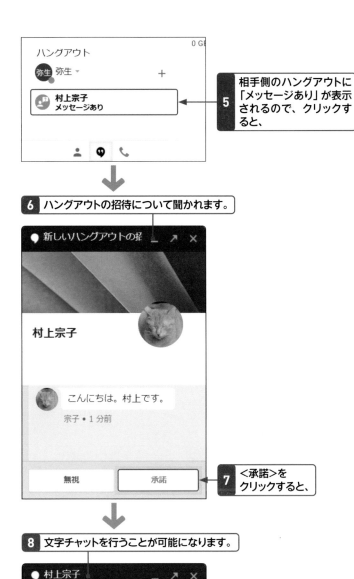

Section
52

チャットのメッセージをGmailに転送しよう

キーワード
- Gmailとチャットの連携
- アーカイブ手順
- テレワークでの活用

Sec.51ではGmailからチャットを利用する手順について解説しました。チャット（Google Chat）をひんぱんに利用するようになると、チャットにもいろいろな情報が蓄積されるようになります。これらの情報をGmailに転送しておけば、情報をGmailに集めることができ、のちのち確認する場合に便利です。

1 チャットのメッセージをGmailに転送する

1 <Googleアプリ>をクリックして、

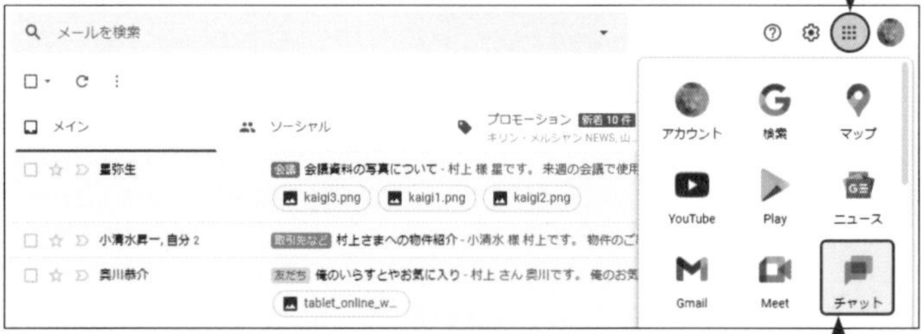

2 <チャット>をクリックします。

3 <チャット>欄にあるユーザー名をクリックすると、

4 チャット内容が表示されます。

5 カーソルをチャットの上に移動して、<受信トレイに転送>をクリックします。

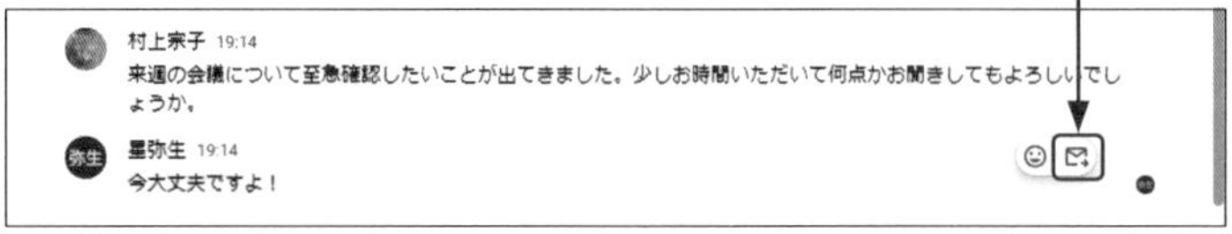

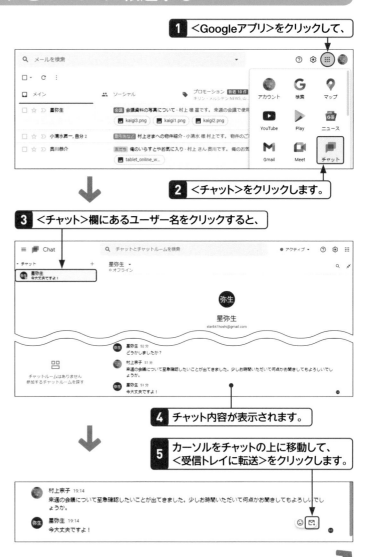

6 「メッセージを受信トレイに転送しました」と表示されます。

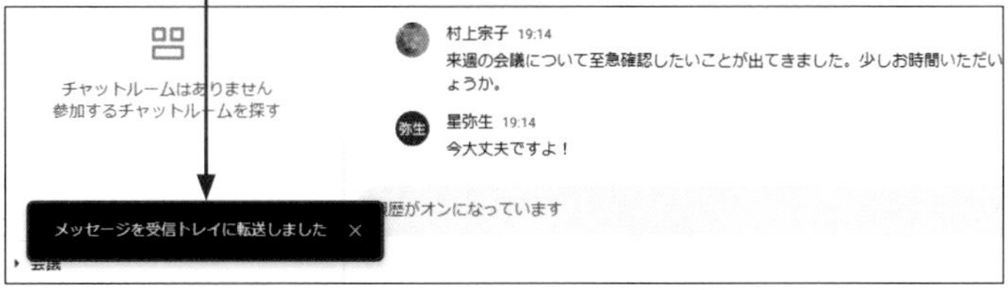

7 <受信トレイ>に戻ると「転送します：」で始まるメールが届いています。このメールをクリックすると、

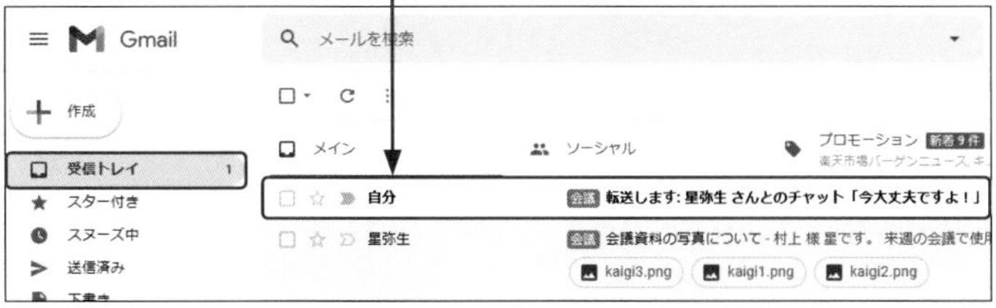

8 チャットの内容が表示されます。

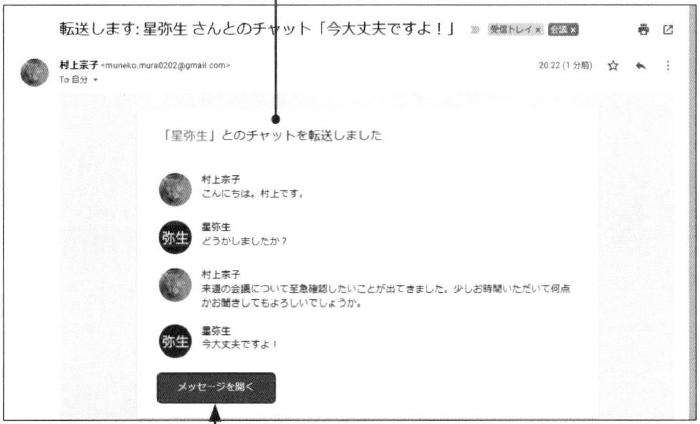

9 <メッセージを開く>をクリックすると、

10 チャットアプリが起動し、チャットの内容を確認することができます。

Section
53

Googleカレンダーに予定を追加しよう

キーワード
・カレンダーの作成
・Googleアプリ
・カレンダーの編集

新しいGmailは、画面の右側にサイドバーが表示されており、(Google) カレンダー、Keep (メモアプリ)、ToDoリストがあらかじめ使えるようになっています。ここではGoogleカレンダーの基本的な使い方について説明します。

1 カレンダーで予定を作成する

Memo Googleカレンダー

Gmail画面の右上にある<Googleアプリ>をクリックし、<カレンダー>をクリックしてカレンダーで予定の作成を行うこともできます。右の手順で一番最初にカレンダーを起動した際はウエルカム画面が表示されますので、<OK>をクリックしてください。

1 Gmail画面で<カレンダー>をクリックします。

2 日付の横にある▼をクリックして、

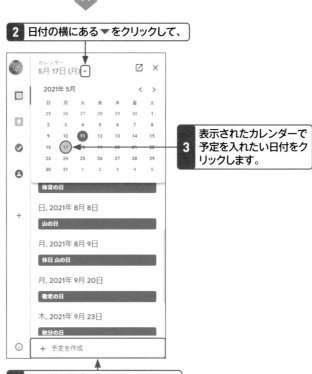

3 表示されたカレンダーで予定を入れたい日付をクリックします。

4 <予定を作成>をクリックすると、

5 ＜新しい予定＞画面になります。

6 タイトルを入力します。

7 クリックして開始時間を設定します。

8 クリックして終了時間を設定します。

9 1日中で設定する場合は、ここにチェックを付けます。

10 他の人を招待する場合は選択します（Sec.54参照）。

11 場所を指定する場合は入力します。

12 他の人をビデオ会議に招待する場合は選択します（Sec.50参照）。

13 説明が必要な場合は入力します（Sec.54参照）。

14 ＜保存＞をクリックします。

15 ＜新しい予定＞画面になります。

予定が入力されました。

Memo ゲストの招待

ここでもゲストの招待を行うことができますが、詳細についてはSec.54を参照してください。

Memo カレンダーを編集する

カレンダーに入力済みの予定を編集するには、138ページの手順**1**と同様に、＜カレンダー＞をクリックします。表示される入力済の予定をクリックし、＜カレンダーで編集＞をクリックすると別のタブで開くカレンダー画面で編集することができます。

＜カレンダーで編集＞をクリックすると、

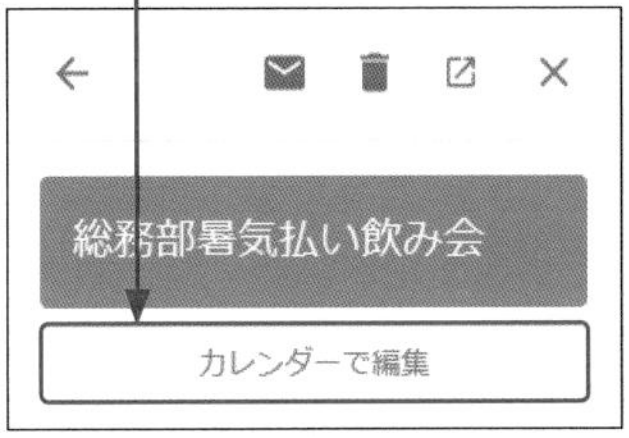

カレンダー画面が別のタブで開きます。このページで予定の編集を行うことができます。

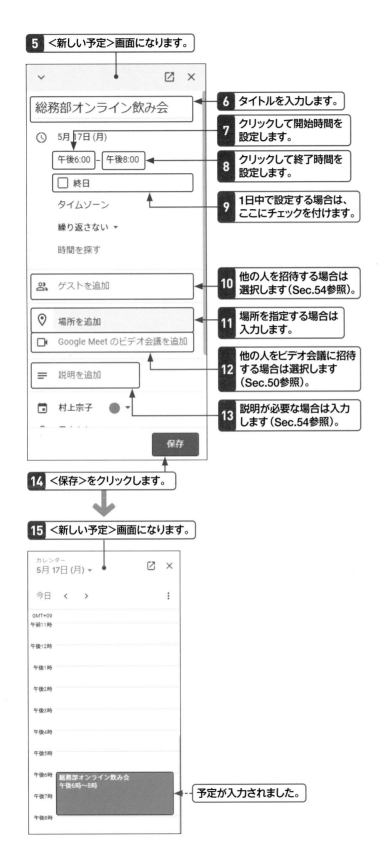

Section
54
Googleカレンダーの予定にほかの人を招待しよう

キーワード

・ユーザーを招待
・招待の承諾

Googleカレンダーでは自分の予定を管理できるほか、予定にほかのユーザーを招待して、予定を共有することができます。ここでは、予定を作成すると同時にほかのユーザーを招待する手順と、すでにある予定にほかのユーザーを招待する手順を解説します。

1 予定を立てると同時にほかのユーザーを招待する

1 Gmail画面で＜カレンダー＞をクリックします。

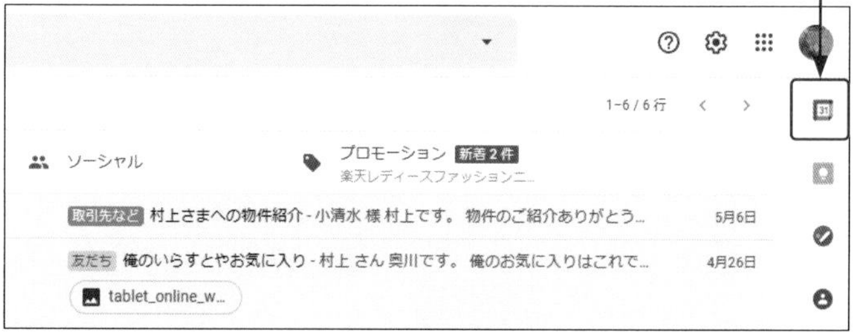

2 日付の横にある▼をクリックして、

3 表示されたカレンダーで予定を入れたい日付をクリックします。

4 予定を入れたい時間帯の辺りをクリックすると、

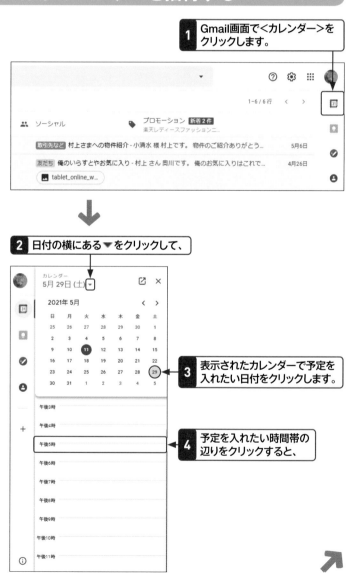

5 <新しい予定>画面になります。

6 タイトルを入力します。

7 クリックして開始時間を設定します。

8 クリックして終了時間を設定します。

9 他の人を招待する場合は選択します。

10 予定についての説明を入力します。

11 <保存>をクリックします。

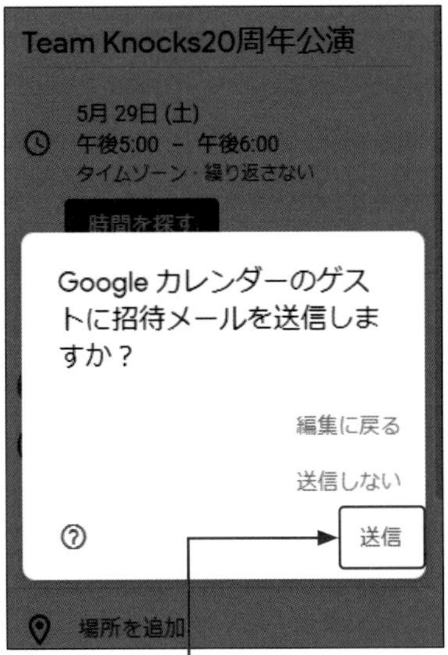

12 <送信>をクリックすると、メールが送信されます。

Memo 受け取った招待メールに返信する

招待状を受け取ったユーザーは、招待したユーザーに返信したうえで、自分のカレンダーに予定を追加することができます。招待メールを開いてメールの下にある<はい>、<未定>、<いいえ>をクリックすると、招待したユーザーに返信をするうえ、自分のカレンダーでは時間や参加予定者などを確認することができます。

1 <はい>、<未定>、<いいえ>のうち、適切なものをクリックします。

2 カレンダーが別のタブで開き、自身のカレンダーに予定が追加されます。

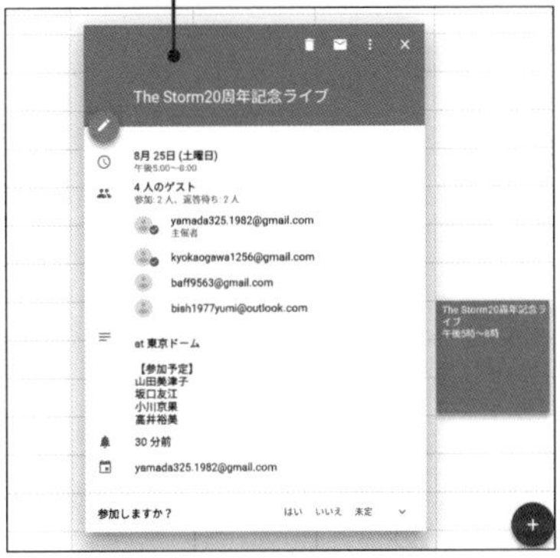

Memo 招待を送った人へのメール

招待を受け取った人が回答すると、招待した人にはメールが送信されます。

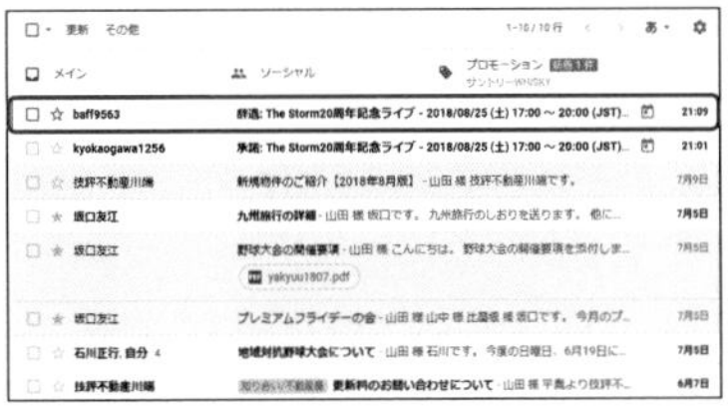

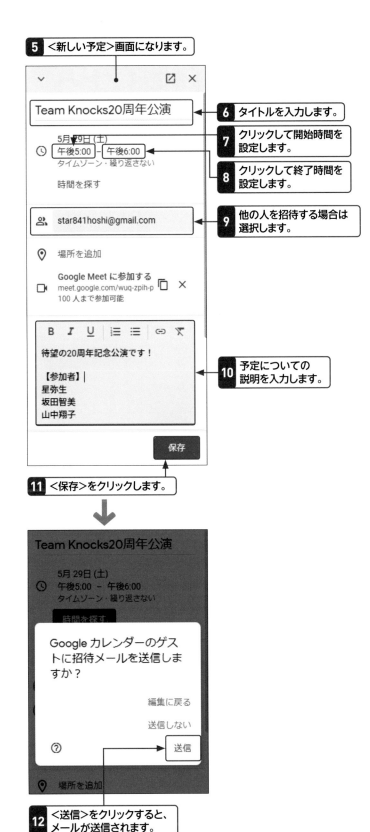

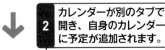

Section
55 ToDoリストを利用しよう

キーワード
- ToDo
- ToDoリスト
- タスク

GoogleにはToDoリストというスケジュール管理機能があります。Gmailでも、このToDoを利用して日々のスケジュールを管理することができます。この機能は、近日中にやるべきことを設定し、ToDoリストとして表示させる簡易なものです。メールに日程などの予定があればすぐに追加しておくとよいでしょう。

1 タスクを入力する

Key word ToDoリスト

ToDoリストとは、やるべきこと（タスク）の期限や内容などを書き込むことができるGoogleの簡易スケジュール管理機能です。

ToDoリストを最初に開くと「ToDoリストへようこそ」と表示されます。＜使ってみる＞をクリックすると、ToDoリストが利用可能になります。

1 Gmail画面で<カレンダー>をクリックします。

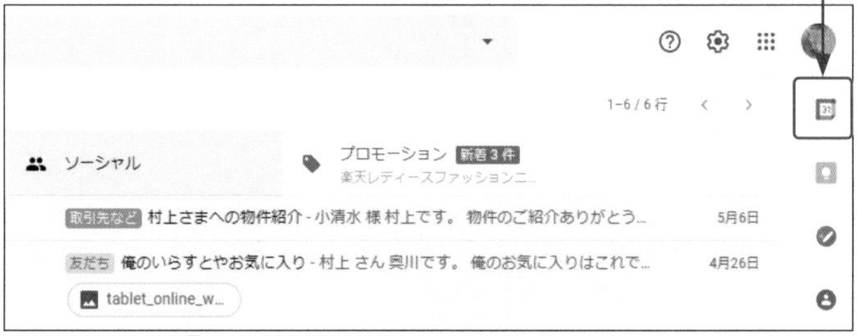

2 ToDoリストが表示されます。

3 <タスクを追加>をクリックします。

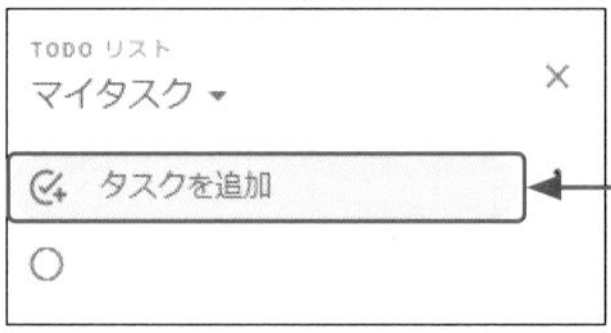

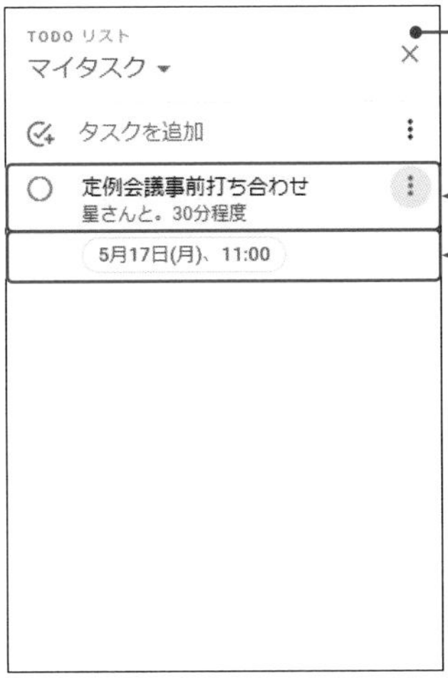

4 詳細な編集画面が開きます。

5 タイトルと説明を入力して、

6 日時を指定します（右Memo参照）。

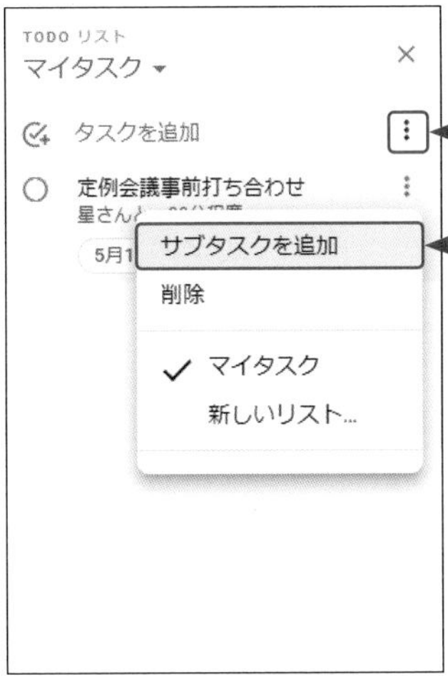

7 ＜その他＞をクリックして、

8 ＜サブタスクを追加＞をクリックします。

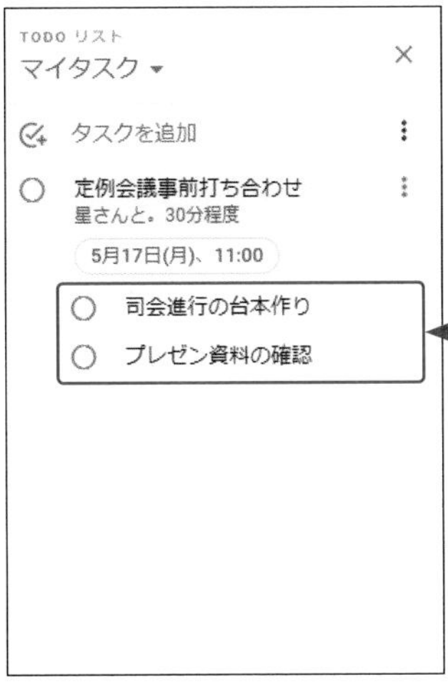

9 ToDoリストにタスク内容が反映されます。

Memo ToDoリストの項目

ToDoリストのタスクにはタイトル、タスクの期限やサブタスクなどが入力できます。仕事やサークルなどの予定を随時追加することが可能です。追加されたタスクは、すぐにToDoリスト上に表示されます。

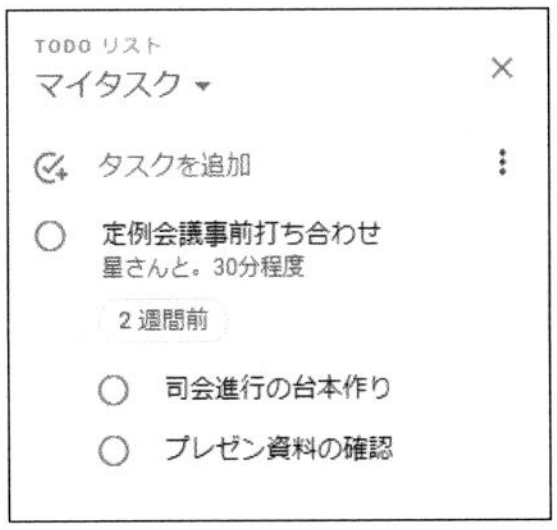

Memo 日時を設定する場合

手順**6**を実行するとカレンダーが表示されます。予定の日程と開始時間、終了時間などが設定することができます。

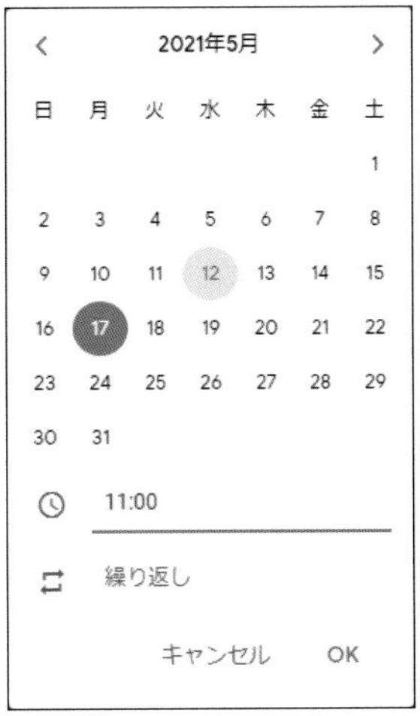

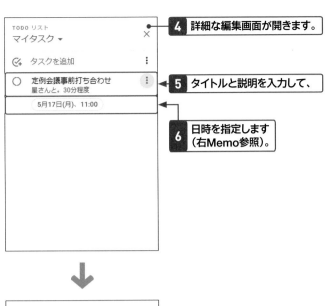

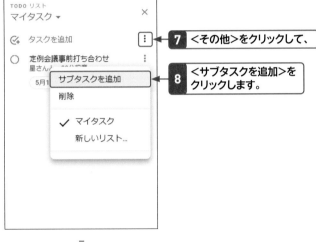

Section 56

Gmailのアドオン機能を利用しよう

キーワード
- アドオン機能のインストール
- アドオン機能の利用
- アドオン機能の削除

サードパーティー（Google以外の会社）が開発したGmailのアドオン（拡張）機能が利用可能です。各Webブラウザーにもアドオン機能が用意されていますが、Gmailのアドオン機能は、おもにビジネスで使われているもので、どのWebブラウザーでGmailを使っているかを問わず、利用することができます。

1 アドオン機能をインストールする

1 ＜アドオン取得＞をクリックすると、

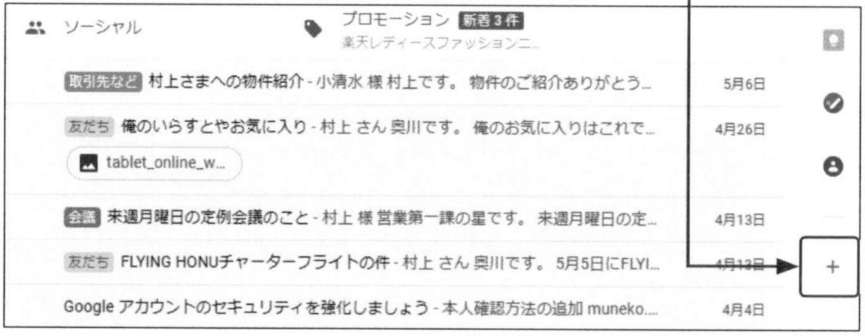

2 ＜Google Workspace Marketplace＞画面が表示されます。

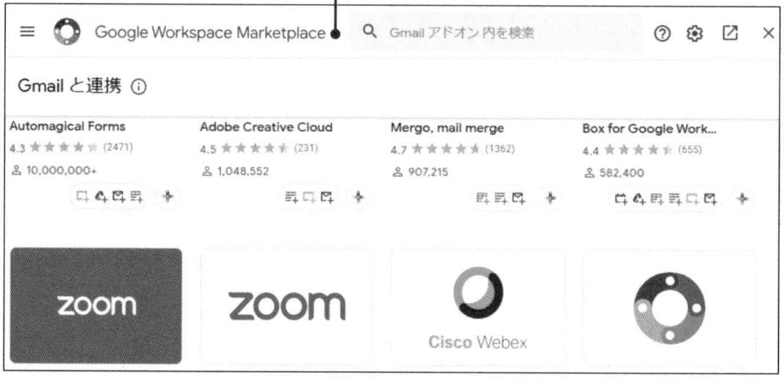

3 インストールしたいアドオン（ここではTrello for Gmail）をクリックします。

4 ＜インストール＞をクリックします。

Memo アドオン機能の取得

画面右側にある＋をクリックしても、手順2の＜Google Workspace Marketplace＞画面が表示されます。

Memo Trello for Gmail

TrelloはTrello Inc.が開発している業務用タスク管理ツールです。各タスクを付箋のようなもので示し、それを掲示板に表示するようになっています。

Memo そのほかのGmailアドオン機能

・Cisco Webex
Google Meet（Sec.49）と同様のビデオ会議ツールです。機能制限付きながら無料で利用することもできます。

・Slack for Gmail
チームでの利用を前提としたチャットツールです。

5 ＜インストールの準備＞画面で＜続行＞をクリックして、

6 ＜アカウントの選択＞画面で、ご自身のアカウントをクリックします。

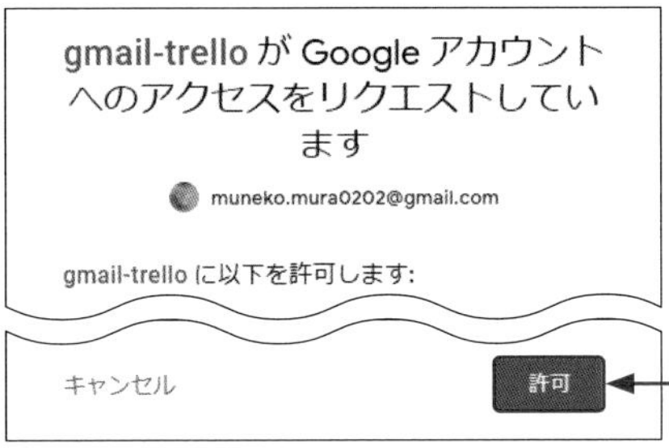

7 Googleアカウントへのアクセスを聞かれるので、＜許可＞をクリックします。

8 インストールが終了すると、この画面が表示されるので、＜完了＞をクリックします。

Memo アドオン機能を利用する

アドオン機能を利用するには、メールの本文を表示したあとに、右側のバーに表示されるアドオンのアイコン(Trello for Gmailの場合)をクリックします。

クリックします。

Memo アドオン機能を削除する

インストールしたアドオン機能を削除するには、＜Google Workspace＞画面で該当アドオンの＜設定＞をクリックし、＜アンインストール＞をクリックします。

クリックします。

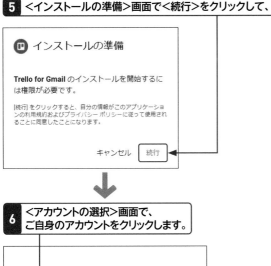

Section 57 GmailからZoomを使ってみよう

キーワード
・アドオン機能の設定
・Zoom for Gmailの使い方
・テレワークでの応用

2020年からのコロナ禍によって、自宅で仕事を行うテレワークの人が増えました。それと同時に社内もしくは取引先とZoomなどのビデオ会議ツールを使って打ち合わせを行うようになりました。Gmail用にZoomのアドオン機能が用意されており、Gmailからシームレスにビデオ会議を行うことができます。

1 Zoom for Gmailをインストールする

Keyword Zoom

Zoomは、Google Meetと同様のビデオ会議ツールです。2012年にリリースされました。2019年12月の全世界ユーザーは1,000万人でしたが、コロナ禍によってテレワークが急速に普及し、2020年4月の全世界ユーザーは約3億人と急増しています。手軽に利用できるのが特徴で、日本においてもZoomを利用した飲み会「Zoom飲み会」が流行しました。

1 <アドオン取得>をクリックすると、

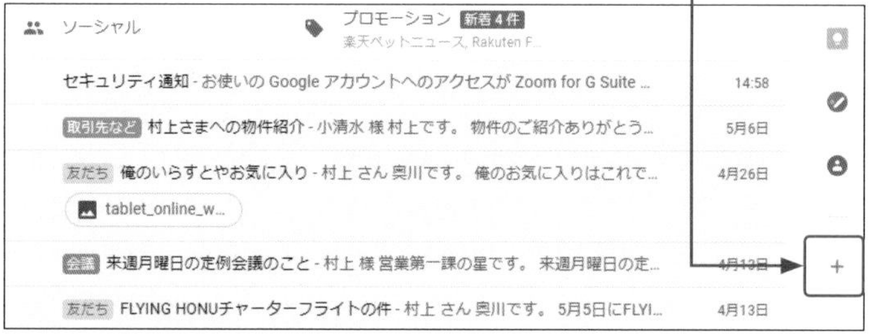

2 <Google Workspace Marketplace>画面が表示されます。

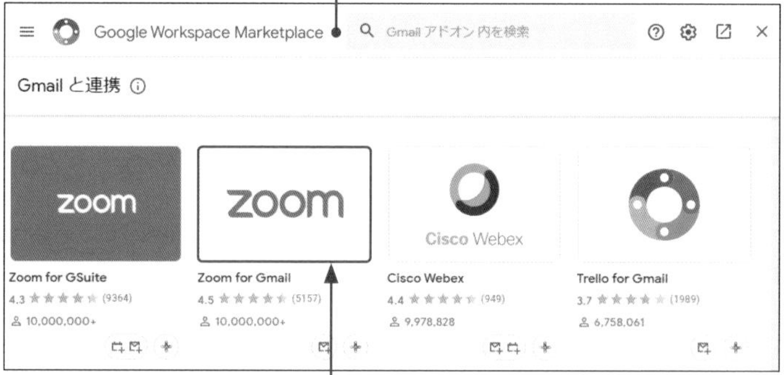

3 <Zoom for Gmail>をクリックして、

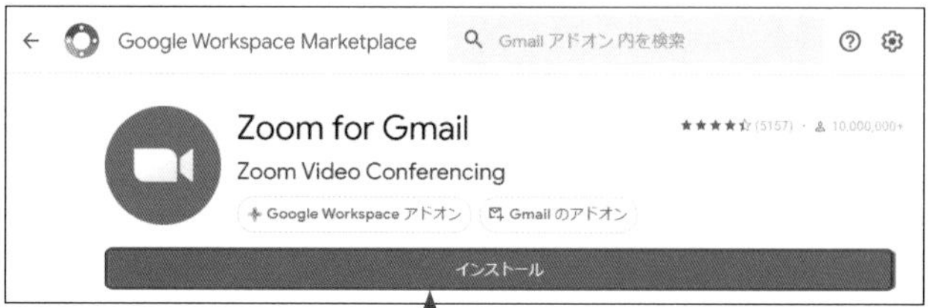

4 <インストール>をクリックします。

5 ＜インストールの準備＞画面で＜続行＞をクリックすると、

6 ＜アカウントの選択＞画面で、ご自身のアカウントをクリックします。

7 Googleアカウントへのアクセスを聞かれるので、＜許可＞をクリックします。

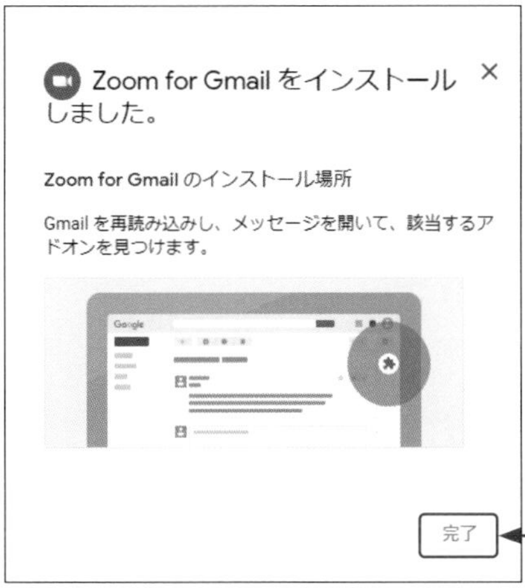

8 インストールが終了すると、この画面が表示されるので、＜完了＞をクリックします。

Keyword G Suite

Google Workspace Marketplaceには、「Zoom for Gmail」と「Zoom for G Suite」がありますが、「Zoom for Gmail」を利用してください。G Suiteは企業などで利用する有償版のGoogleサービスで、現在はGoogle Workspaceという名称に変更しています。

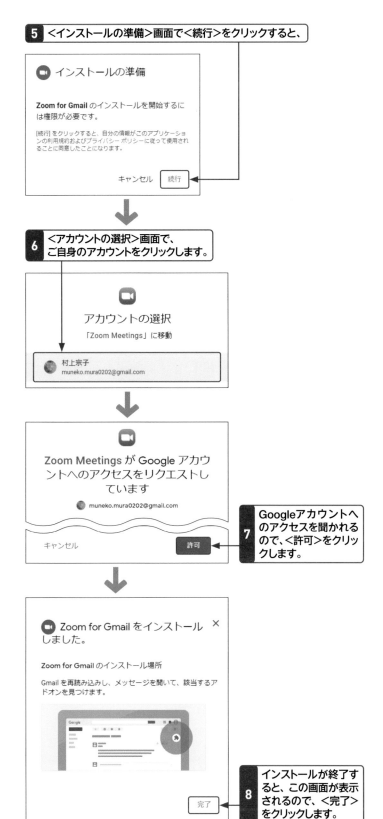

2 Zoomのアカウントを作成する

1 ＜Zoom for Gmail＞をクリックし、

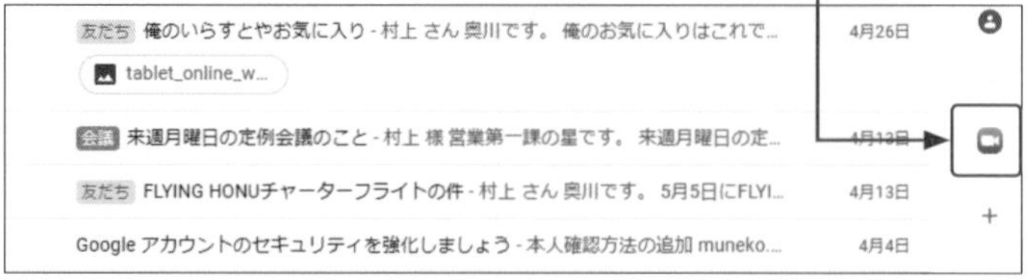

2 ＜受信トレイ＞でメールを選択して、

3 ＜Sign in＞をクリックします。

4 Zoomのサインイン画面が表示されるので、

5 ＜Googleでサインインします＞をクリックします。

6 ＜アカウントの選択＞画面で、ご自身のアカウントをクリックします。

7 ご自身の誕生日を入力して、

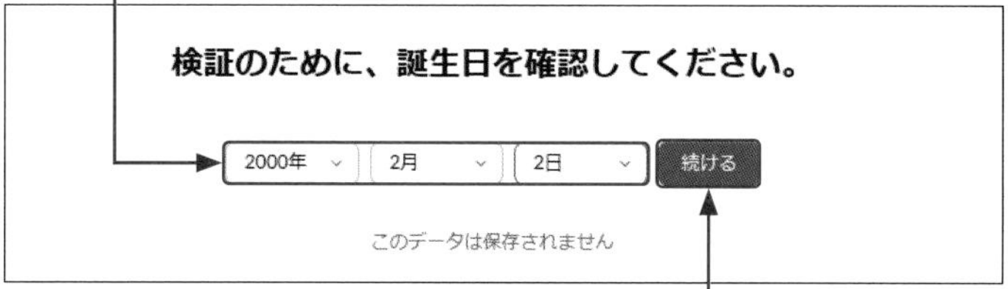

8 <続ける>をクリックします。

9 <アカウントの作成>をクリックし、

10 <事前承認をとる>をクリックして、

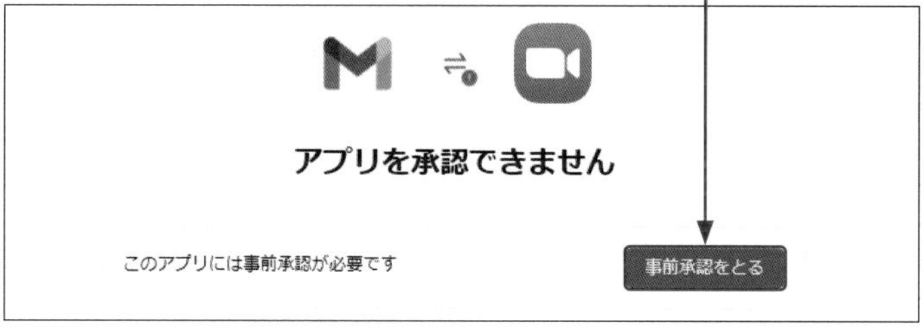

11 <認可>をクリックすると、
Zoomアカウントの新規作成が完了します。

Memo すでにZoomアカウントを持っている場合

すでにZoomアカウントを持っている場合は、手順1～手順11は不要です。前ページの手順4の画面でメールアドレス（ID）とパスワードを入力し、<I'm not a robot>にチェックを入れて<サインイン>をクリックしてください。

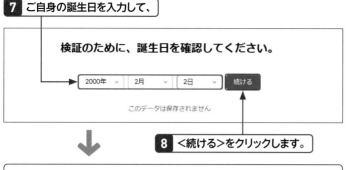

3 すぐにメールの相手とZoomで会話する

Memo Zoomがインストールされていない場合

ご使用のパソコンにZoomがインストールされていない場合は、手順5を実行後にZoomのインストーラーがダウンロードされます。

1 <Zoom for Gmail>をクリックし、

2 <受信トレイ>でZoomでミーティングを行う相手からのメールを選択して、

3 <Start a meeting>をクリックします。

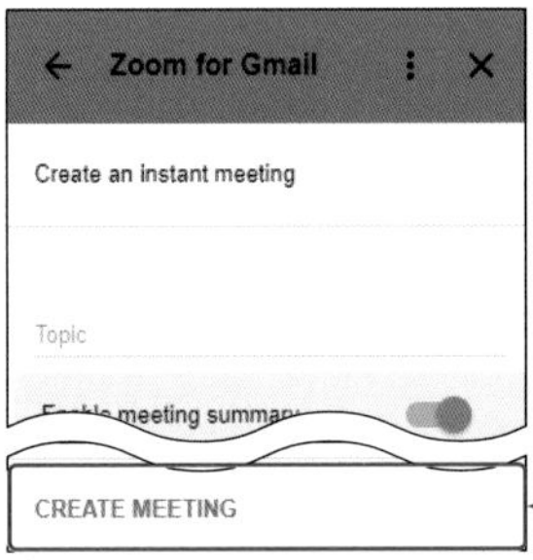

4 <CREATE MEETING>をクリックして、

5 <START MEETING>をクリックします。

6 <コンピュータでオーディオを起動>をクリックすると、ミーティングに入ることができます。

Memo Zoomの相手にはどう伝えられるのか

招待した相手にはメールが自動で送信されます。ご自身がミーティングに入っても、ビデオ会議の相手がメールの文面内のリンクをクリックまでは会話を行うことはできません。

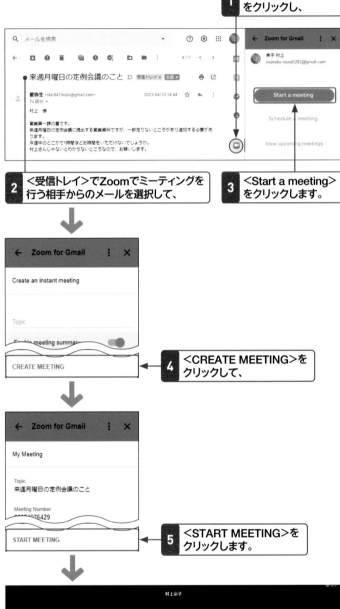

4 日時を指定してビデオ会議を設定する

1 <Zoom for Gmail>をクリックして、

2 <Start a meeting>をクリックします。

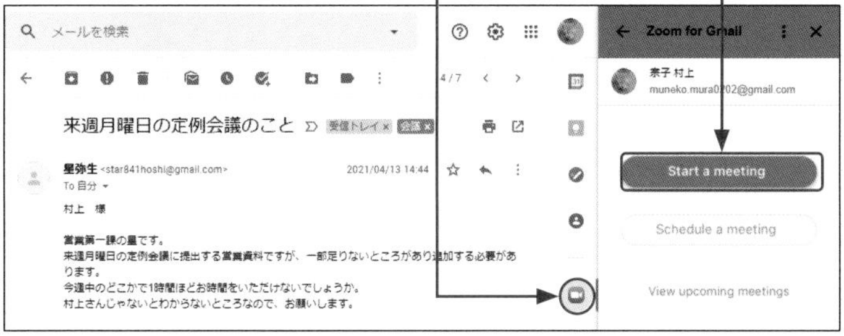

3 会議のタイトルを入力します。

4 タイムゾーン（ここでは<Asia/Tokyo>）を選択します。

5 開始日時を入力します。

6 ビデオ会議の予定時間を選択します。

7 <CREATE MEETING>をクリックします。

8 招待した相手に、ビデオ会議の招待メールが送信されます。

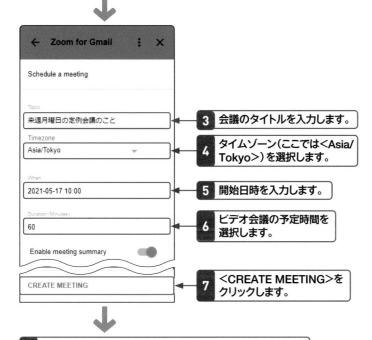

Section
58

GmailからDropboxを利用しよう

キーワード

・アドオン機能の設定
・Dropbox for Gmailの使い方
・オンラインストレージとの連携

Dropboxは数億人のユーザーが利用する世界最大級のオンラインストレージサービスです。自宅でも会社でも外出先でもファイルを保存して利用することができ、たいへん便利なサービスです。Gmailのアドオン機能を利用すると、メールの添付ファイルの保存、逆にメールへの添付などが素早く行うことができます。

1 Dropbox for Gmailをインストールする

Key word Dropbox

Dropboxは2008年にリリースされたオンラインストレージサービスです。無料ユーザー（Dropbox Basic）の場合、2GBまでの容量を利用することができます。有料ユーザー（Dropbox Plus）の場合は、月1,200円支払う必要がありますが、約2TB（2,000GB）まで容量が拡大されます。

1 <アドオン取得>をクリックすると、

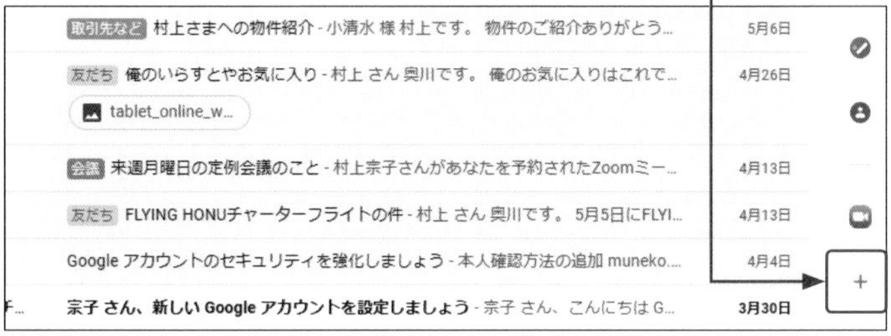

2 <Google Workspace Marketplace>画面が表示されます。

3 <Dropbox for Gmail>をクリックして、

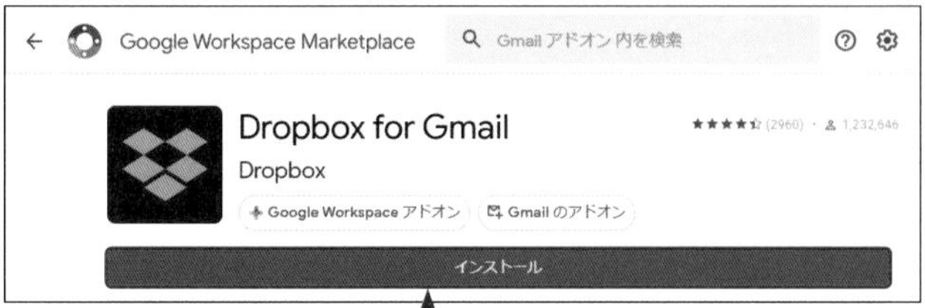

4 <インストール>をクリックします。

5 <インストールの準備>画面で<続行>をクリックして、

6 <アカウントの選択>画面で、
ご自身のアカウントをクリックします。

7 Googleアカウントへのアクセスを聞かれるので、<許可>をクリックします。

8 インストールが終了すると、この画面が表示されるので、<完了>をクリックします。

2 Dropboxのアカウントを作成する

1 <Dropbox for Gmail>をクリックし、

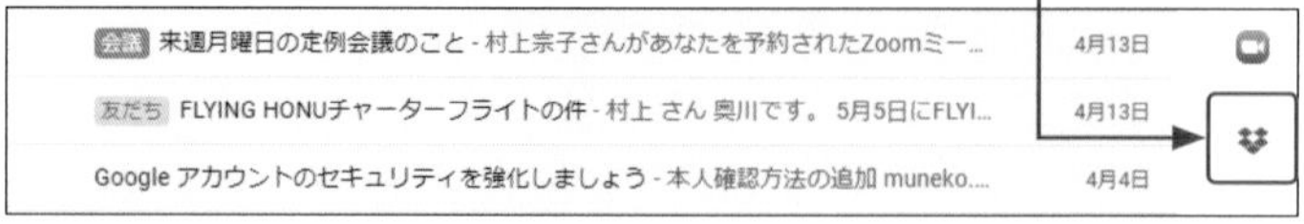

2 <受信トレイ>でメールを選択して、

3 <アカウントを作成>をクリックします。

4 Dropboxのサインイン画面が表示されるので、

5 <Googleで登録>をクリックします。

6 <アカウントの選択>画面で、
ご自身のアカウントをクリックします。

Memo アカウントの作成

右の本文ではGmailで使用しているGoogleアカウントでDropboxアカウントを作成しています。Gmail以外のメールアカウントでDropboxアカウントを作成したい場合は、手順5で<アカウントの作成>をクリックしてください。

7 ＜許可＞をクリックします。

8 ご自身の姓名を入力して、

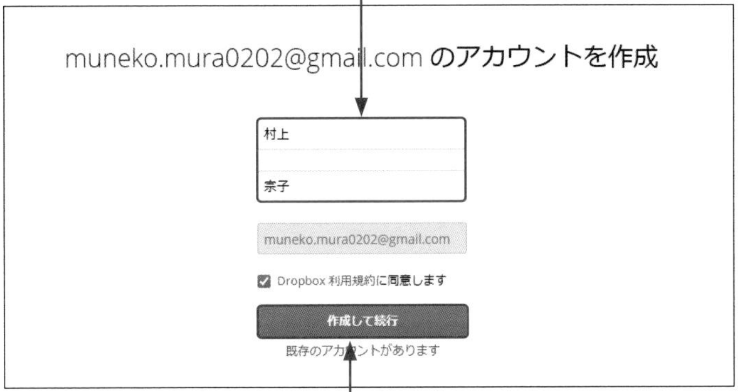

9 ＜作成して続行＞をクリックします。

10 ＜スキップ＞をクリックすると設定が完了します。

Memo Dropboxソフトウェアのインストール

手順**8**まで行うと登録したユーザー宛てにメールが届きます。＜設定を完了する＞をクリックすると、Dropboxのソフトウェアのダウンロードとインストールが開始します。

3 添付ファイルをDropboxに保存する

Memo 初めてDropbox for Gmailを利用する場合

Dropbox for Gmailにログインし、初めて利用する場合、ファイルとフォルダのアクセス許可を求められることがあります。その場合は＜許可＞をクリックしてください。

1 受信トレイなどから添付ファイルがあるメールを選択して、

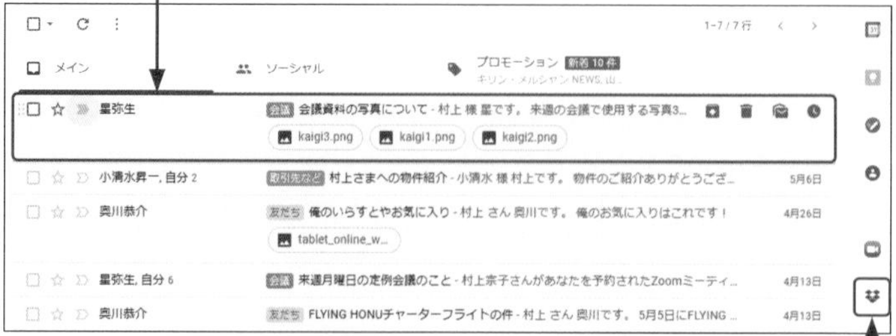

2 <Dropbox for Gmail>をクリックします。

3 添付ファイルの一覧が表示されますので、保存したいファイルをクリックして、

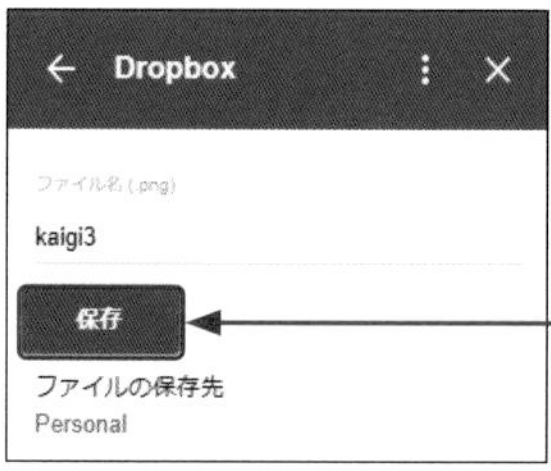

4 <保存>をクリックします。

5 <DROPBOX.COMにアクセス>をクリックして、

6 他のファイルも保存する場合は、<他のファイルも保存する>をクリックします。

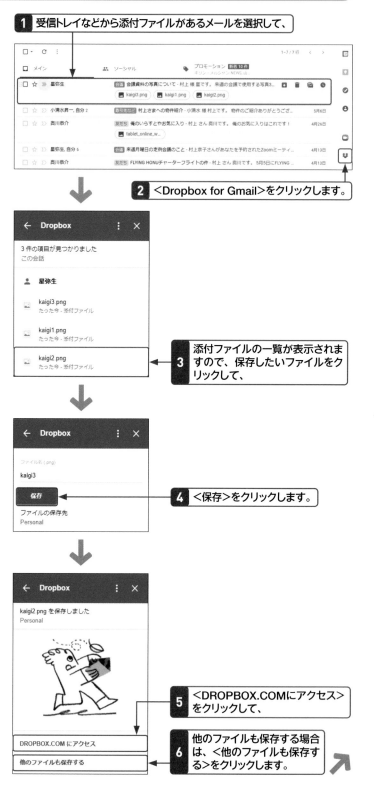

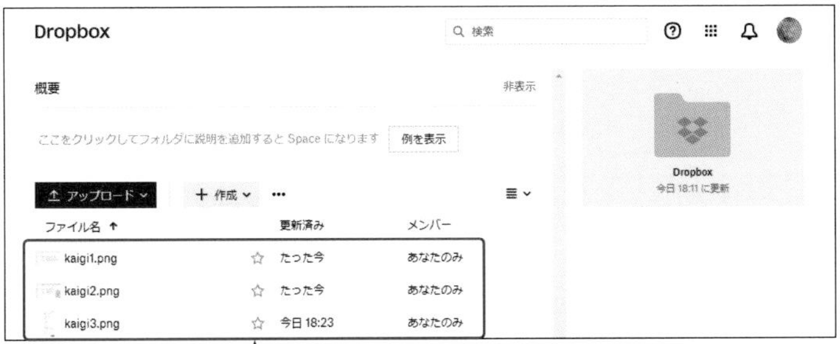

7 Dropboxに移動し、保存したファイルを確認することができます。

4 保存したファイルをメールに添付して送付する

1 <作成>をクリックし、

2 メールの本文を作成して、

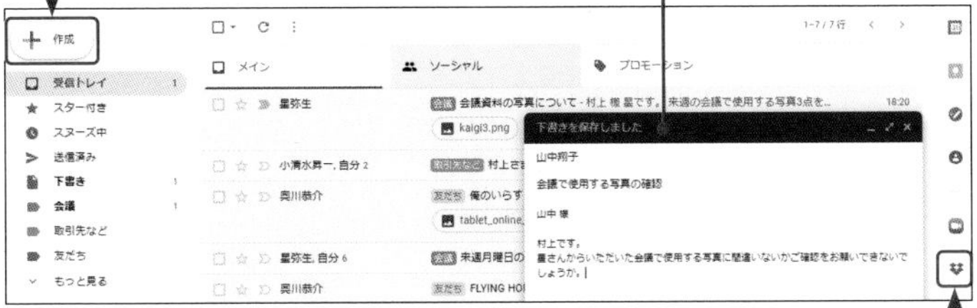

3 <Dropbox for Gmail>をクリックします。

4 Dropboxに保存されているファイルが表示されますので、

5 添付したいファイルをクリックします。

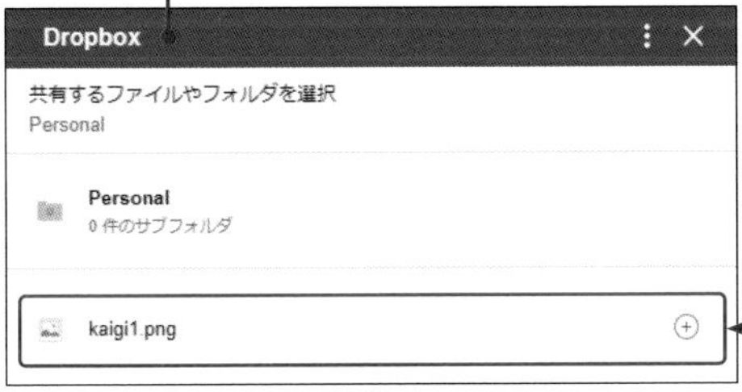

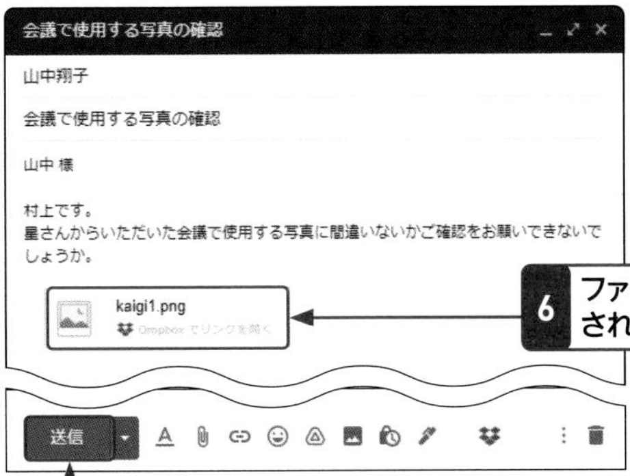

6 ファイルがメールに添付されていることを確認して、

7 <送信>をクリックします。

Memo Gmailのショートカット

Gmailは非常に使いやすいメーラーですが、基本的な操作はクリックを前提としているため、キーボード主体で操作している人からすると、少々面倒に感じるかもしれません。操作をキーボードで完結させたい場合は、キーボードショートカットを使えるようにしておくとよいでしょう。機能を有効化するには右の手順で行います。

1 Gmail画面で<設定>をクリックして、

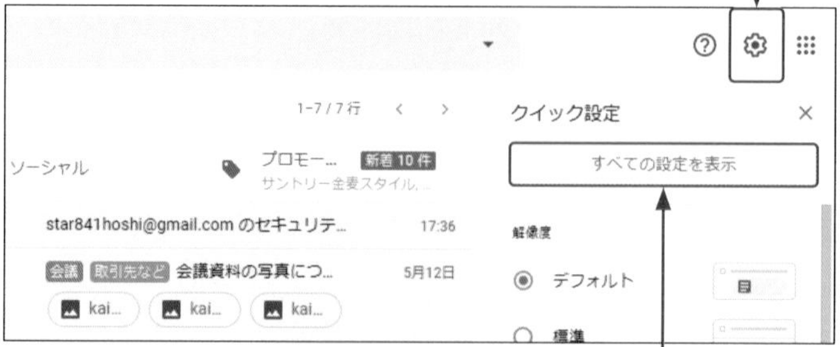

2 <すべての設定を表示>をクリックします。

3 <全般>タブの<キーボードショートカット>の<キーボード ショートカット ON>を選択して、

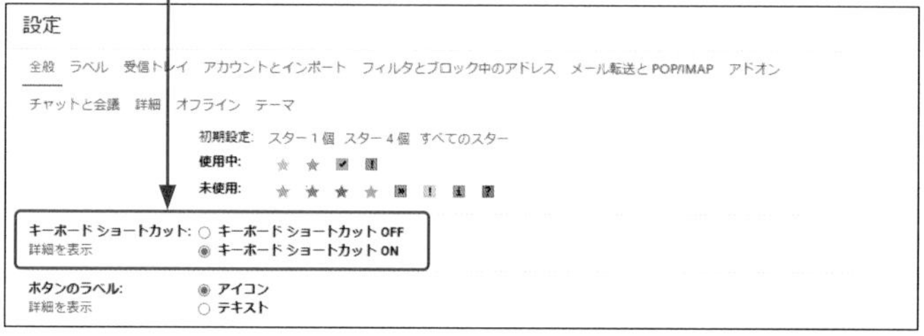

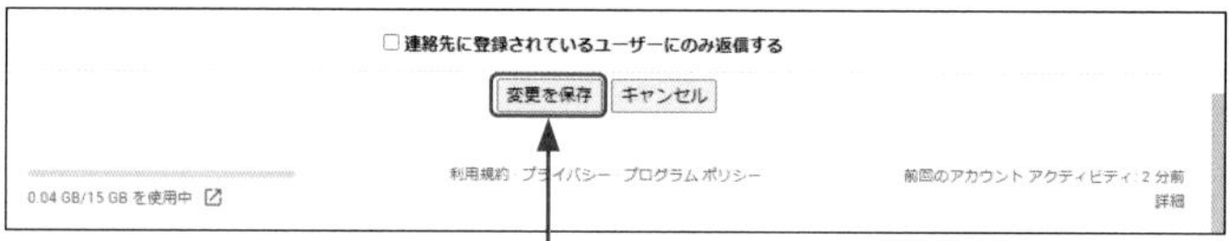

4 <変更を保存>をクリックします。

主なショートカットキーは右のとおりです。ご自身がよく使う操作を確認して、ショートカットによる操作に慣れていくとよいでしょう。

キー	機能
X	メールを選択します。
O	メール(スレッド)のメッセージ画面を表示します。
J	次のメールを表示します。
K	前のメールを表示します。
E	メール(スレッド)をアーカイブします。
{	アーカイブして次のメールを表示します。
R	メッセージ画面で返信画面を表示します。
F	メッセージ画面で転送画面を表示します。
A	メッセージ画面で全員に返信画面を表示します。
S	メール(スレッド)にスターを付ける、もしくは付いているスターを外します。

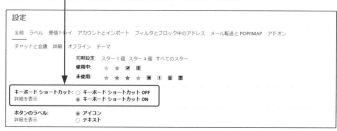

第6章

Gmailを
もっと使いこなそう

Section
59 画面のデザインテーマを変更しよう

キーワード
- テーマ
- 背景画像
- テキストの背景

メールの基本画面は白地でシンプルですが、画像や色を背景にすることができます。Gmailにはテーマ（背景）として、数100種類の画像が用意されており、自由に変更できます。画像の修整なども可能です。

1 テーマを変更する

1 Gmail画面を表示します。

2 <設定>をクリックして、

3 <テーマ>の<すべて表示>をクリックします。

4 <テーマの選択>画面が表示されるので、

5 好きな画像をクリックして、

6 <保存>をクリックします。

7 背景が画像に変更されます。

Step up テーマの色を変更する

<テーマの選択>画面を下のほうにスクロールすると、色の候補が表示されます。ここから、好きな色をクリックして、<保存>をクリックすれば、背景色が変更されます。

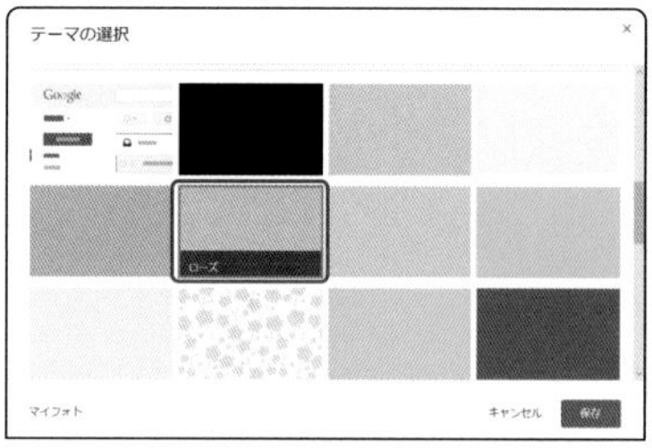

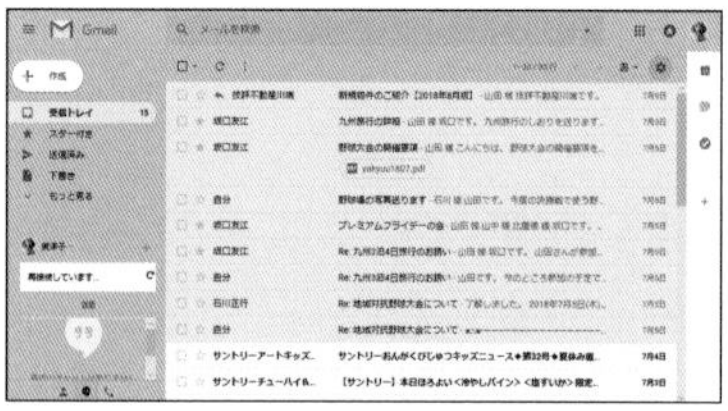

Hint テーマをもとに戻す

もとの基本画面に戻したい場合は、<テーマの選択>画面で<明>をクリックして、保存します。

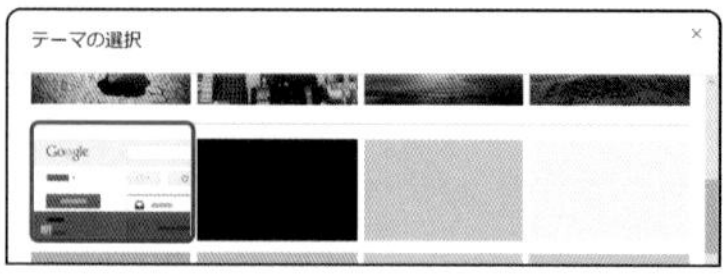

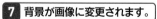

2 背景の画像を変更する

1 前ページの手順1～3を操作して<テーマの選択>画面を表示します。

2 <その他の画像>をクリックすると、

3 <背景画像を選択>画面が表示されます。

4 画像をクリックして、

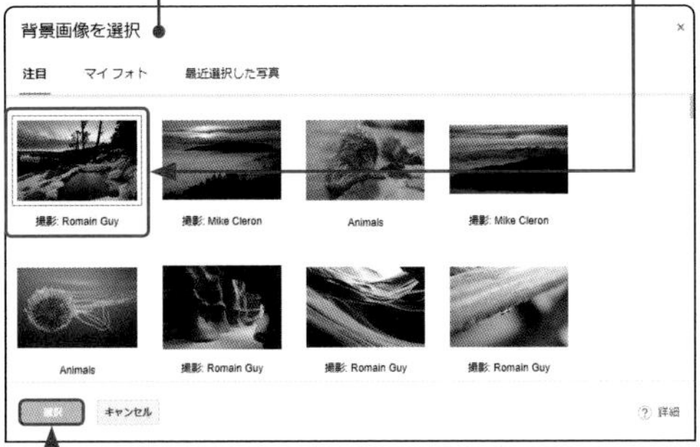

5 <選択>をクリックします。

6 <テーマの選択>画面で<保存>をクリックします。

3 テキストの背景を変更する

1 <テーマの選択>画面を表示します。

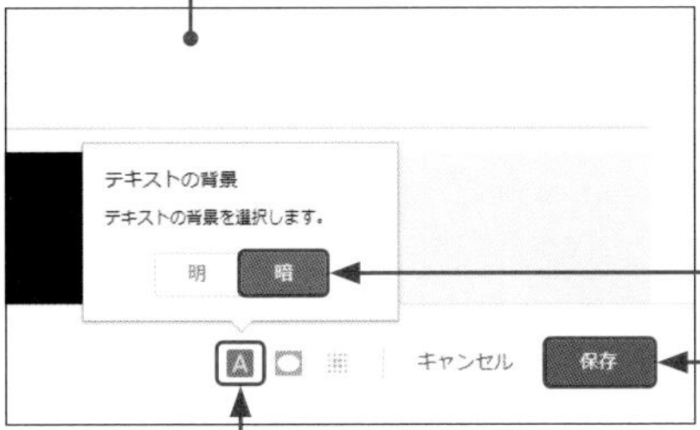

2 <テキストの背景>をクリックします。

3 <暗>をクリックして、

4 <保存>をクリックします。

5 テキスト部分が暗くなります。

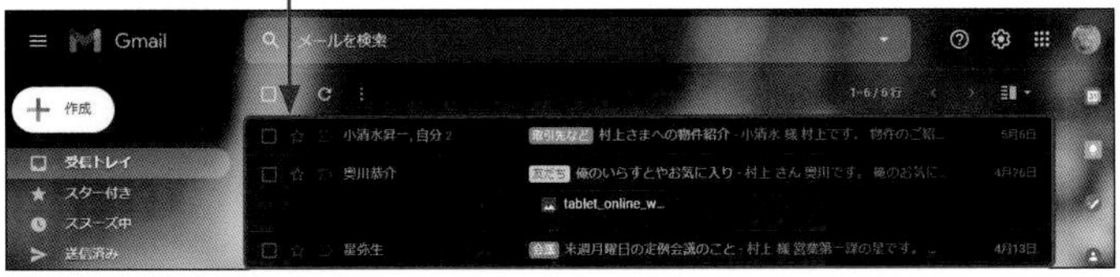

Step up 画像の修整

<テーマの選択>画面に、画像に対しての修整機能が用意されています。<周辺減光>をクリックして、スライドをドラッグすると、画像の色合いを変更できます。<ぼかし>も同様です。

画像の周辺遮光

画像のぼかし

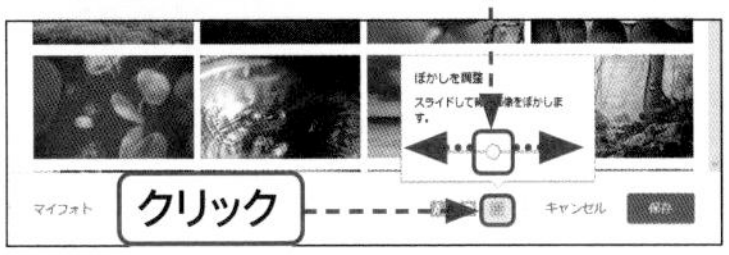

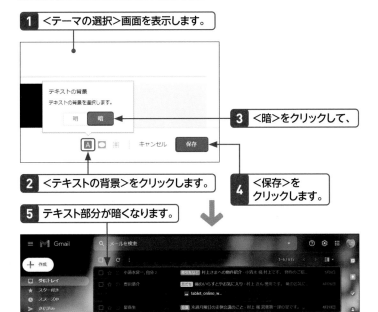

Section
60

メールの表示間隔や表示件数を変更しよう

キーワード
・表示間隔
・表示件数
・設定

Gmailの画面を使いやすくカスタマイズしましょう。Gmailではディスプレイのサイズに合わせて、メールの表示間隔が自動で調整されています。この間隔は変更できます。また、1ページあたりに表示するメールの件数を変更することもできます。

1 表示間隔を変更する

Memo 表示間隔

表示間隔は、ディスプレイや表示する画面のサイズによって異なり、自動調整されます。表示間隔は、ウィンドウの＜最大化＞表示の状態をもとにしています。

1 Gmail画面で＜設定＞をクリックし、

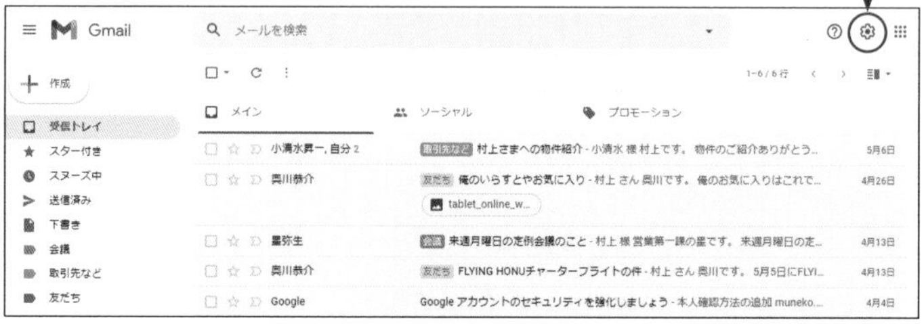

2 ＜解像度＞で＜デフォルト＞＜標準＞＜最小＞のいずれかをクリックします。

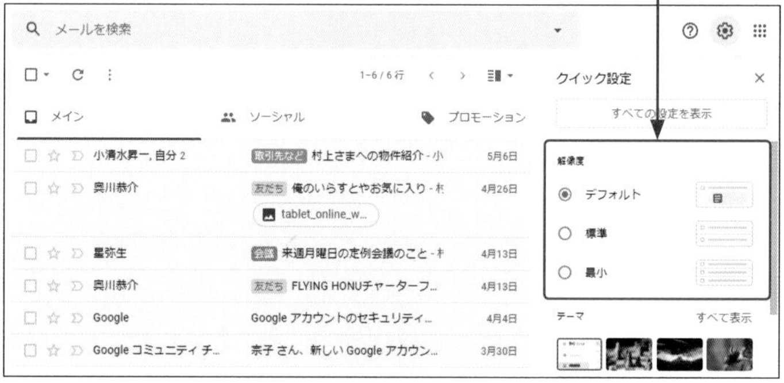

3 ＜OK＞をクリックします。

4 表示間隔が変更されます（ここでは＜最小＞）。

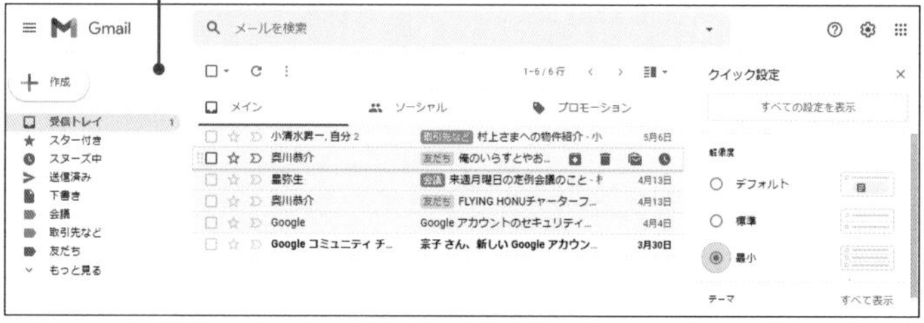

2 表示件数を変更する

1 Gmail画面で<設定>をクリックし、

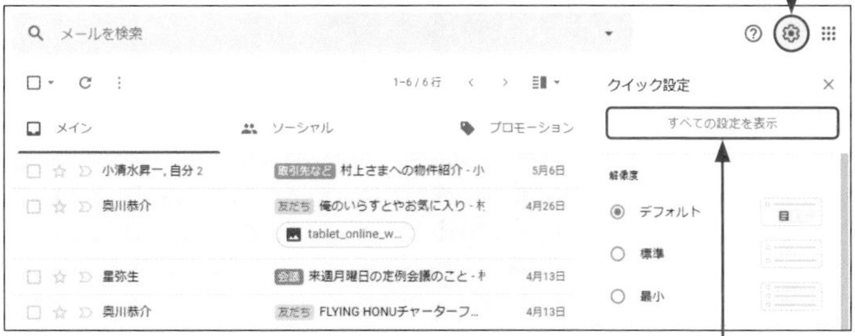

2 <すべての設定を表示>をクリックして、

3 <設定>画面を表示します。

4 <全般>タブをクリックして、

5 <表示件数>の<1ページに○件のスレッドを表示>のボックスをクリックし、

6 件数(ここでは<20>)をクリックします。

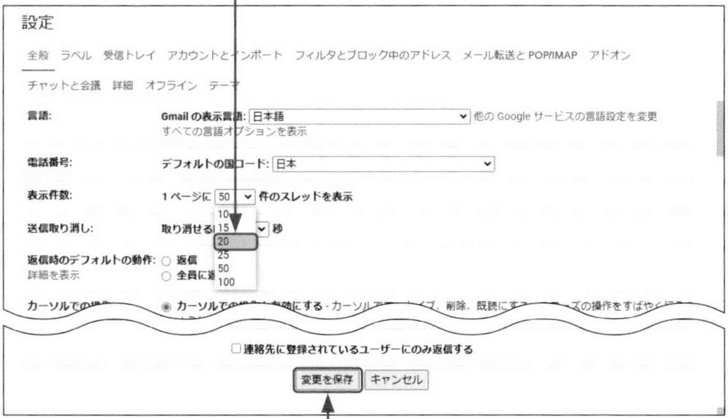

7 件数を確認して、<変更を保存>をクリックします。

Hint 表示件数

表示件数は、<設定>⚙の左側に表示されます。画面の「1-6/6」を例にすると、「全部で6のメール件数があり、現在1～6件を表示している」ということを意味しています。この1ページに表示する件数は、左の操作で変更できます。なお、総メール件数が表示件数に満たない場合は、受信メールの総件数が「/」のあとに表示されます。

Memo 2ページ目以降の表示

左の操作で設定した件数よりも総メール件数が多い場合は、最新のメールから順に1ページ目に表示され、順に古いメールが2ページ目以降に表示されます。<次>[>]をクリックすると、次ページを表示できます。

ここをクリックします。

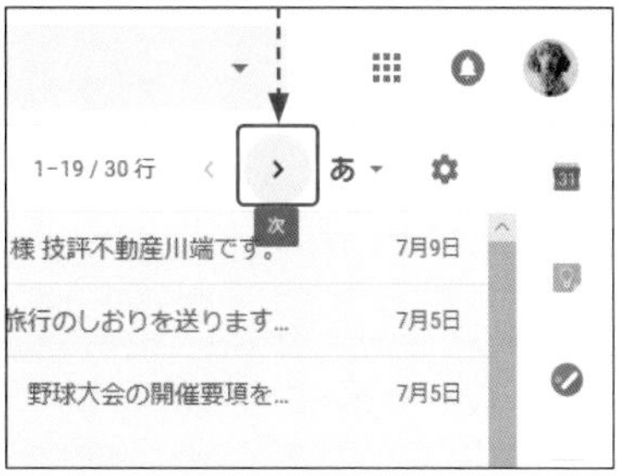

Section 61

コマンドボタンのアイコンをテキスト表示にしよう

キーワード
・アイコン
・テキスト表示
・名称の確認

画面上のコマンドボタンは用途に合わせたアイコンになっていますが、使いこなすまではわかりづらいものもあります。マウスカーソルを合わせると名称が表示されますが、このアイコンを文字（テキスト）で表示させることができます。アイコンより使いやすい場合は、テキスト表示にするとよいでしょう。

1 アイコンの名称を確認する

Memo アイコンの表示

コマンドボタンのアイコンは、メールを選択すると、選択したメールに対してできる操作が表示されます。アイコンではわかりづらい場合は、テキスト表示にすることができます。

1 <受信トレイ>をクリックします。

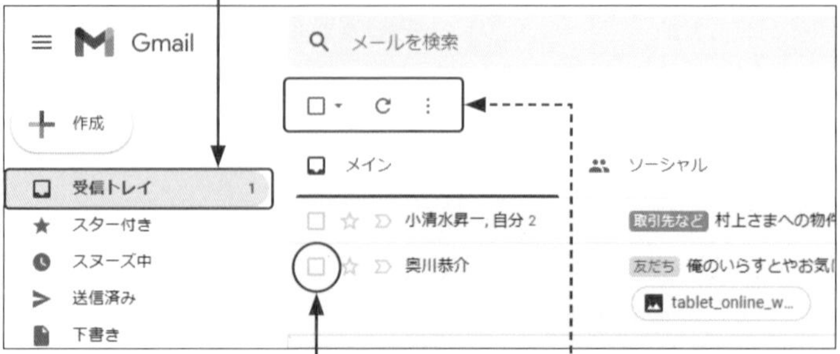

2 メールのチェックボックスをクリックし、

メールを選択していない状態のコマンドボタン類

3 オンにして選択します。

4 選択したメールに対する機能がアイコンで表示されます。

5 マウスカーソルを合わせると名称が表示されます。

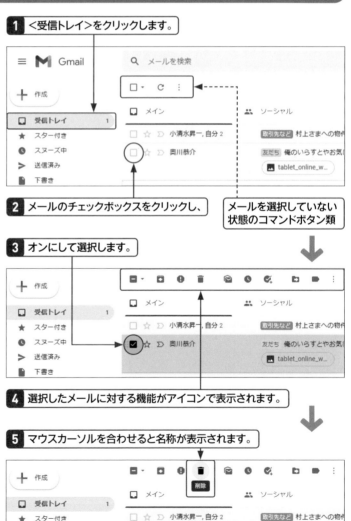

2 アイコンをテキストに変更する

1 <設定>画面の<全般>タブを表示します。

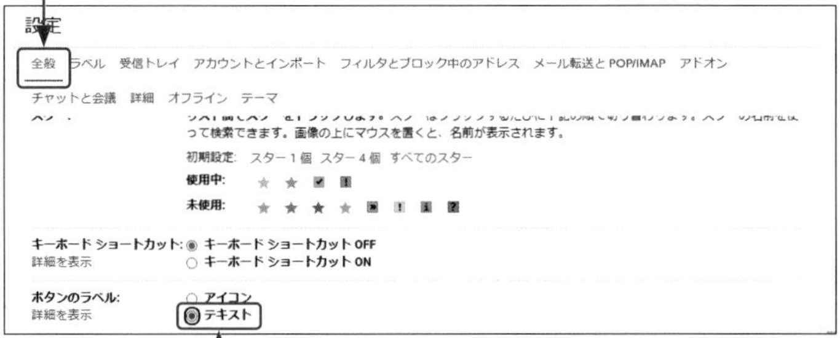

2 <ボタンのラベル>で<テキスト>をクリックしてオンにします。

3 画面を下にスクロールして、

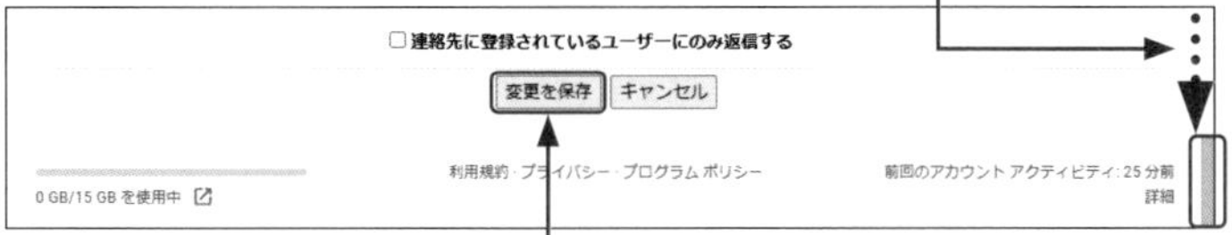

4 <変更を保存>をクリックします。

5 <受信トレイ>でメールが選択されていると、

6 アイコンが文字に変わって表示されます。

7 メールをクリックします。

8 メッセージ画面のアイコンもテキストで表示されます。

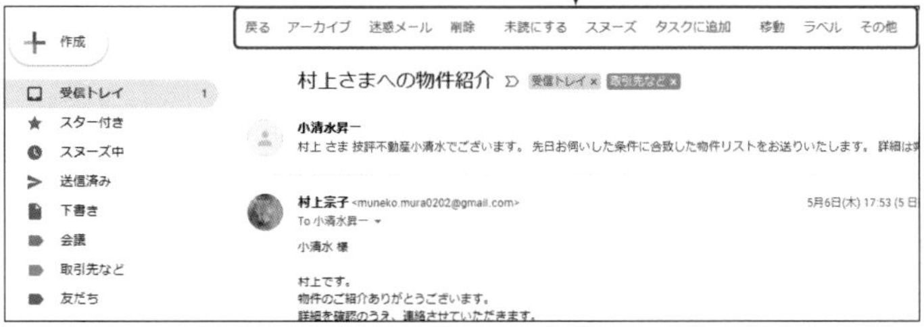

Memo アイコンの名称

アイコンとテキストの対応は、以下のとおりです。

アイコン	名称
	アーカイブ
	迷惑メール
	削除
	未読にする
	既読にする
	スヌーズ
	タスクに追加
	移動
	ラベル

Section 62

メール本文をプレビュー表示しよう

キーワード
・プレビュー表示
・プレビューパネル
・Gmail Labs

Gmailの＜受信トレイ＞では、メールの送信者とタイトル、本文のプレビューの一部が表示されますが、全体は別画面に表示しなければ読むことができません。受信メールの一覧画面でメッセージが読めるように、プレビューパネルが用意されています。

1 メール本文のプレビューを表示／非表示にする

Memo メール本文のプレビュー表示

＜受信トレイ＞やそのほかのラベルでメールの一覧を表示すると、件名の後ろにメッセージ本文が薄い文字で表示されます。内容が若干わかるので便利ですが、件名が読みにくくなると感じる場合は、プレビュー表示をなしにするとよいでしょう。

本文の一部がプレビュー表示されます。

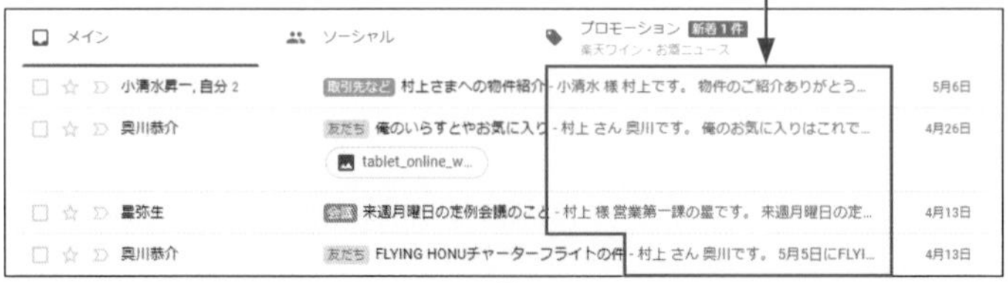

1 161ページを参照して、＜設定＞画面の＜全般＞タブを表示します。

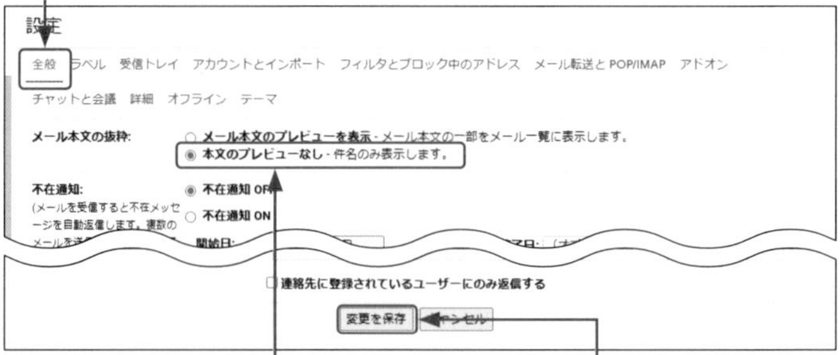

2 ＜メール本文の抜粋＞で＜本文のプレビューなし＞をクリックしてオンにします。

3 ＜変更を保存＞をクリックします。

4 プレビュー表示が消えます。

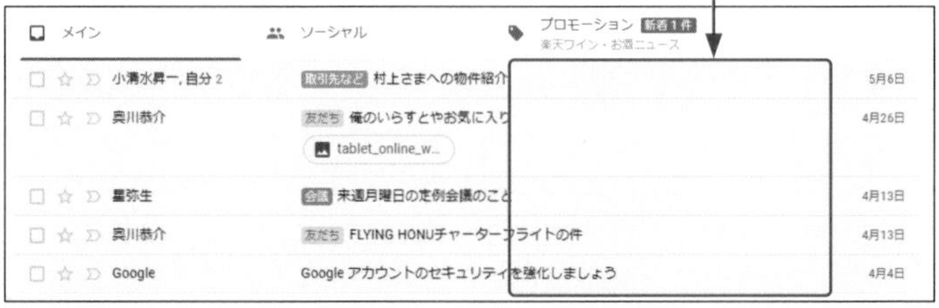

Memo プレビュー表示に戻す

メール本文のプレビュー表示に戻すには、手順2で＜メール本文のプレビューを表示＞をクリックしてオンにし、＜変更を保存＞をクリックします。

2 プレビューパネルを表示する

1 Gmail画面で＜設定＞をクリックし、

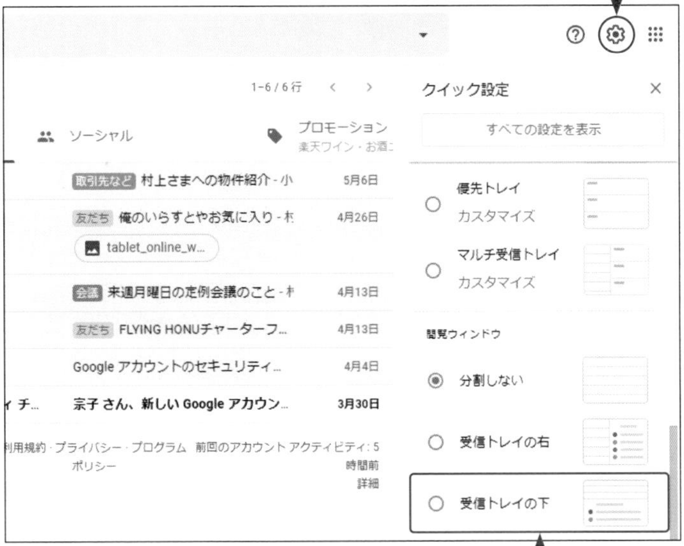

2 ＜閲覧ウィンドウ＞のうち、＜受信トレイの下＞をクリックします。

3 ＜再読み込み＞をクリックします。

4 受信トレイの中のメールを選択すると、

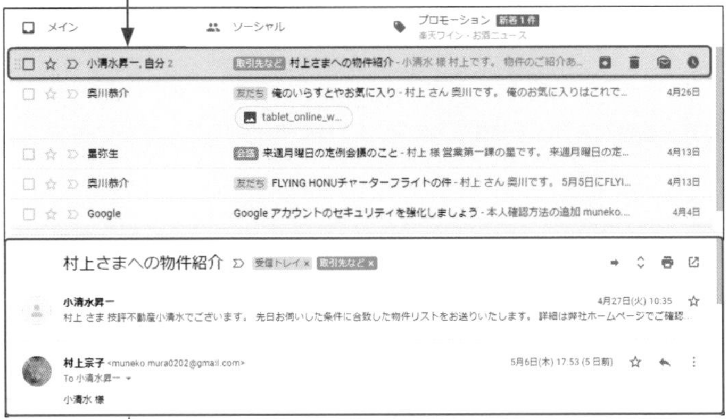

5 分割された閲覧ウィンドウにメールの内容が表示されます。

Hint もとの表示に戻す

分割した画面からもとの表示に戻すには、手順**2**で＜分割なし＞をクリックします。

Memo ウインドウ分割モードを切り替え

手順**1**～**6**の設定を一度行うと、＜ウインドウ分割モードを切り替え＞アイコンが表示されます。

これを非表示にするには、設定画面の＜受信トレイ＞の閲覧ウィンドウで＜閲覧ウィンドウを有効にする＞のチェックを外します。

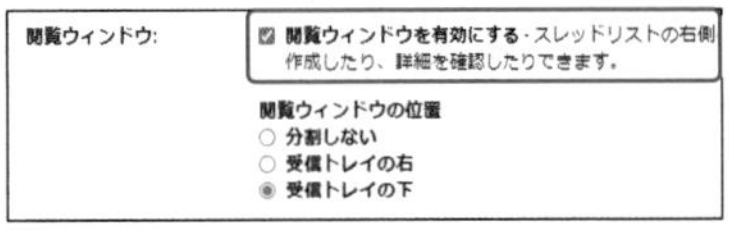

Section
63

すべてのメールを自動転送しよう

キーワード

- 自動転送
- 転送先アドレス
- メールの処理方法

Gmailでは、受信したメールを別のメールアドレスに転送することができますが、転送先のメールアドレスを指定してすべてのメールを自動転送することもできます。自分で持っている別のメールアドレスに転送させて、メールをまとめて見るときなどに利用します。

1 すべての受信メールを自動転送する

Memo 別のメールアドレスへ自動転送する

Gmailに届いたすべてのメールを、自分の持っている別のメールアドレスに自動転送したい場合は、右の手順で操作します。手動で転送する場合は、Sec.17を参照してください。

1 Gmail画面で＜設定＞をクリックし、

2 ＜すべての設定を表示＞をクリックして、

3 ＜設定＞画面を表示します。

4 ＜メール転送とPOP／IMAP＞タブをクリックし、

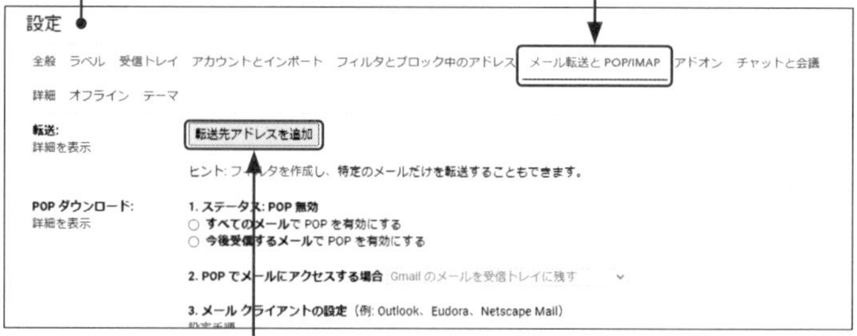

5 ＜転送先アドレスを追加＞をクリックします。

6 転送先のメールアドレスを入力します。

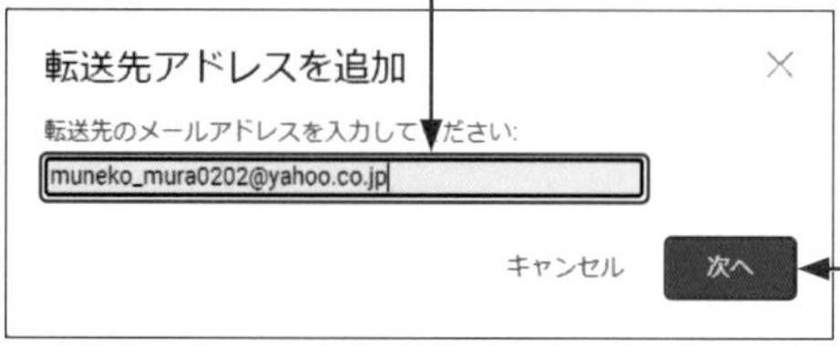

7 ＜次へ＞をクリックすると、

Memo すべてのメールを転送する

ここで設定する自動転送するメールは、受信したすべてのメールを対象にしています。特定のメールだけを転送したい場合は、Sec.64を参照してください。

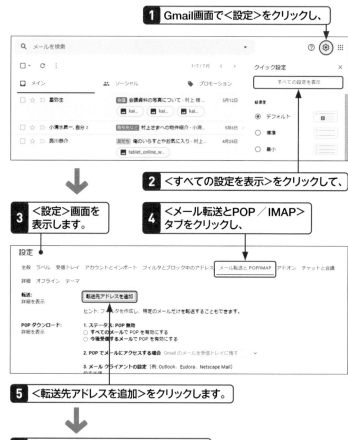

8 確認のメッセージが表示されるので、

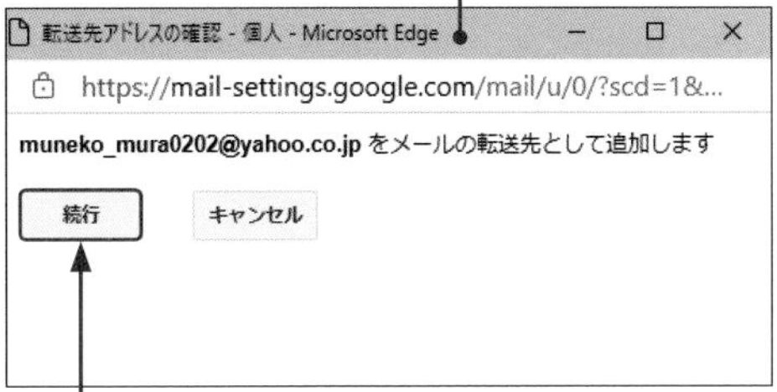

9 <続行>をクリックします。

10 送信先アドレスが追加されたので、<OK>をクリックします。

11 転送先のメールソフトを起動します（ここではYahoo!メール）。

168ページのHint参照

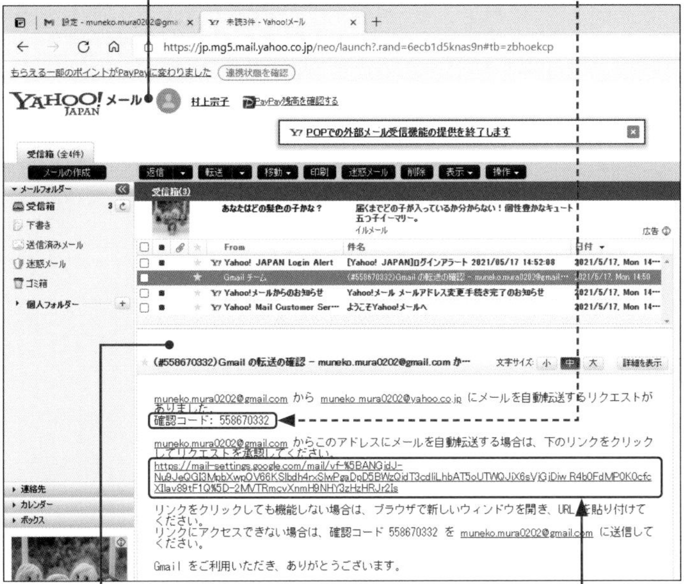

12 手順**6**で指定した転送先のメールアドレスに、転送の確認メールが届きます。

13 確認のリンクをクリックすると、

Hint 迷惑メールは転送されない

左の方法ですべての受信メールを自動転送するように設定しても、迷惑メールは転送されません。

Memo 携帯電話に転送する際の注意点

手順**6**で、転送先を携帯電話にする場合は、注意が必要です。転送するメールの容量が大きかったり、添付ファイルがあると転送できない場合があります。また、パソコンからのメールを受信拒否設定にしている場合は、設定の解除が必要になります。携帯電話のメール設定を確認してから、自動転送を設定してください。

Hint 自動転送の承認

手順**10**で<OK>をクリックすると、転送先のメールアドレスに「Gmailの転送の確認」メールが届くので、自動転送の承認を行います。承認には、手順**13**のようにリンクをクリックする方法と、<設定>画面で確認コードを入力する方法があります（168ページのHint参照）。

Hint 確認コードの入力

前ページの手順12で、確認のメールに記載されている確認コードを控え、<設定>画面の<メール転送とPOP/IMAP>タブの<転送>にある<確認コード>欄に入力して<確認>をクリックすることで、自動転送の承認を行うことができます。

Memo 転送したメールの処理方法

手順19では、転送したあとのメールに対して、どのように処理するかを指定します。
未読のまま<受信トレイ>に残す場合は<Gmailのメールを受信トレイに残す>、既読にして<受信トレイ>に残す場合は<Gmailのメールを既読にする>、自動的にアーカイブする場合は<Gmailのメールをアーカイブする>、削除する場合は<Gmailのメールを削除する>を選択します。

14 <確認>という画面が表示されます。

15 <確認>をクリックすると、

16 <確認が完了しました>という画面が表示されます。

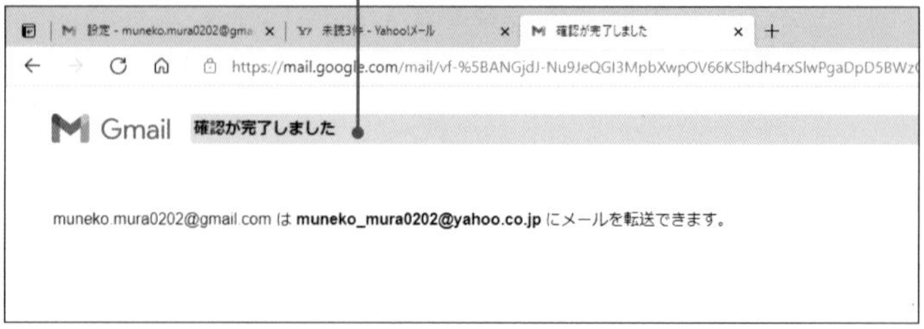

17 166ページを参照して<設定>画面を表示し、ここをクリックしてオンにし、

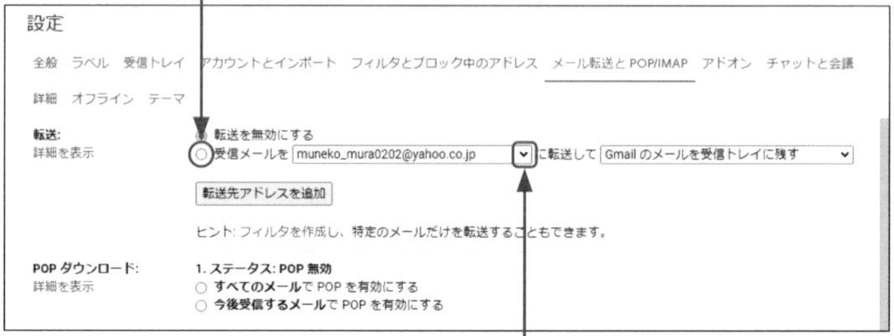

18 ここをクリックして、

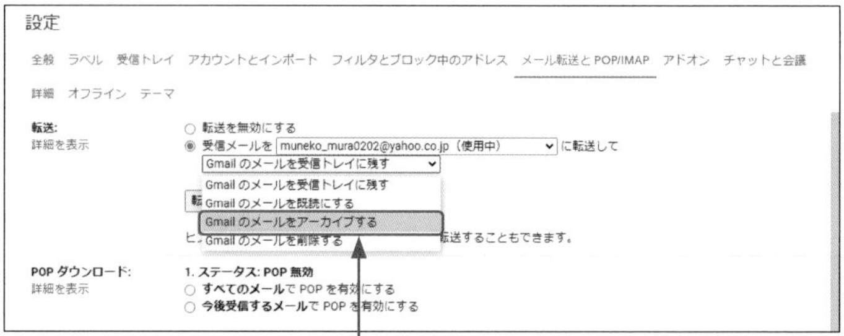

19 メールの処理方法をクリックします。

20 <変更を保存>をクリックします。

21 転送の設定がされました。

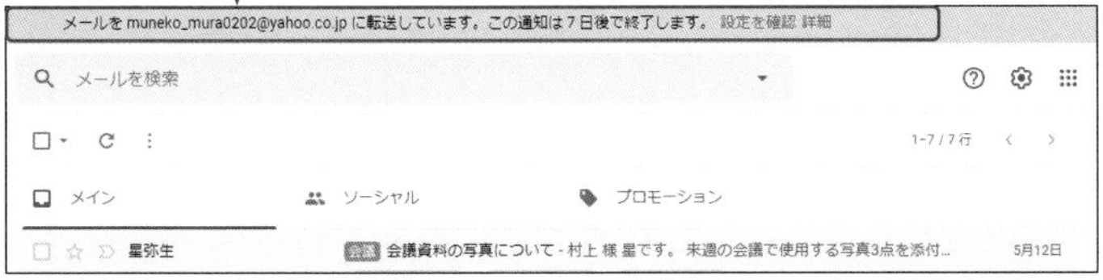

Memo 転送の確認

転送設定が終了すると、通知が表示されます。この通知は、転送設定後7日間はGoogleアカウント、もしくはGmailを起動するたびに表示されます。

2 自動転送の設定を削除する

1 166ページを参考に<設定>画面を表示します。

2 <メール転送とPOP/IMAP>タブをクリックし、

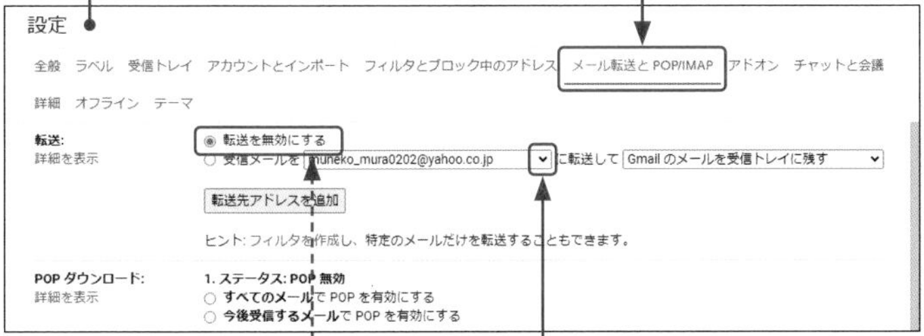

Hint参照

3 ここをクリックして、

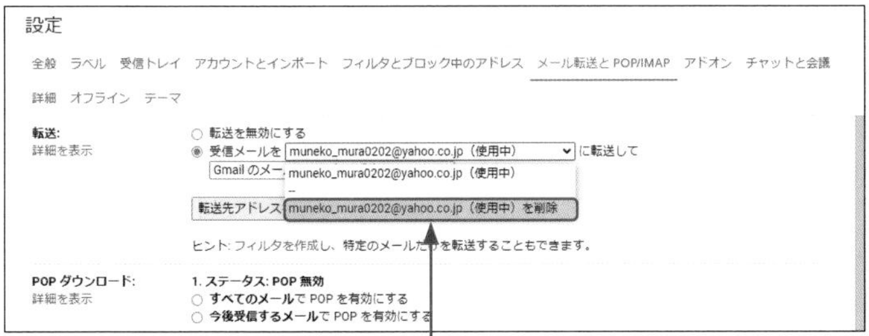

4 <(転送先のメールアドレス)を削除>をクリックします。

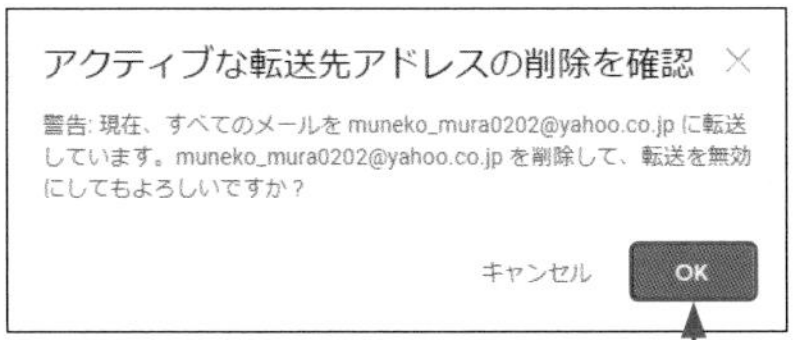

5 確認メッセージが表示されるので、<OK>をクリックします。

Hint 自動転送の無効

自動転送の設定には確認などの手間がかかります。今後利用する可能性がある場合は削除せず、手順2のあとに<転送を無効にする>をクリックしてオンにし、無効にしておくとよいでしょう。

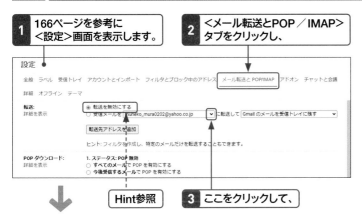

Section
64

特定のメールを自動転送しよう

キーワード
・自動転送
・フィルタ
・確認メール

受信したメールを別のメールアドレスに転送するには、<転送>をクリックして転送先のメールアドレスに送信します。Sec.63のように自動転送することも可能ですが、すべての受信メールの中から、特定の相手や特定の条件に一致するメールだけを転送することもできます。

1 フィルタを利用して特定のメールを転送する

Memo 転送するメール

自動転送機能では、すべてのメールを指定のメールアドレスに転送します（Sec.63参照）が、特定のメールを転送する場合はフィルタを利用するとよいでしょう。

1 Gmail画面で<設定>をクリックし、

2 <すべての設定を表示>をクリックして、

3 <設定>画面を表示します。

4 <フィルタとブロック中のアドレス>タブをクリックし、

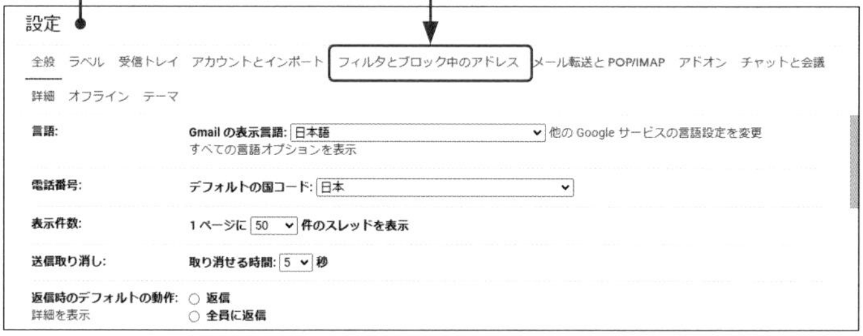

5 <新しいフィルタを作成>をクリックします。

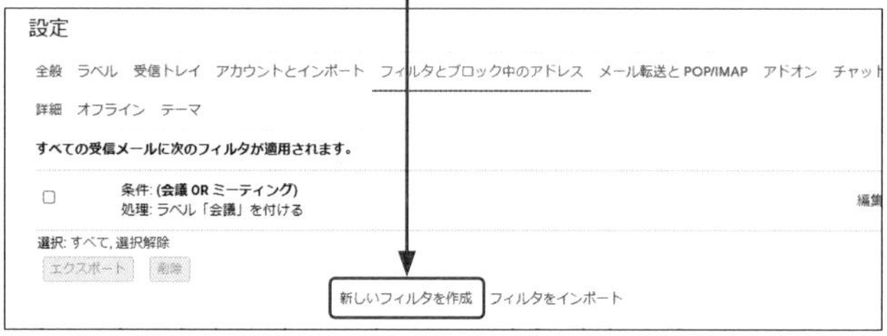

6 フィルタ作成画面が表示されます。

7 フィルタの条件を指定して(ここでは<From>に送信元メールアドレス)、

8 <フィルタを作成>をクリックします。

9 オプション画面が表示されます。

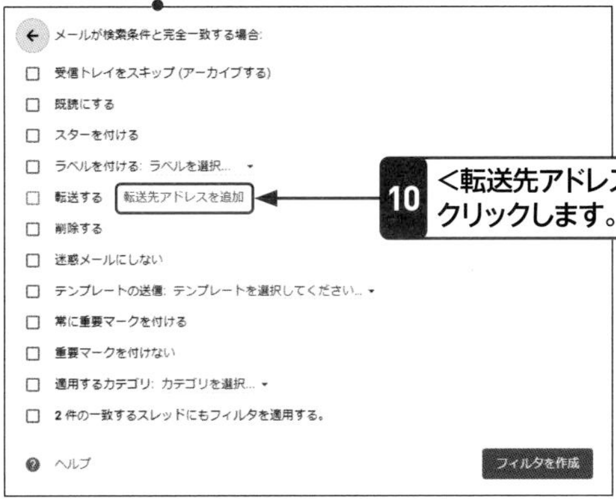

10 <転送先アドレスを追加>をクリックします。

11 <転送先アドレスを追加>をクリックし、

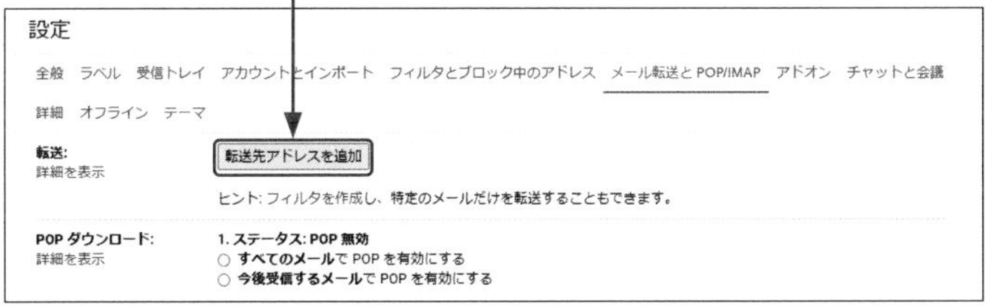

12 転送先のメールアドレスを入力します。

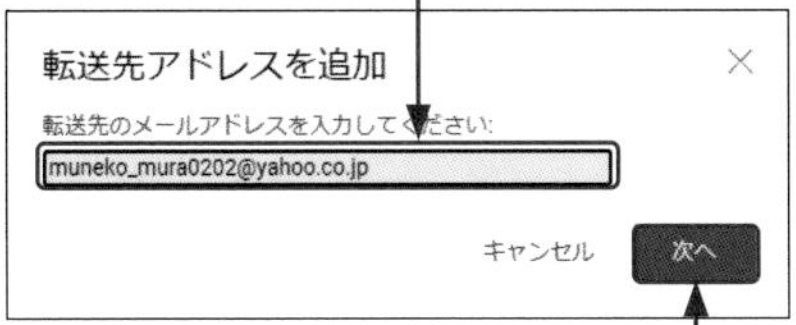

13 <次へ>をクリックすると、

Hint 転送先のメールアドレス

Sec.63の「すべてのメールを自動転送しよう」を操作して、すでに転送先アドレスを設定している場合、手順⓬での転送先のメールアドレスに同じものを使用することはできません。別のアドレスにするか、あらかじめ転送設定を削除しておきます(169ページ参照)。

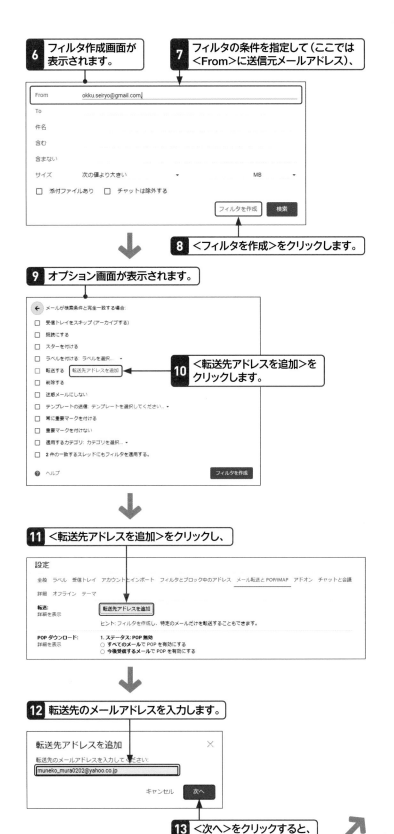

Hint 自動転送の承認

手順16で<OK>をクリックすると、転送先のアドレスに「Gmailの転送の確認」メールが届くので、転送先のメールを開いて、自動転送の承認を行います。承認には、リンクをクリックする方法と、確認コードを入力する方法があります（次ページのHint参照）。

14 確認のメッセージが表示されるので、

転送先アドレスの確認 - 個人 - Microsoft Edge
https://mail-settings.google.com/mail/u/0/?scd=1&...
muneko_mura0202@yahoo.co.jp をメールの転送先として追加します
続行
キャンセル

15 <続行>をクリックします。

転送先アドレスを追加
許可を確認するため、確認コードを muneko_mura0202@yahoo.co.jp に送信しました。
OK

16 <OK>をクリックします。

2 転送の設定を確認する

1 転送先のメールソフトを起動します（ここではYahoo!メール）。

次ページのHint参照

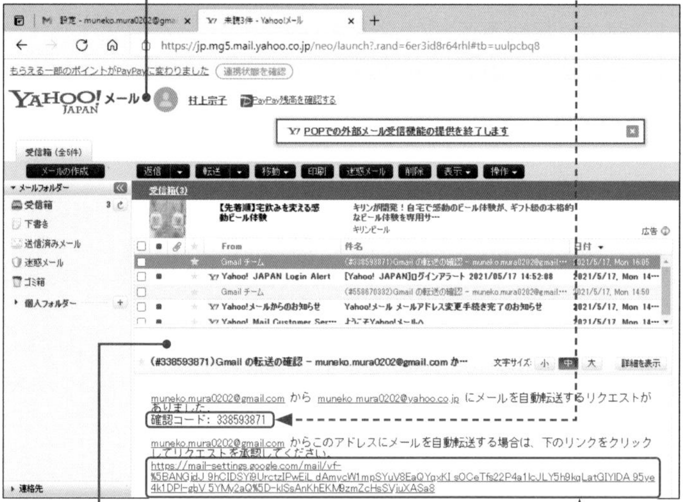
(#338593871) Gmail の転送の確認 - muneko.mura0202@gmail.com か…
muneko.mura0202@gmail.com から muneko.mura0202@yahoo.co.jp にメールを自動転送するリクエストがありました。
確認コード: 338593871

2 前ページの手順12で指定した転送先のメールアドレスに、転送の確認メールが届きます。

3 確認のリンクをクリックすると、

4 <確認>という画面が表示されます。

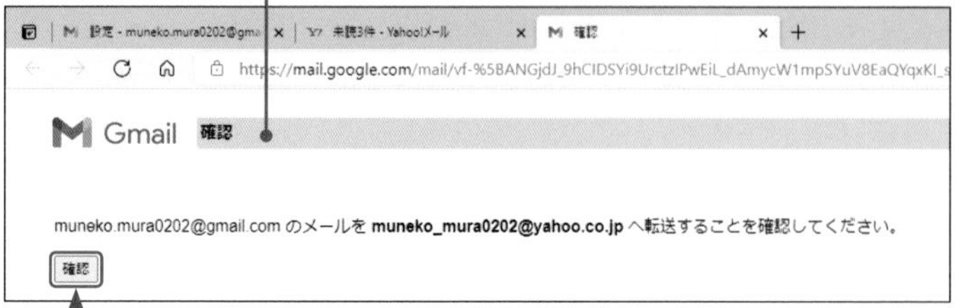
Gmail 確認
muneko.mura0202@gmail.com のメールを muneko_mura0202@yahoo.co.jp へ転送することを確認してください。
確認

5 <確認>をクリックすると、

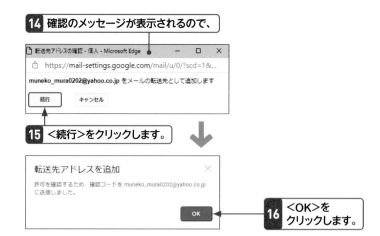

6 <確認が完了しました>という画面が表示されます。

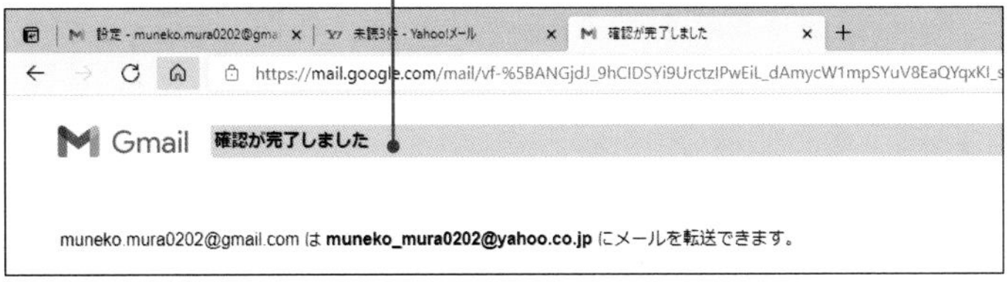

7 170ページを参照して<設定>画面を表示し、ここをクリックしてオンにし、

8 ここをクリックして、

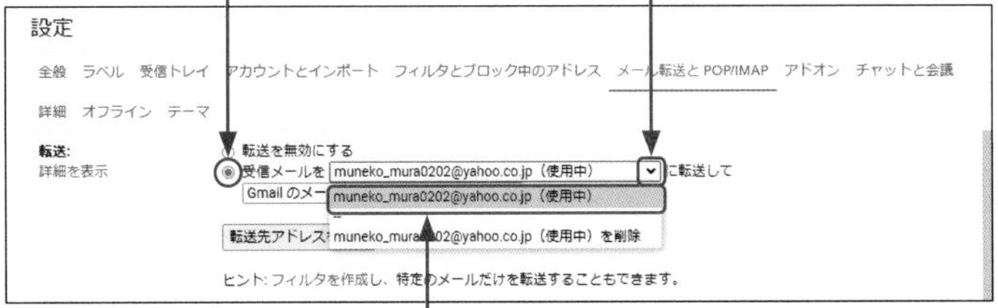

9 使用するメールアドレスをクリックします。

10 メールの処理をクリックします。

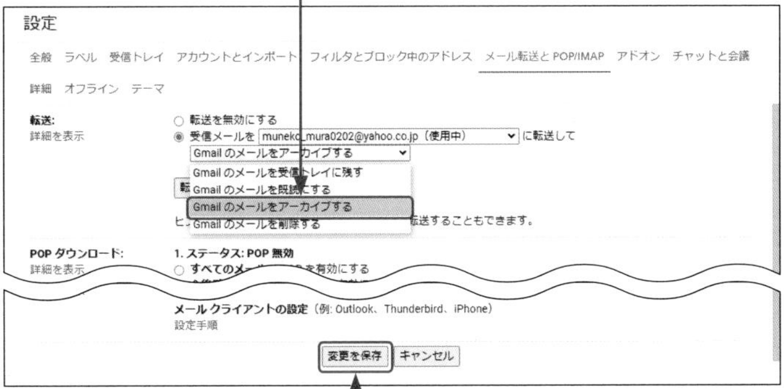

11 <変更を保存>をクリックします。

12 転送の設定がされました。

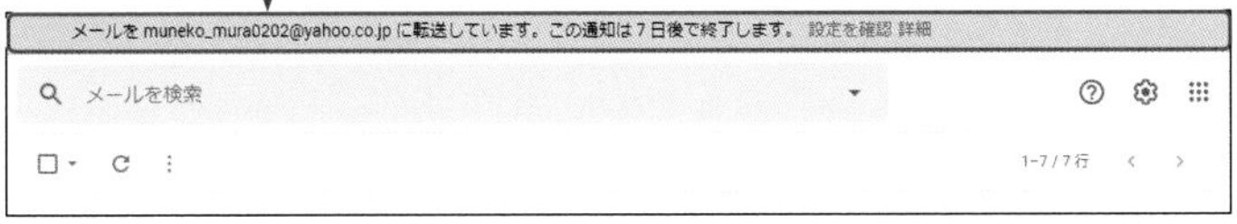

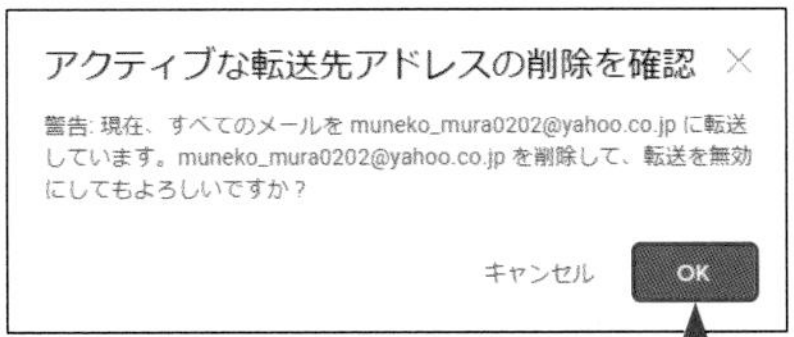

13 確認メッセージが表示されるので、<OK>をクリックします。

Step up 転送を無効にする

設定した転送を無効にしたい場合は、<設定>画面の<メール転送とPOP/IMAP>タブで<転送を無効にする>をオンにします。

Hint 確認コードの入力

確認のメールに記載されている確認コードを控え、<設定>画面の<確認コード>欄に入力すると、左の画面になります。

Section
65

誤って送信したメールを取り消そう

キーワード
・送信取り消し
・取り消せる時間

メールの作成途中で<送信>をクリックしてしまった、何も書かずに空メールを送ってしまったという経験があるでしょう。Gmailでは、メールの送信後に送信取り消しができる機能が用意されています。送信したあとの取り消せる時間を指定することをできます。

1 送信を取り消せる時間を変更する

Memo 送信取り消し機能

送信したメールを取り消す機能は、以前はGmail Labsの機能の1つでした。2015年6月に正式な機能として、<設定>画面の<全般>タブで設定できるようになりました。また、<送信>をクリックしてから取り消せる時間を5秒、10秒、20秒、30秒のなかから選ぶこともできます。

1 Gmail画面で<設定>をクリックし、

2 <すべての設定を表示>をクリックして、

3 <設定>画面を表示します。

4 <全般>タブをクリックし、

5 ここをクリックして、

6 取り消せる時間をクリックします(ここでは<30>)。

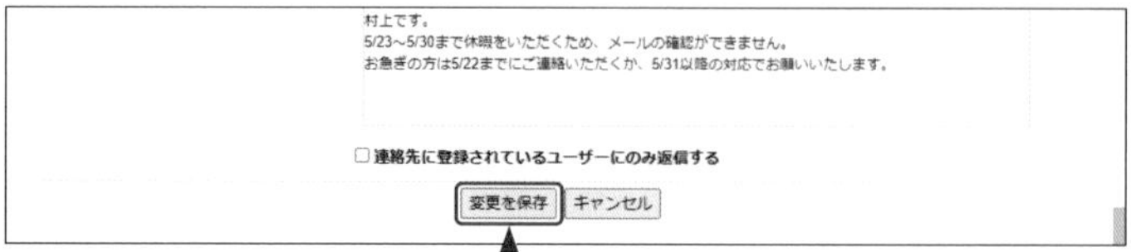

7 <変更を保存>をクリックします。

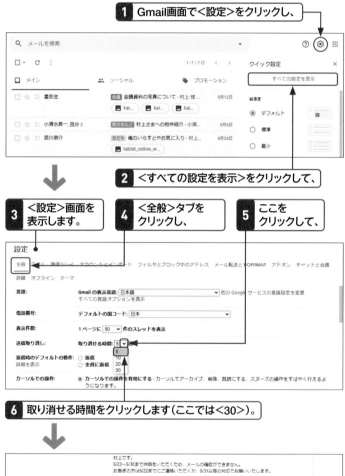

2 送信取り消しを使用する

1 Gmail画面で＜作成＞をクリックして、

2 新しいメールを作成します。

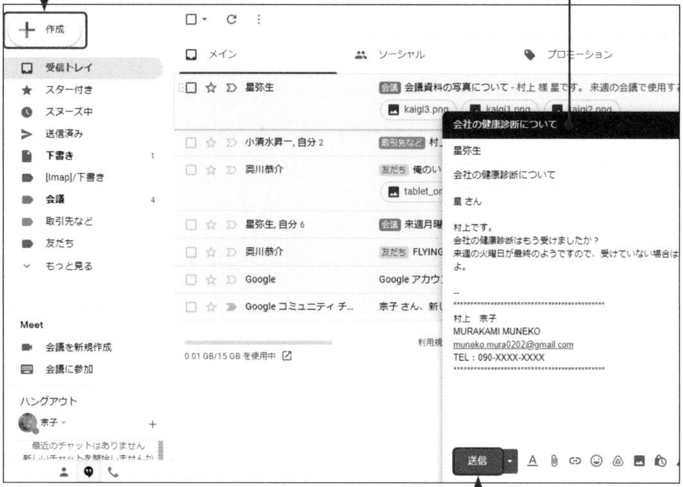

3 ＜送信＞をクリックすると、

4 メールを送信しましたというメッセージが表示されます。

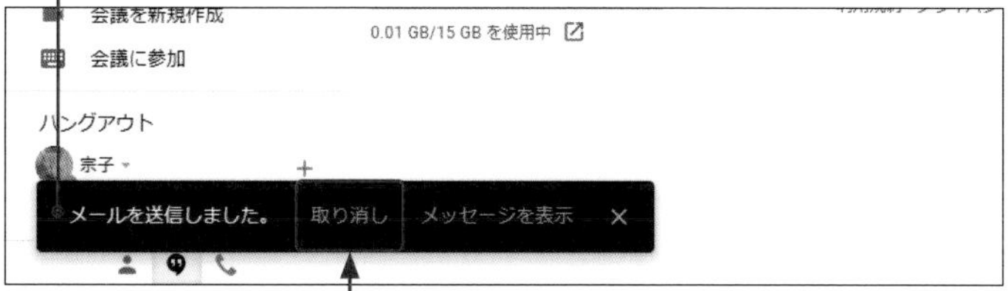

5 ＜取り消し＞をクリックすると、

6 メールの送信がキャンセルされ、メールの作成画面に戻ります。

Memo 送信を取り消す

メールを作成して＜送信＞をクリックすると、＜メッセージを送信しました。＞と＜取り消し＞＜メッセージを表示＞が表示されます。前ページの手順5で指定した時間までに＜取り消し＞をクリックすれば、メールの送信を取り消すことができます。この表示が消えたあとで取り消しはできません。

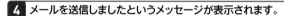

Section 66

別のメールアドレスを追加して送信しよう

キーワード
- メールアドレスの追加
- メールアドレスの使い分け
- SMTP

Gmailでは、別のメールアドレスを追加して、そのメールアドレスからメールを送信することができます。なお、追加するメールアドレスは、実際に自分が送受信できるメールアカウントのみです。

1 別のメールアドレスを追加する

Memo 別のメールアドレスを追加する

Gmailでは、別のメールアドレスを追加して、そのメールアドレスからメールを送信することができます。ここでは、Yahoo!メールのメールアドレスを追加する方法を紹介します。

1 Gmail画面で<設定>をクリックし、

2 <すべての設定を表示>をクリックして、

3 <設定>画面を表示します。

4 <アカウントとインポート>タブをクリックし、

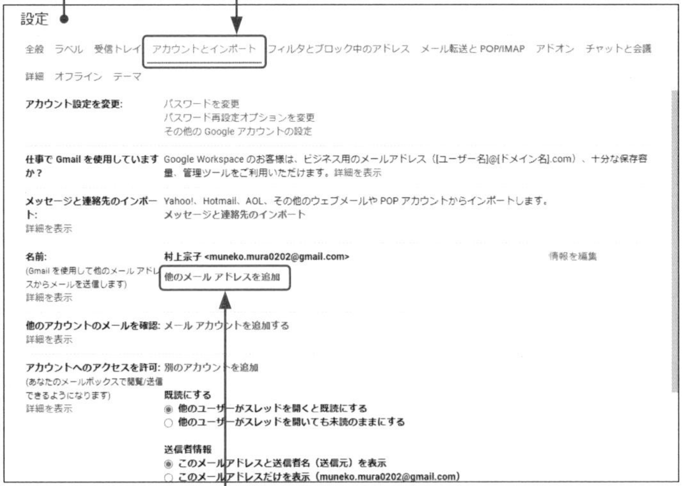

5 <他のメールアドレスを追加>をクリックします。

Hint 追加したメールアドレスでメールの受信も行うには

ここで追加したメールアドレスは、メールの送信のみしか行えず、受信は行えませんので注意してください。

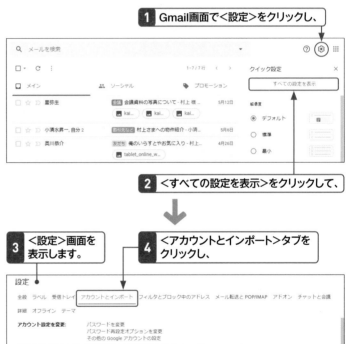

6 追加するアドレスの名前を入力し、

7 メールアドレスを入力して、

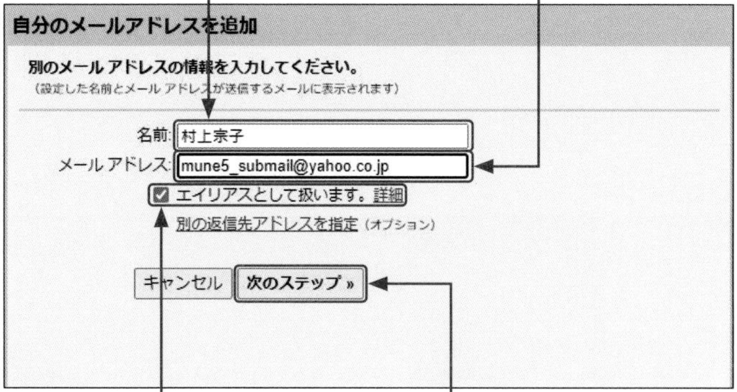

8 ここをクリックしてオフにし（右上のMemo参照）、

9 ＜次のステップ＞をクリックします。

10 パスワードを入力し、

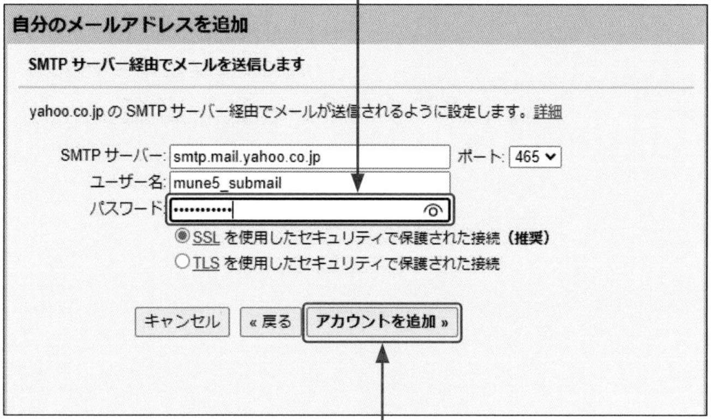

11 ＜アカウントを追加＞をクリックします。

12 認証情報が確認されます。

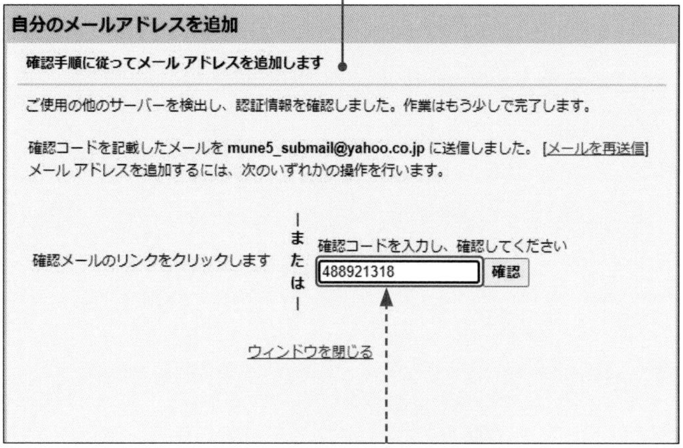

次ページのHint参照

Memo エイリアスの設定

エイリアスとは、「別名」という意味で、もとのアカウントの別名として扱われます。ここでは、別のメールアドレスとして設定するので、手順8ではオフにします。なお、エイリアスについては、Sec.67を参照してください。

Memo SMTPサーバー情報

手順10の画面では、自動的にSMTPサーバー情報が入力されていますが、サーバーによっては手動で入力する必要がある場合もあります。その際は、メールアドレスを取得した際に提供されたサーバー名やポート番号を入力します。

Hint Gmail経由の場合

手順10の画面は、Yahoo!メールを使用しているため、SMTPサーバー経由の設定を行いますが、設定するメールアドレスがGmailの場合はGmail経由となります。
Gmailの場合は、手順9のあとで以下の画面が表示されるので、＜確認メールの送信＞をクリックします。指定したメールアドレスでGmailからの確認メールを受信すると、手順11の画面に戻るので、引き続き設定を行います。

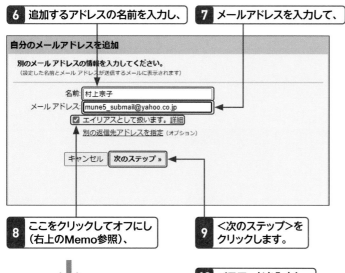

Hint　そのほかの方法

手順14のメールのリンクをクリックせずに、記載されている確認コードを前ページの手順12の画面の<確認コード>欄に入力しても承認できます。

13 手順7で指定した転送先のメールアドレスに、転送の確認メールが届きます。

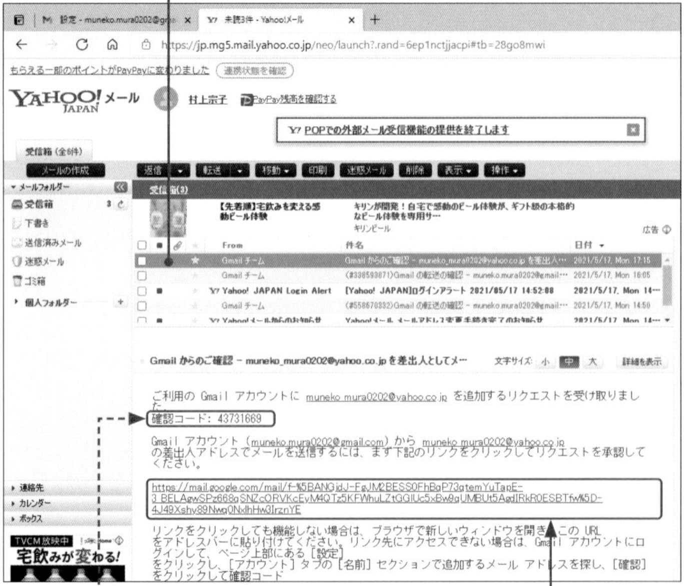
Gmail からのご確認 - muneko_mura0202@yahoo.co.jp を差出人としてメ…
ご利用の Gmail アカウントに muneko.mura0202@yahoo.co.jp を追加するリクエストを受け取りました。
確認コード: 43731669
Gmail アカウント（muneko.mura0202@gmail.com）から muneko.mura0202@yahoo.co.jp の差出人アドレスでメールを送信するには、まず下記のリンクをクリックしてリクエストを承認してください。

次ページのHint参照

14 確認のリンクをクリックすると、

15 <確認>という画面が表示されます。

Gmail 確認
としてメールを送信することを確認してください。
Gmail アカウントに戻るには次をクリックしてください: https://mail.google.com。
確認

16 <確認>をクリックすると、

17 <確認が完了しました>という画面が表示されます。

18 <タブを閉じる>をクリックします。

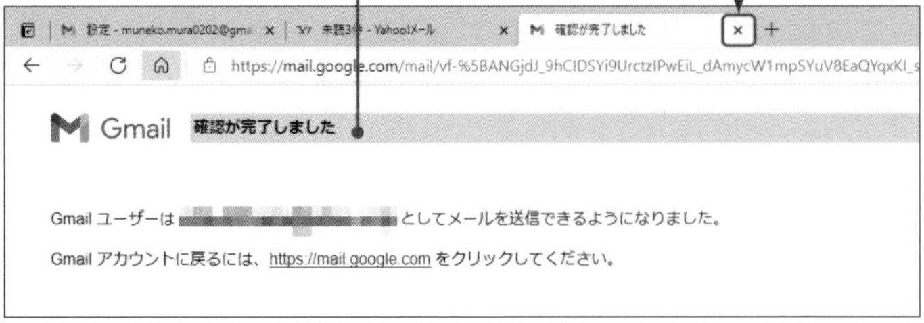
Gmail 確認が完了しました
Gmail ユーザーは としてメールを送信できるようになりました。
Gmail アカウントに戻るには、https://mail.google.com をクリックしてください。

19 メールアドレスが追加されました。

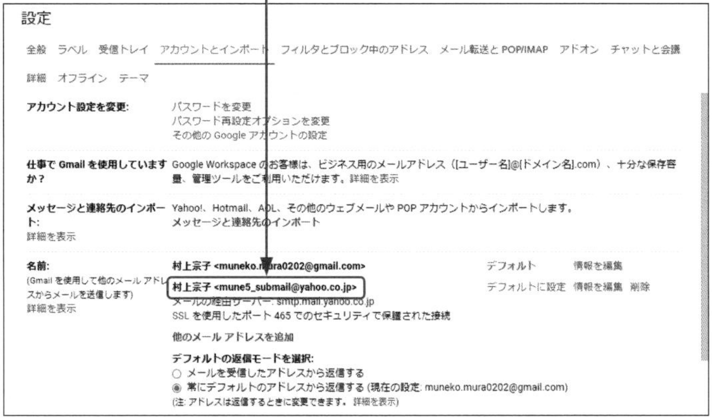

Memo **メールアドレスの編集と削除**

追加したメールアドレスは、編集したり、削除したりすることができます。＜設定＞画面の＜アカウントとインポート＞タブの＜名前＞で、メールアドレスの右にある＜情報を編集＞をクリックすると編集画面が表示されます。＜削除＞をクリックすると、メッセージが表示されるので、＜OK＞をクリックします。

2 別のメールアドレスで送信する

1 ＜受信トレイ＞をクリックして、Gmail画面に戻ります。

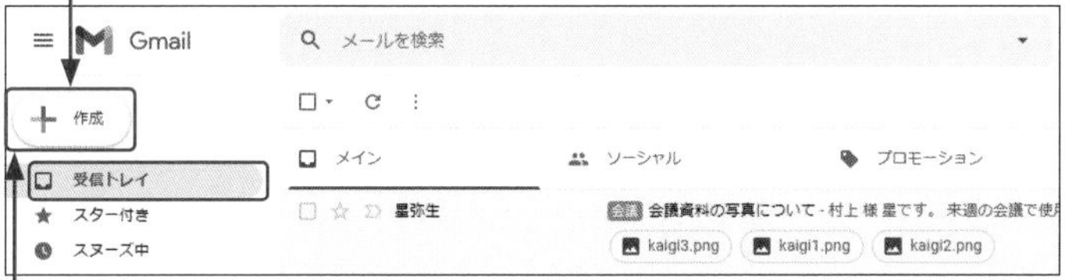

2 ＜作成＞をクリックし、

3 新規メッセージ作成画面を表示します。

4 ここをクリックし、

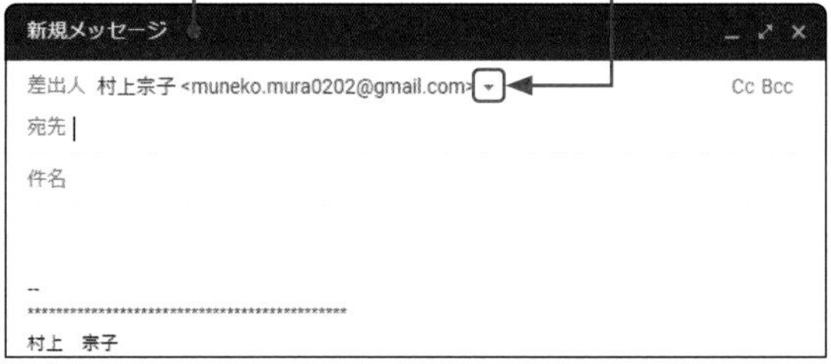

5 送信に使用するメールアドレスをクリックします。

6 あとは通常の手順でメールを作成して、送信します。

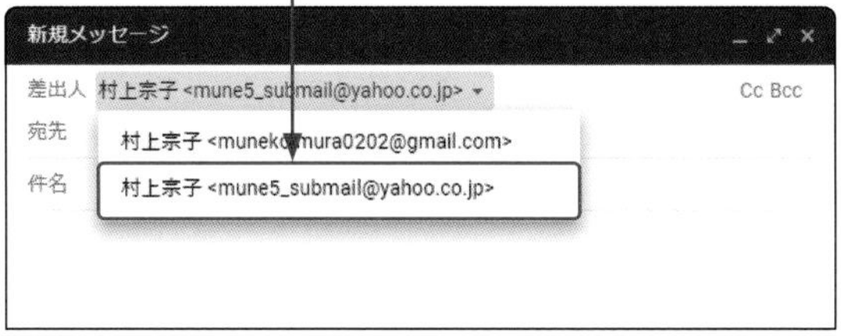

Memo **複数のメールアドレスを利用する**

複数のメールアドレスを利用する場合、新規メッセージ作成画面の＜From＞欄に▼が表示されるので、クリックして、使用するメールアドレスをクリックします。

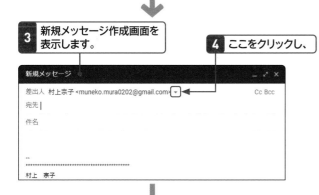

Section 67

エイリアス機能で別のメールアドレスを作ろう

キーワード
・エイリアス
・メールアドレスの作成
・メールアドレスの使い分け

Gmailのエイリアス機能を利用すると、1つのアカウントで複数のメールアドレスを作成し、使い分けることができます。エイリアスとは、別名という意味で、通常のメールアドレスの「ユーザー名@gmail.com」に「ユーザー名+任意の文字列@gmail.com」と別名を追加するだけで利用できます。

1 同じアカウントで別のメールアドレスを作成する

Key word エイリアス

エイリアスとは、別名という意味です。Gmailでは、通常のメールアドレス(「ユーザー名@gmail.com」)以外にも、エイリアスのメールアドレスを設定できます(下記のHint参照)。

1 Gmail画面で<設定>をクリックし、

2 <すべての設定を表示>をクリックして、

3 <設定>画面を表示します。

4 <アカウントとインポート>タブをクリックして、

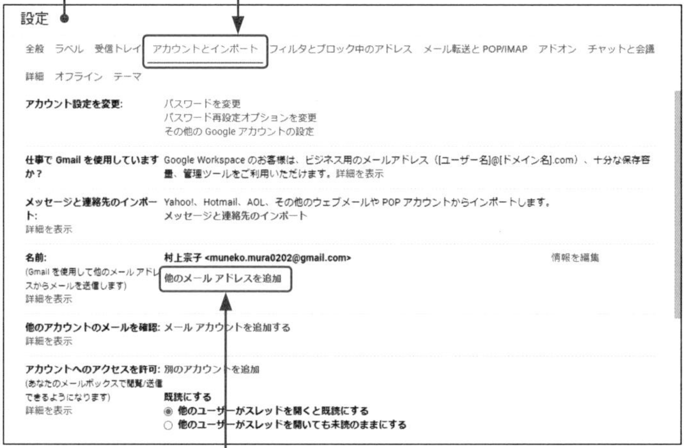

5 <他のメールアドレスを追加>をクリックします。

Hint エイリアスのメールアドレス設定

エイリアスのアドレスを設定するには、Gmailの「ユーザー名」と「@gmail.com」の間に「+」と「任意の文字列」を追加するだけで、作成するアドレスの数の制限はありません。
任意の文字列は自由に設定できるので、複数のエイリアスが作成可能です。

example@gmail.com
- example+school@gmail.com
- example+sports@gmail.com
- example+work@gmail.com
- example+private@gmail.com
- example+soccer@gmail.com

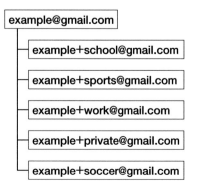

6 ＜自分のメールアドレスを追加＞画面が表示されます。

7 メールアドレスを入力して、

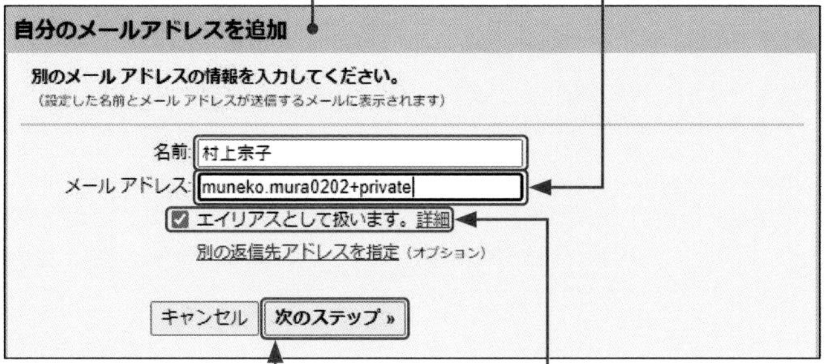

8 ＜次のステップ＞をクリックします。

ここがオンになっていることを確認します。

9 設定されます。

10 ＜受信トレイ＞をクリックして、Gmail画面に戻ります。

2 エイリアスのメールアドレスを利用して送信する

1 Gmail画面の＜作成＞をクリックして、新規メッセージ作成画面を表示します。

2 ここをクリックして、

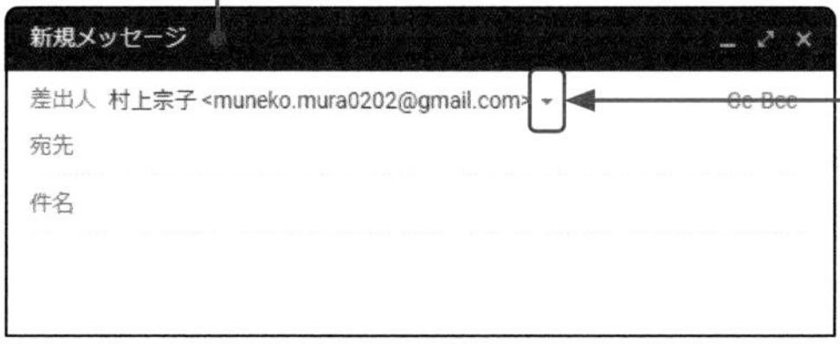

3 エイリアスのメールアドレスをクリックします。

4 あとはメールを作成して、送信します。

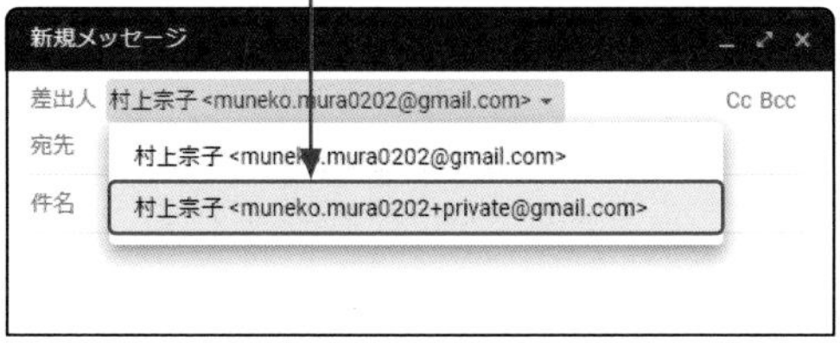

Hint 設定したメールアカウントの編集と削除

＜名前＞のメールアドレスにある＜情報を編集＞をクリックすると、編集できます。削除する場合は＜削除＞をクリックし、確認メッセージで＜OK＞をクリックします。

クリックします。

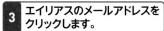

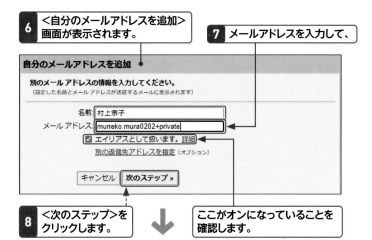

Section 68

長期不在時にメッセージを自動返信しよう

キーワード
・不在通知
・自動返信
・不在通知の解除

出張などで長期不在時にメールが届いても、返事ができないと、相手に迷惑がかかる場合もあります。そういうときは、不在であることを受信したメールに自動的に返信できる不在通知機能を利用しましょう。また、すべての受信メールに返信するのではなく、連絡先に登録した相手のみに限定することも可能です。

1 不在通知の設定をする

Key word 不在通知

仕事の場合、長期不在やメールの受信できない状況でメールが送られてきた場合、送った相手が返事を待っていることもあります。こういうときは、何日まで不在である、ということを知らせておくことが大事です。Gmailには、不在通知機能があり、受信したメールに対して不在であることを自動で返信することができます。仕事上の問い合わせメールに数日返信しなければ、業務にも支障が出ます。もちろん、連絡がくると予想される人には、不在になる旨を事前に伝えておくこともマナーです。

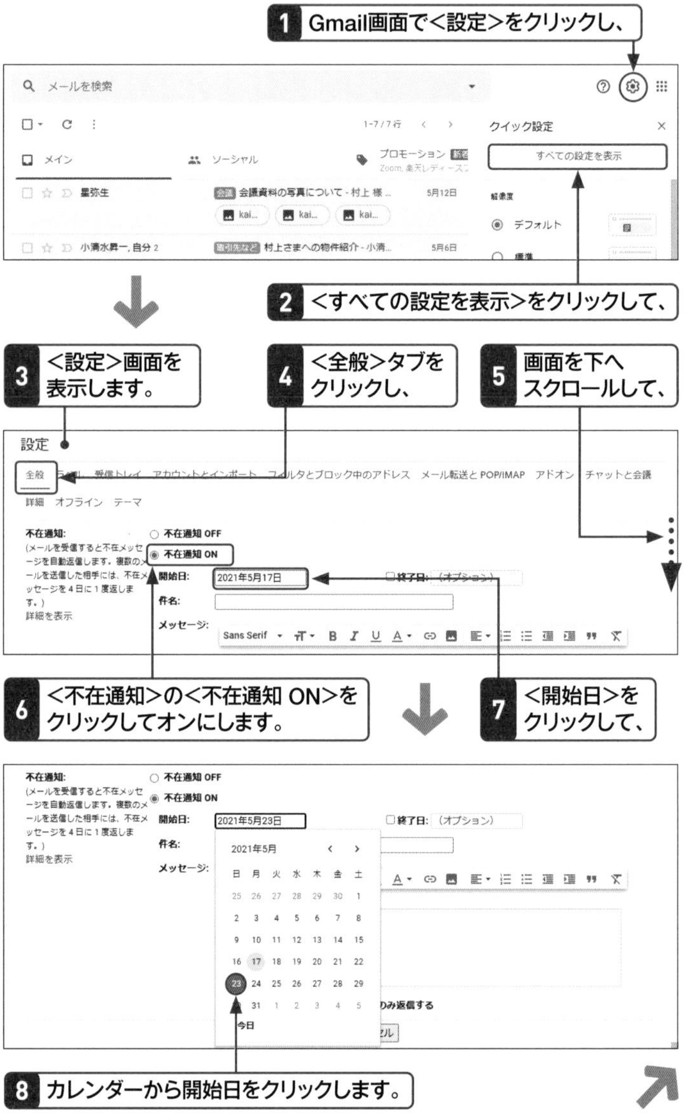
1 Gmail画面で＜設定＞をクリックし、
2 ＜すべての設定を表示＞をクリックして、
3 ＜設定＞画面を表示します。
4 ＜全般＞タブをクリックし、
5 画面を下へスクロールして、
6 ＜不在通知＞の＜不在通知 ON＞をクリックしてオンにします。
7 ＜開始日＞をクリックして、
8 カレンダーから開始日をクリックします。

9 必要であれば、終了日を指定します。<終了日>をクリックしてオンにして、

10 カレンダーから終了日をクリックします。

11 <件名>を入力し、

12 <メッセージ>を入力して、

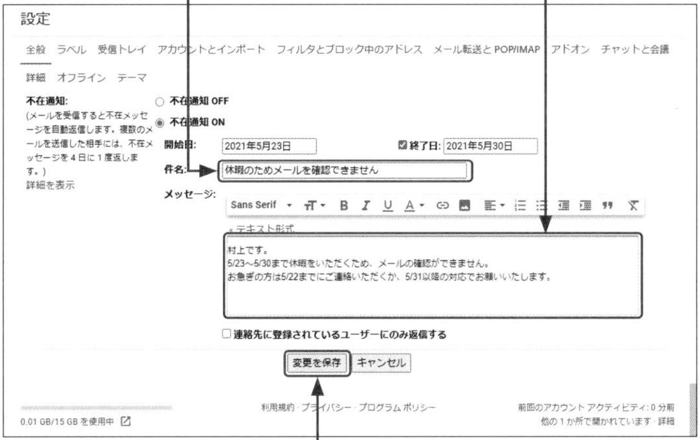

13 <変更を保存>をクリックします。

受信したメールの相手には、このようなメールが自動的に届きます。

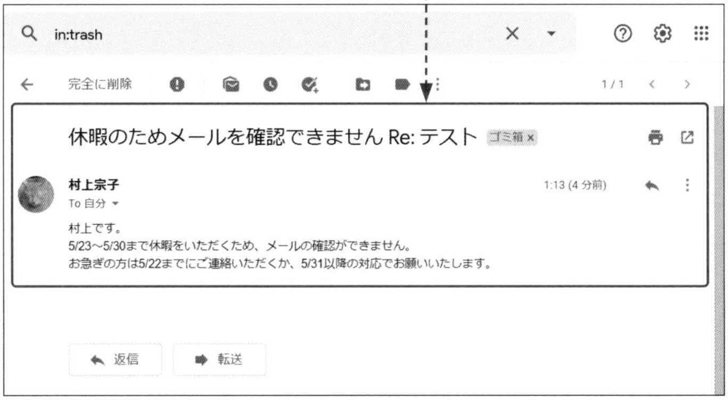

Memo 終了日

通常、出社したり旅行から帰宅したり、メールの受信を確認できる日が不在通知を終わらせる日になるので、終了日をあえて設定しなくてもかまいません。

Step up 連絡先のメンバーに限定する

不在通知の設定は、すべての受信メールに対して機能するので、広告メールなどにも返信してしまいます。メールが送られてくる大事な相手はすべて連絡先に登録しておき、登録している連絡先のメンバーのみに返信できるように設定することをおすすめします。限定するには、手順**12**のメッセージ欄の下にある<連絡先リストのメンバーにのみ返信する>をオンにします。

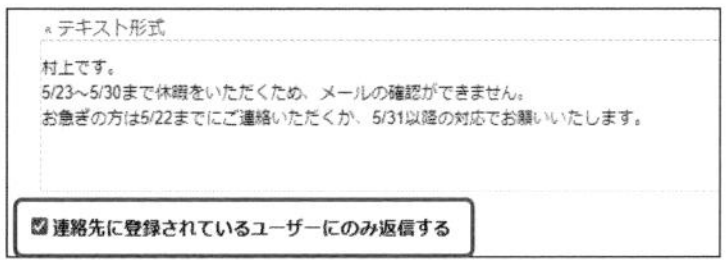

Memo 不在通知の解除

前ページの手順**6**で<不在通知 OFF>をオンにし、<変更を保存>をクリックします。入力したメッセージは残されているので、次回設定するときにも利用できます。あるいは、Gmail画面に表示されている<今すぐ終了>をクリックしても解除できます。

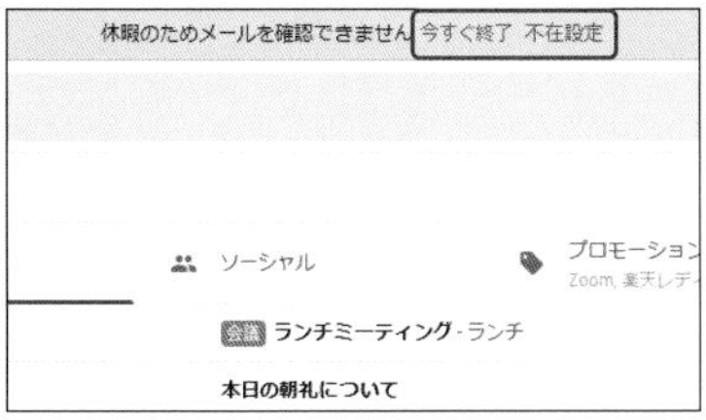

Section 69

返信定型文を利用しよう

キーワード
- 返信定型文
- 自動返信
- 署名

メールを作成するとき、ほとんど同じような文面を使うことがあります。毎回同じ文面を入力するのは、効率的ではありません。こういうときは、返信定型文を利用して、よく使う文面を保存しておくと、メール作成時にその文面を流用することができます。挨拶文などのほかに、署名としても利用できます。

1 返信定型文機能を設定する

Keyword 返信定型文

返信定型文とは、よく使用する文面を保存しておき、メール作成フォームに引用できる機能です。

Hint 新規メッセージ作成画面

手順7のように新規メッセージ作成画面が表示されない場合は、Gmail画面の<作成>をクリックして、作成画面を表示します。

Step up 署名を定型文にする

署名は<設定>画面の<全般>タブにある<署名>欄で設定できますが、定型文を入力する際に、自分の名前や連絡先などの署名を作成しておくことでも、メッセージ作成時に署名として利用することができます。

1 Gmail画面で<設定>をクリックし、

2 <すべての設定を表示>をクリックして、

3 <設定>画面を表示します。

4 <詳細>タブをクリックし、

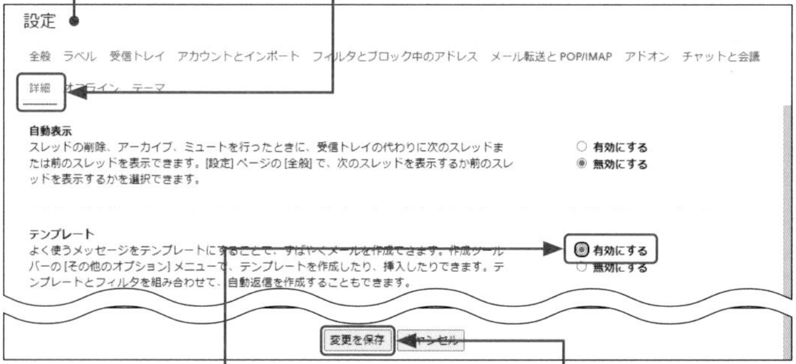

5 <テンプレート>の<有効にする>をクリックしてオンにし、

6 <変更を保存>をクリックします。

7 自動的に新規メッセージ画面が表示されるので（Hint参照）、

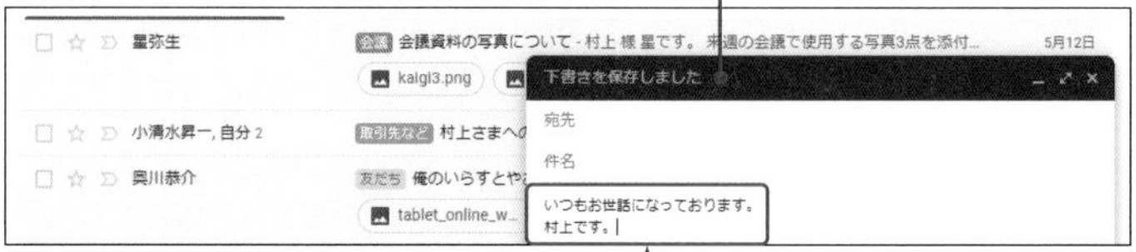

8 テンプレートにしたい文章を入力します。

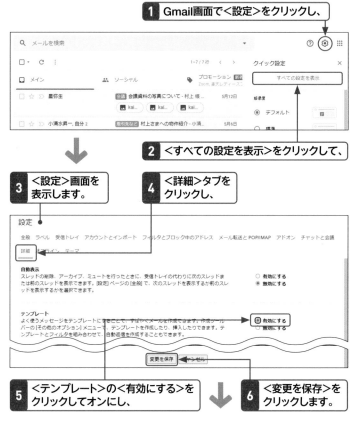

9 <その他のオプション>をクリックします。

10 <テンプレート>をクリックし、

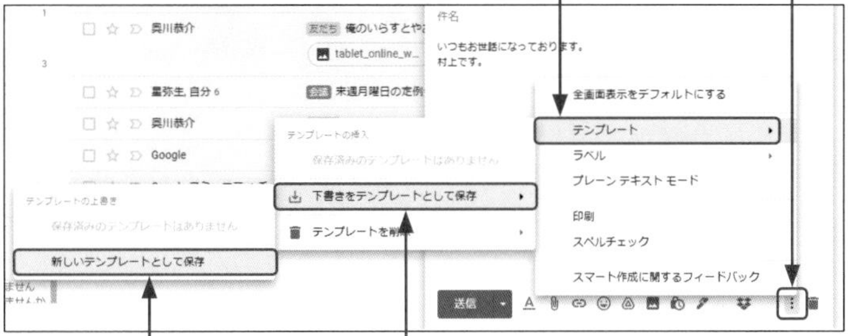

11 <下書きをテンプレートとして保存>をクリックして、

12 <新しいテンプレートとして保存>をクリックします。

13 テンプレートの名前を入力して、

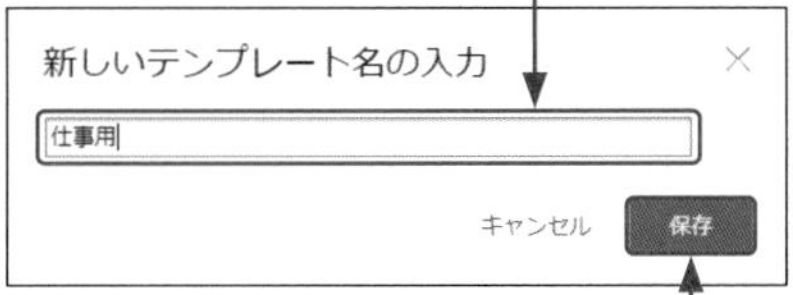

14 <保存>をクリックすると、文面が保存されます。

Step up　返信定型文を自動送信する

フィルタを作成すれば、特定のメールに返信定型文を使用して自動送信できます。フィルタでメールの条件を指定し、検索オプションの詳細画面で<返信定型文を送信>をオンにし、返信定型文の名前を指定してフィルタを作成しましょう。フィルタの作成については、Sec.43を参照してください。

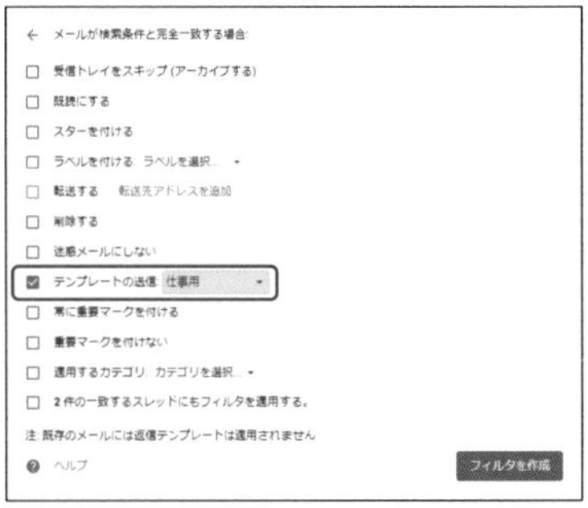

2 返信定型文機能を利用する

1 返信あるいは新規メッセージ作成画面で、挿入したい位置にカーソルを移動します。

2 <その他のオプション>をクリックし、

3 <テンプレート>をクリックして、

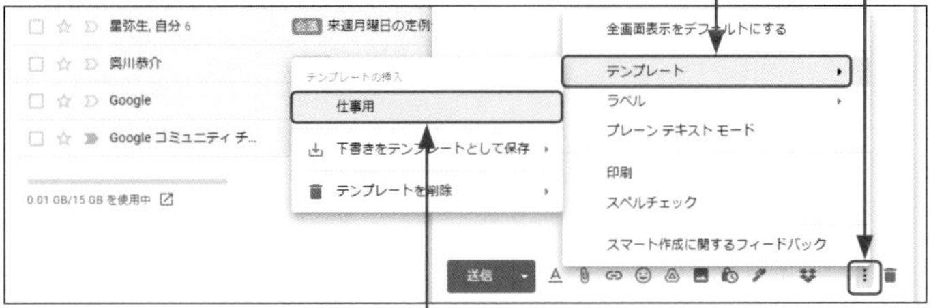

4 作成したテンプレートをクリックします。

5 定型文が挿入されます。

Memo　定型文を削除する

設定した定型文を削除するには、手順 **3** で表示されるメニューの<テンプレートを削除>をクリックします。確認メッセージが表示されるので、<削除>をクリックします。

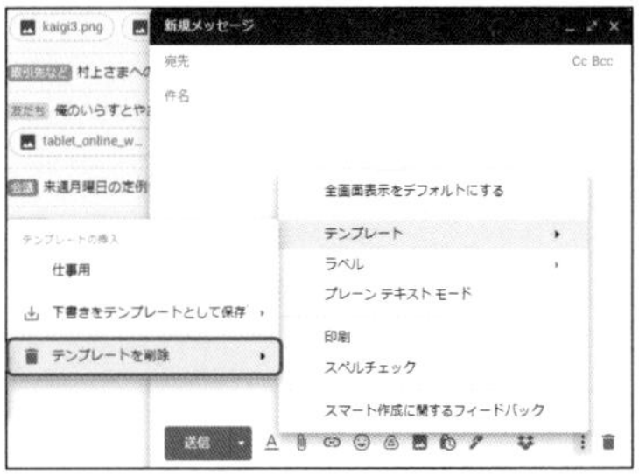

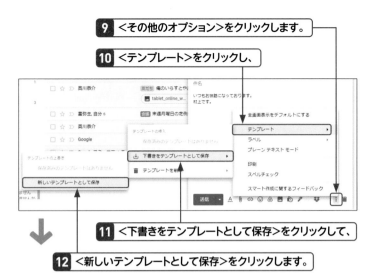

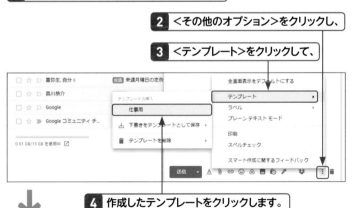

Section
70
検索演算子で複雑なメール検索をしてみよう

キーワード
・検索
・検索演算子

Gmailの検索ボックスを利用すれば、一般的なメール検索を行うことができます（Sec.20参照）。このほかにGmailには検索演算子が用意されており、これを使うことによって、より複雑な検索が可能になります。

1 メールサイズを指定して検索する

Memo 検索演算子の使いどころ

Gmailをパソコンで利用している場合は、検索オプションを使うとたいていの検索が可能です。ただし、AndroidスマホやiPhoneのGmailには検索オプションがないため、これらでGmailを使う場合は、検索演算子は便利です。

1 Gmail画面で<受信トレイ>を表示し、

2 検索ボックスに<size:300kb>と入力して Enter をクリックします。

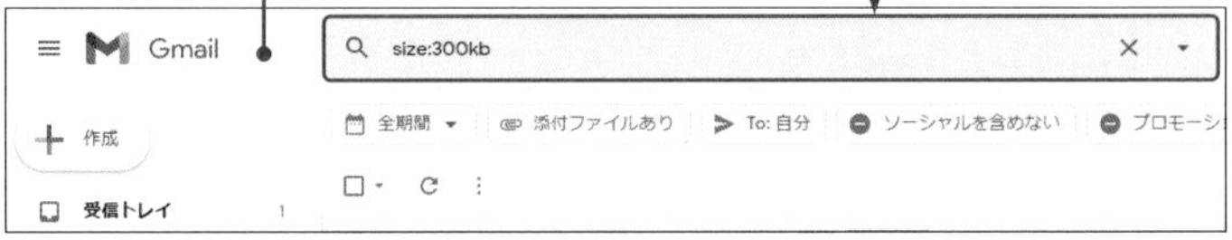

3 指定したサイズ以上のメールのみが表示されます。

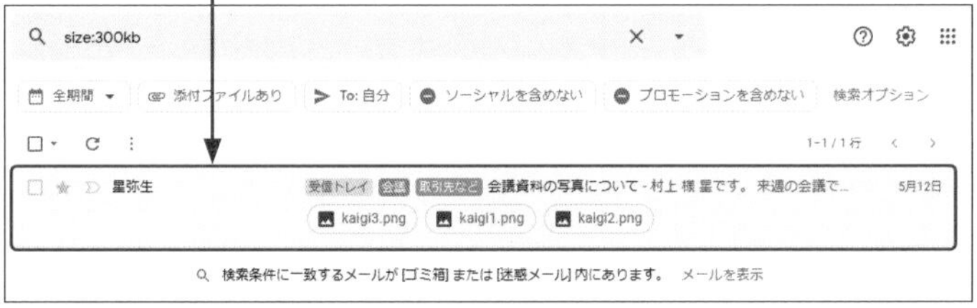

2 未読のメールを検索する

Memo おもな検索演算子

本文で紹介した以外のおもな検索演算子は以下のとおりです。

from:	メール送信元で検索する。
to:	メール送信先で検索する。
subject:	メールの件名で検索する。
cc:	CCの送信先で検索する。
larger:	指定したサイズより大きいメールを検索する（size:と同じ）。
smaller:	指定したサイズより小さいメールを検索する。
in:inbox	受信トレイと送信済みメールから検索する。

1 Gmail画面で<受信トレイ>を表示し、

2 検索ボックスに<label:unread>と入力して Enter をクリックします。

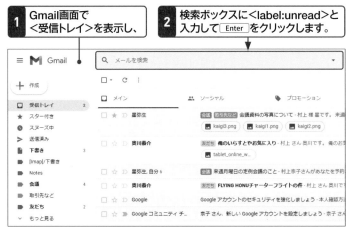

3 アーカイブを含め未読のメールが表示されます。

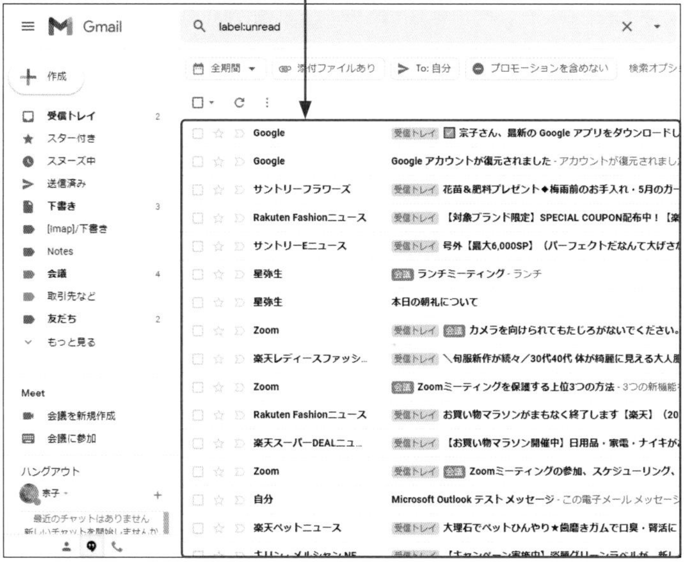

3 添付ファイル付きのメールを検索する

1 Gmail画面で<受信トレイ>を表示し、

2 検索ボックスに<has:attachment>と入力して Enter をクリックします。

3 添付ファイルが付いたメールが表示されます。

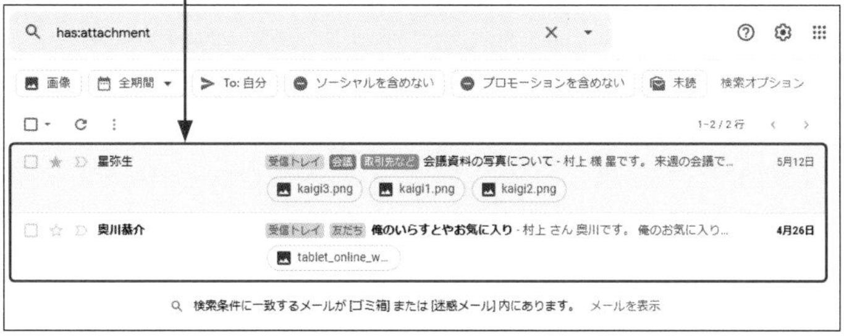

Memo 複数のキーワードを指定できる演算子

ここで紹介した検索演算子は単独で実行していますが、複数のキーワードやコマンドを指定して検索することもできます。

スペース	スペースでつなげたキーワードやコマンドを含んだものを検索する。
OR	ORでつなげたキーワードやコマンドのいずれかを含むものを検索する。
-	キーワードの先頭に-(ハイフン)を付けると、そのキーワードを除いたものを検索する。
( )	カッコ内にあるキーワードやコマンドの両方を含むものを検索する。

Section 71

他人にアクセスされていないかチェックしよう

キーワード
- アカウントアクティビティ
- アカウントの使用履歴
- セッションのログアウト

Gmailには、不正アクセスを監視するアカウントアクティビティ機能が用意されています。この機能を利用し、自分のアカウントの使用履歴を一覧表示して、データを確認する方法を覚えておきましょう。また、外部からのログインが疑われるときはログアウトさせることができます。

1 アカウントアクティビティを確認する

Keyword アカウントアクティビティ

アクティビティとはアカウントの使用履歴のことで、アカウントの履歴から不審なアクティビティがないかを確認する機能です。

Memo 前回のアカウントアクティビティ

＜前回のアカウントアクティビティ＞は、Gmail画面のメール一覧の右下に表示されます。＜受信トレイ＞でなくても、＜送信済みメール＞などほかのラベルを表示していてもかまいません。

Memo セキュリティの強化

Gmailのアカウントは、ユーザー名とパスワードさえ正しければ、どこからでもかんたんにログインできます。これは、外出先にあるパソコンなどでも使用できるのでパソコンを持たなくても利用できるのでとても便利です。しかしその反面、セキュリティの点では万全とは言い切れな面があります。日ごろからアカウントアクティビティの機能を利用し、自分のアカウントの使用履歴を確認しておくことをおすすめします。

1 Gmail画面を表示します。

2 画面右下に<前回のアカウントアクティビティ>が表示されるので、時間を確認します。

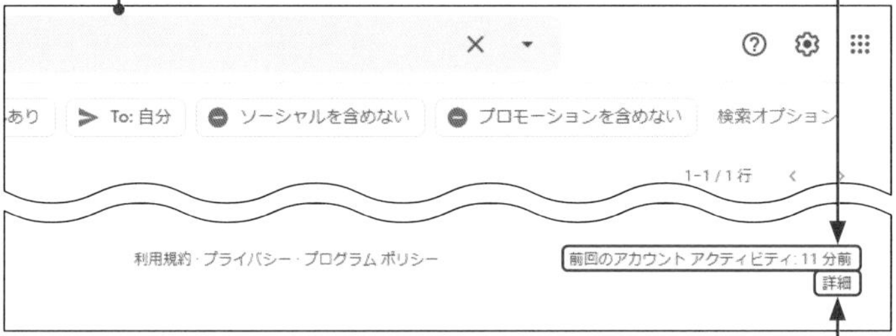

3 <詳細>をクリックすると、

4 <このアカウントのアクティビティ>画面が表示されます。

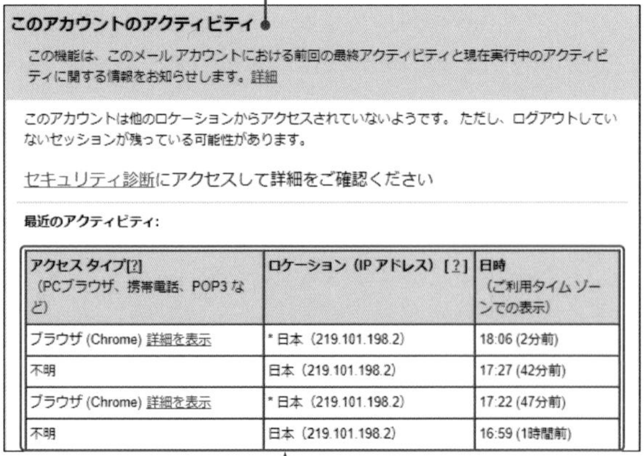

このアカウントのアクティビティ

この機能は、このメール アカウントにおける前回の最終アクティビティと現在実行中のアクティビティに関する情報をお知らせします。詳細

このアカウントは他のロケーションからアクセスされていないようです。 ただし、ログアウトしていないセッションが残っている可能性があります。

セキュリティ診断にアクセスして詳細をご確認ください

最近のアクティビティ:

アクセス タイプ[?]（PCブラウザ、携帯電話、POP3 など）	ロケーション（IP アドレス）[?]	日時（ご利用タイム ゾーンでの表示）
ブラウザ (Chrome) 詳細を表示	* 日本（219.101.198.2）	18:06 (2分前)
不明	日本（219.101.198.2）	17:27 (42分前)
ブラウザ (Chrome) 詳細を表示	* 日本（219.101.198.2）	17:22 (47分前)
不明	日本（219.101.198.2）	16:59 (1時間前)

5 <アクセスタイプ><ロケーション（IPアドレス）><日時>のデータを確認できます。

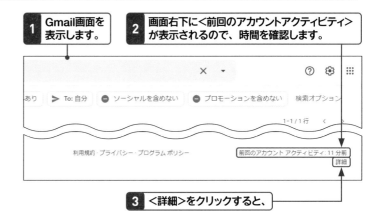

2 セキュリティ診断を確認する

1 前ページの手順3を実行して、＜このアカウントのアクティビティ＞画面を表示して、

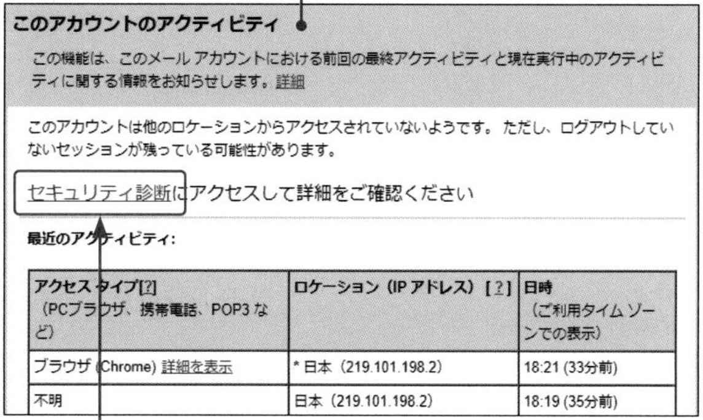

2 ＜セキュリティ診断＞をクリックします。

3 アカウントに関するセキュリティの一覧が表示されます。

4 ＜お使いのデバイス＞の ∨ をクリックすると、

5 このアカウントでログインしているデバイスの一覧が表示されます。

Section

72

セキュリティを強化しよう

キーワード

- 不正アクセス対策
- 2段階認証プロセス
- 確認コード

Gmailでは不正アクセス対策として、2段階認証プロセス機能を用意し、セキュリティ強化を図っています。ログインのたびにパスワードや確認コードの入力を求められるので敬遠されがちですが、不安な場合は登録しておきましょう。なお、この設定には携帯のメールアドレスを取得している必要があります。

1 2段階認証プロセスを設定する

Key word 2段階認証プロセス

2段階認証プロセスは、Gmailのセキュリティ対策の1つで、パスワードと確認コードの2段階の入力で、ログインを確認する方法です。毎回ログインのたびに入力するのは面倒な面もありますが、不正ログインを防ぐために、設定しておくとよいでしょう。

1 Gmail画面で<設定>をクリックし、

2 <すべての設定を表示>をクリックして、

3 <設定>画面を表示します。

4 <アカウントとインポート>タブをクリックし、

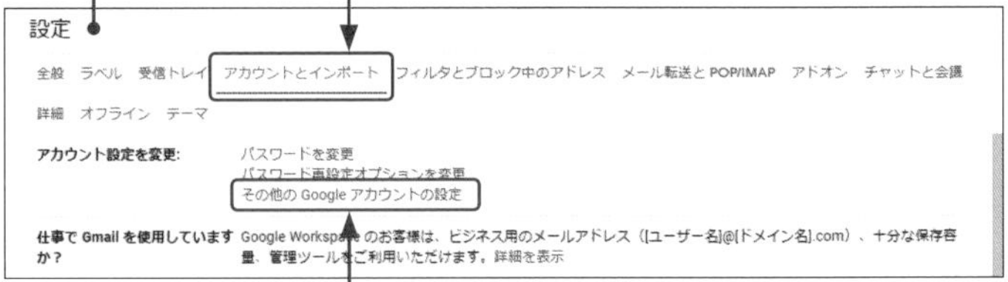

5 <その他のGoogleアカウントの設定>をクリックします。

6 <Googleアカウント>画面が表示されるので、

7 <セキュリティ>をクリックし、

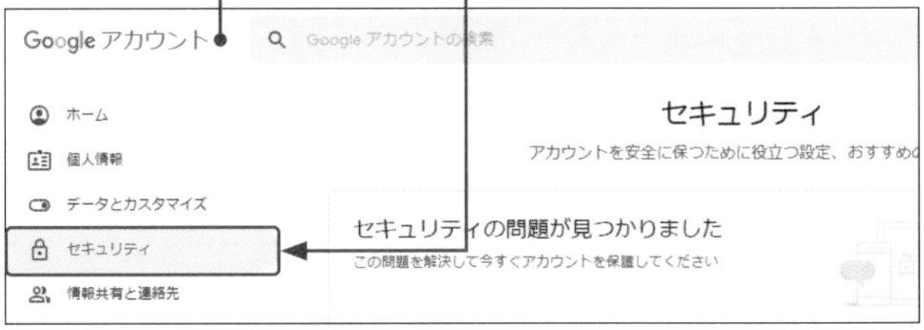

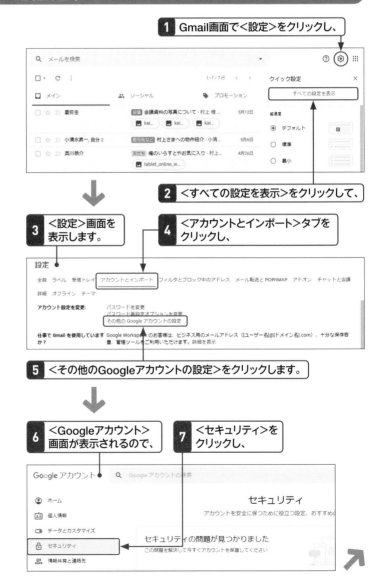

8 Googleへのログインの<2段階認証プロセス>をクリックします。

9 <2段階認証プロセス>画面が表示されるので、

10 <使ってみる>をクリックします。

11 パスワードを入力して、

12 <次へ>をクリックします。

Memo 2段階認証プロセスでのログイン

2段階認証プロセスを有効にすると、Gmailのログイン時に確認コードが必要となります。この確認コードは、携帯電話にメールで送られてくるので、2段階認証プロセス有効時にはメールの受信が可能な携帯電話（スマートフォン）が必要となります。

13 電話番号（Sec.04参照）を入力し、

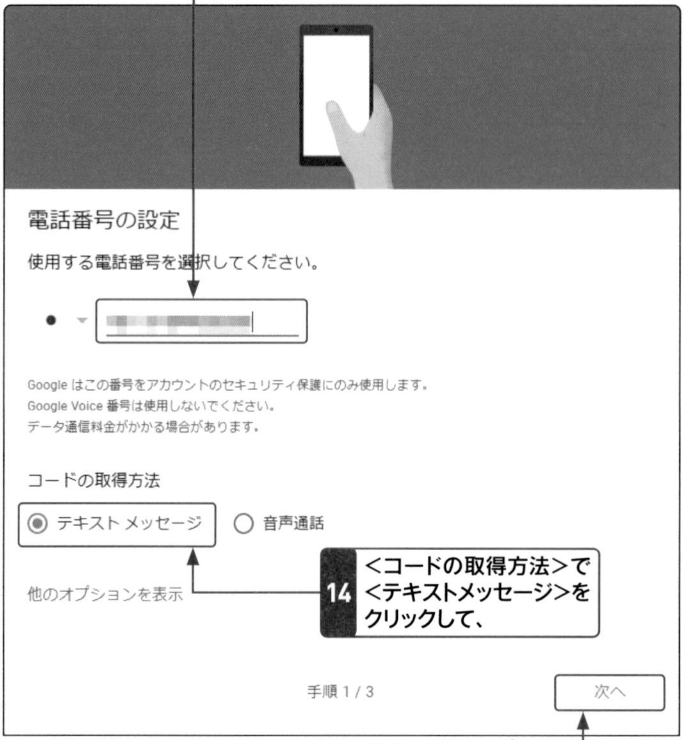
電話番号の設定
使用する電話番号を選択してください。
Google はこの番号をアカウントのセキュリティ保護にのみ使用します。
Google Voice 番号は使用しないでください。
データ通信料金がかかる場合があります。
コードの取得方法
テキスト メッセージ
音声通話
他のオプションを表示
手順 1 / 3
次へ

14 <コードの取得方法>で<テキストメッセージ>をクリックして、

15 <次へ>をクリックします。

16 携帯電話で受け取ったコードを入力して、

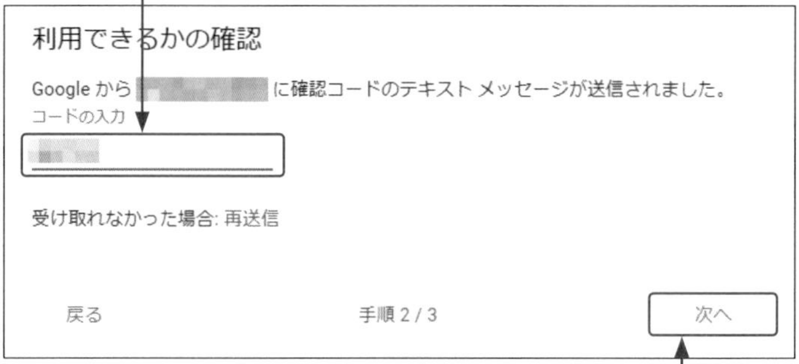
利用できるかの確認
Google から に確認コードのテキスト メッセージが送信されました。
コードの入力
受け取れなかった場合: 再送信
戻る
手順 2 / 3
次へ

17 <次へ>をクリックします。

確認が完了しました。2 段階認証プロセスを有効にしますか？
2 段階認証プロセスの仕組みは以上です。お使いの Google アカウント muneko.mura0202@gmail.com で 2 段階認証プロセスを有効にしますか？
手順 3 / 3
有効にする

18 <オンにする>をクリックします。

Q&A

Question 01 » AndroidでGmailを使いたい！

Question 02 » iPhone／iPadでGmailアプリを使いたい！

Question 03 » iPhone／iPadのメールアプリでGmailを使いたい！

Question 04 » Googleにバグなどの報告をしたい！

Question 05 » 送信メッセージの既定の書式は変更できない？

Question 06 » メールが＜受信トレイ＞に入らない！

Question 07 » メールが＜ゴミ箱＞に入ってしまう！

Question 08 » Gmailの保存容量を知りたい！

Question 09 » 自分がメーリングリスト宛に送ったメールが受信トレイに表示されない！

Question 10 » パスワードを変更したい！

Question 11 » 「再設定用の電話番号が変更されました」というメールが届いた！

Question 12 » Googleアカウントのパスワードを忘れてしまった！

Q01 AndroidでGmailを使いたい！

A AndroidにはGmailが標準でインストールされています。

Gmailアプリは Androidのスマートフォンに必ずインストールされており、スマートフォンを利用するためにログインの設定をしたGoogleアカウントでメールの送受信を行うことができます。GmailアプリでGoogleアカウントのメールを使いたいときは、Gmailアプリのアイコンをタップして起動します。
ここでは、Gmailの起動とメールの送受信方法、スターを付ける、アーカイブする、ラベルを付けるなどのメールの整理機能をかんたんに紹介します。

Gmail を起動する

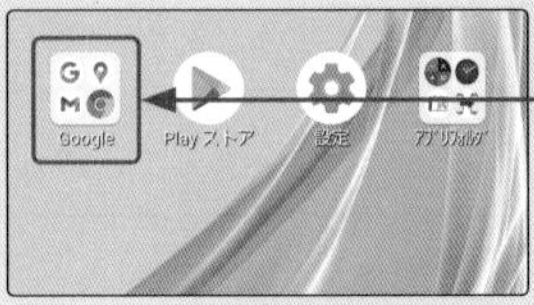

1 ホーム画面の<Google>をタップし、

2 <Gmail>をタップすると、

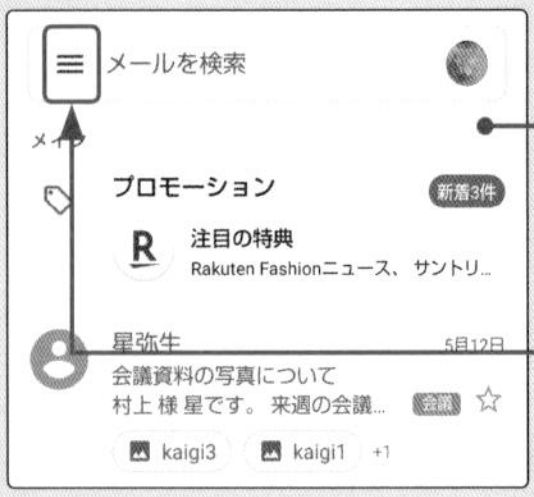

3 Gmailアプリが起動し、メイン画面が表示されます。

4 ここをタップすると、

5 タブやラベルの一覧が表示されます。

受信したメールを読む

受信メールを読むには、＜メイン＞画面を開き、受信メールの一覧から読みたいメールをタップします。受信メールの返信は、↰をクリックして返信用の画面を表示します。

1 <メイン>をタップし、<メイン>画面を表示して、

2 読みたいメールをタップします。

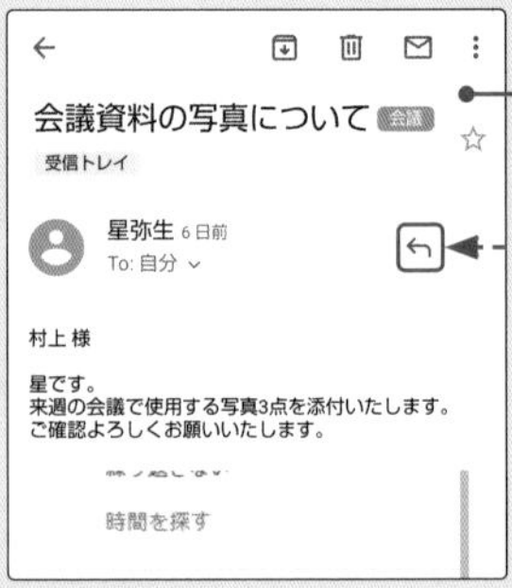

3 メールのメッセージが表示されます。

ここをタップすると返信できます。

メールを作成して送信する

メールを作成して送信する場合は、受信メール一覧を表示し、＜作成＞タップして、メールを作成して ▷ をタップして送信します。

Q&A

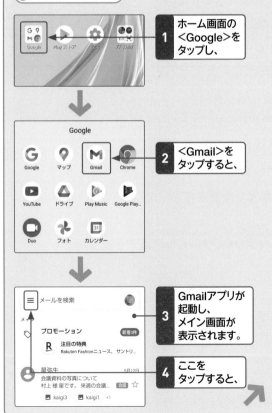

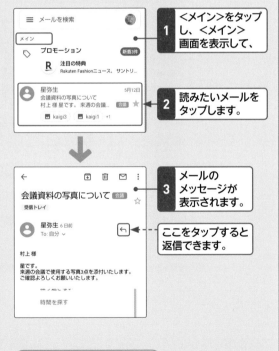

1 <作成>をタップすると、

2 メッセージ作成画面が表示されるので、メールを作成して、

3 <送信>をタップします。

受信メールにスターを付ける

重要なメールやあとで返信する必要のあるメールなどには、メールの☆印をタップしてスターを付けることができます(Sec.39参照)。スターは、受信メール一覧の右側に表示されます。

1 ここをタップすると、

2 スターが付きます。

メールをアーカイブする

メインにたくさんのメールがあると、目的のメールが探しにくくなります。普段は必要がないメールをアーカイブ(Sec.36参照)することにより、メインの一覧に表示されなくなります。メールをアーカイブするには、メールを選択して<アーカイブ>をタップします。アーカイブしたメールは<すべてのメール>を開くと表示することができます。

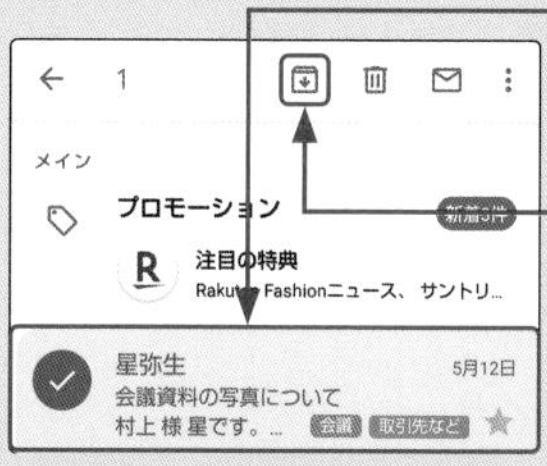

1 メールをタップして開いて、

2 <アーカイブ>をタップします。

3 選択したメールがアーカイブされます。

受信メールにラベルを付ける

メールにラベルを付けて管理する場合は、ラベルを付けるメールを選択し、ラベル名をタップします。1つのメールに複数のラベルを付けることもできます。特定のラベルの付いたメールを探すには、スレッド一覧でラベル名をタップして一覧を表示します。
なお、メールにラベルを付けることはできますが、ラベル自体を作成することはできません。新規ラベルの作成は、Webブラウザ版のGmailで設定する必要があります(Sec.41参照)。

1 ラベルを付けるメールをタップして選択し、

2 ここをタップします。

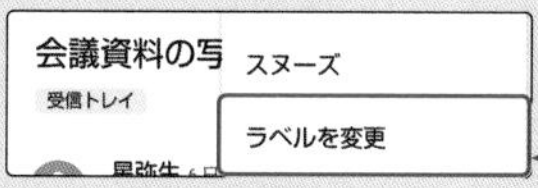

3 <ラベルを変更>をタップし、

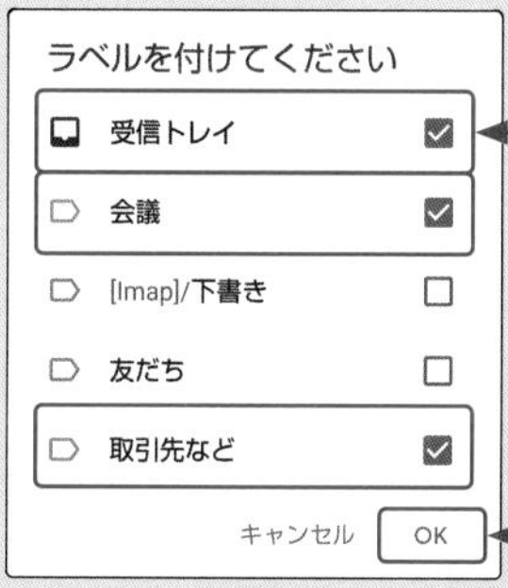

4 付けるラベルをタップして、

5 <OK>をタップすると、ラベルが付きます。

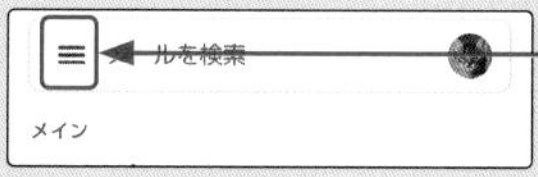

6 <メイン>画面でここをタップし、

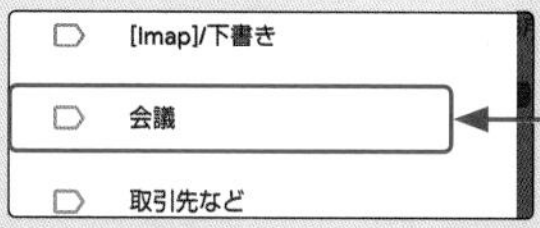

7 読みたいメールのラベル名をタップすると、

8 指定のラベルが付いたメールが表示されます。

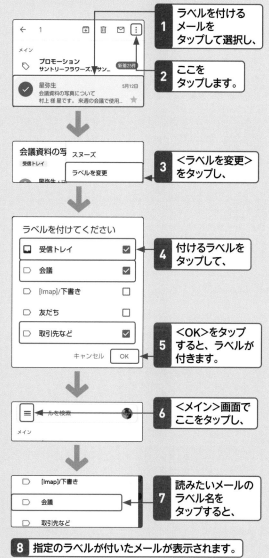

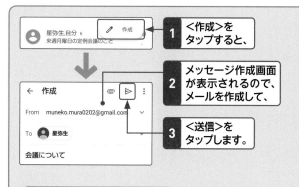

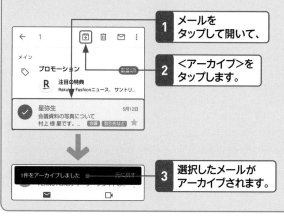

Q02 iPhone／iPadでGmailアプリを使いたい！

A Gmailアプリをインストールして、ログインします。

iPhoneでGmail用のアプリを利用するには、App StoreでGmailアプリ（無料）を検索し、インストールして、ログインします。まず、App Storeで「gmail」と入力して検索し、検索結果画面で＜Gmail：Googleのメール＞の＜入手＞をタップして、＜インストール＞をタップすると、インストールできます。なお、iTunes Storeのパスワードを保存していない場合は、途中で入力する必要があります。

Gmail アプリのインストール

1 App Storeで「gmail」と入力して検索し、＜gmail＞をタップします。

2 ＜Gmail - Googleのメール＞の＜入手＞をタップします。

3 認証を行います（図はTouch IDの場合）。

4 インストールが開始します。

5 ＜Gmail - Googleのメール＞画面で＜開く＞をタップすると、Gmailが起動します。

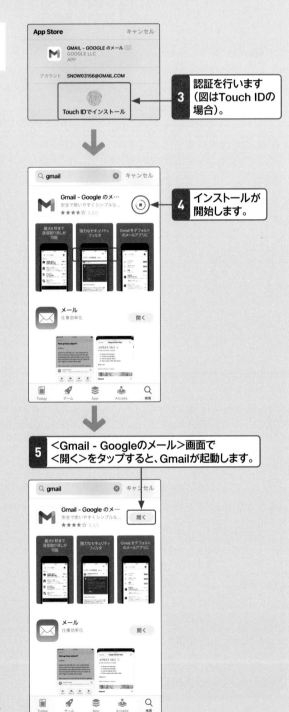

Gmail アプリにログインする

次に、Gmailを初めて起動する際やログアウト状態の場合にGmailアプリを起動すると、「ログイン」画面が表示されます。すでにGoogleアカウントを持っている場合は、Googleアカウントのメールアドレスとパスワードを入力して<ログイン>をタップし、Gmailにログインします。アカウントを持っていない場合は<アカウントを作成>をタップして作成します。

1 Gmailのアイコンをタップします。

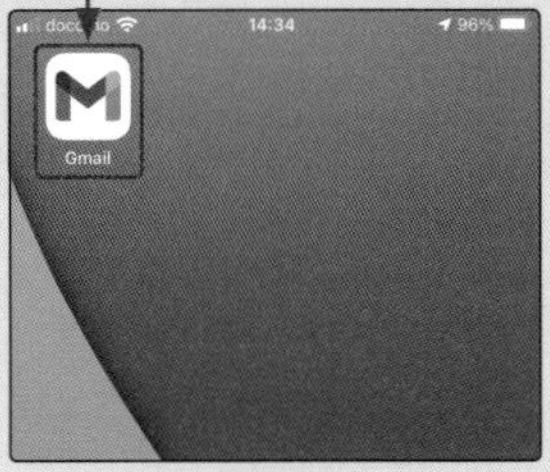

2 <ログイン>をタップし、

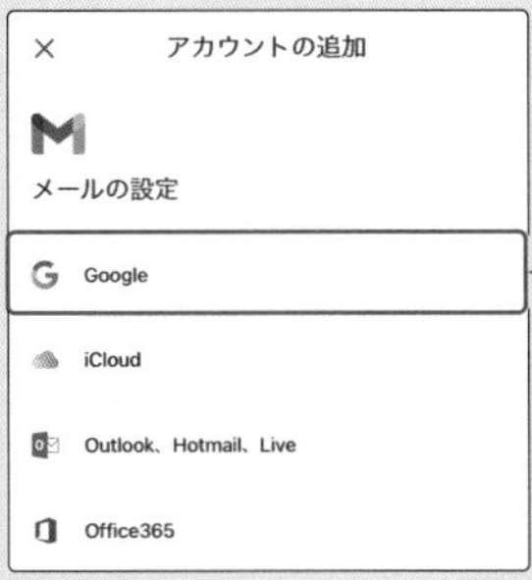

3 <Google>をタップします。

4 <ログイン>画面でGoogleアカウントのメールアドレスを入力し、

5 <次へ>をタップします。

Googleアカウントがない場合は<アカウントを作成>をタップして、アカウントを作成します。

6 パスワードを入力し、

7 <次へ>をタップします。

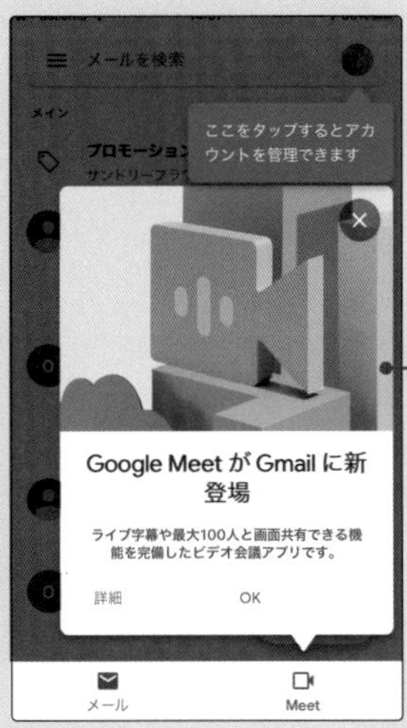

8 Gmailが起動し、<メイン>画面が表示されます。

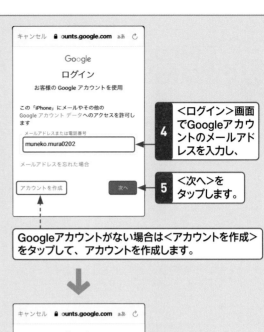

Q 03

iPhone／iPadのメールアプリでGmailを使いたい！

A

メールアプリにGoogleアカウントを設定します。

iPhone／iPadのメールアプリでGmailのメールを送受信するには、＜設定＞画面にある＜メール＞で＜アカウントを追加＞を選択し、Googleアカウントの設定をします。ラベルをフォルダーとして扱えるほか、アーカイブやスターなどの整理機能にも対応しています。

1 ホーム画面で＜設定＞をタップし、

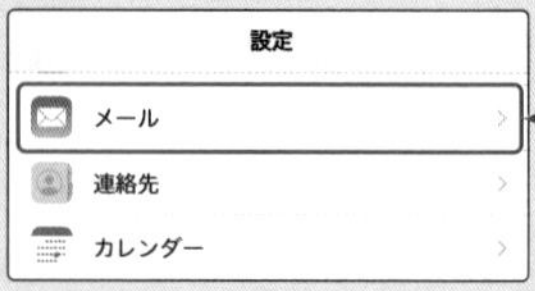

2 ＜メール＞をタップします。

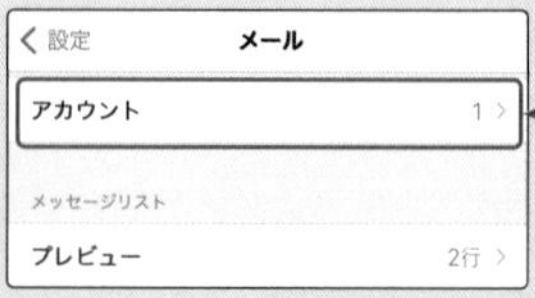

3 ＜アカウントとパスワード＞をタップします。

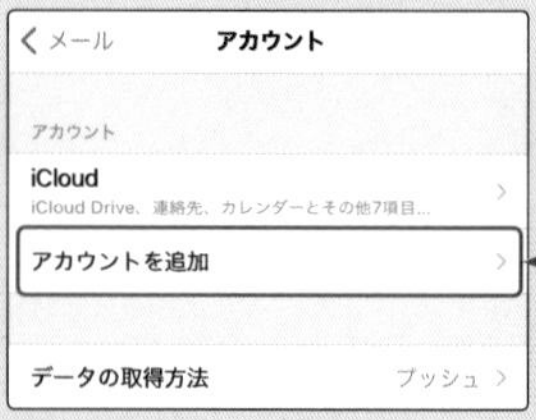

4 ＜アカウントを追加＞をタップします。

5 ＜Google＞をタップします。

6 Googleアカウントのメールアドレスを入力し、

7 ＜次へ＞をタップします。

8 パスワードを入力し、

9 ＜次へ＞をタップします。

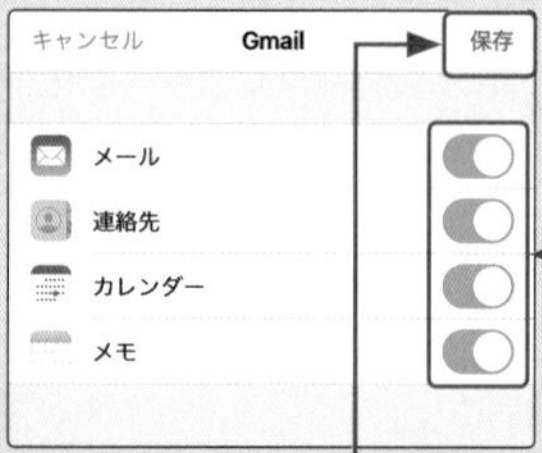

10 同期する項目をオンにし、

11 ＜保存＞をタップします。

12 「アカウント」にGmailが追加されていることが確認できます。

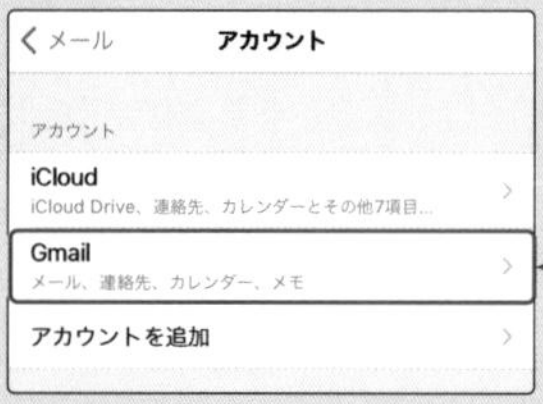

Q&A

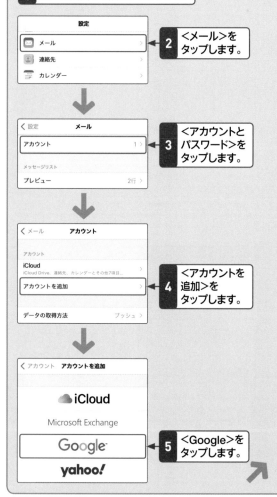

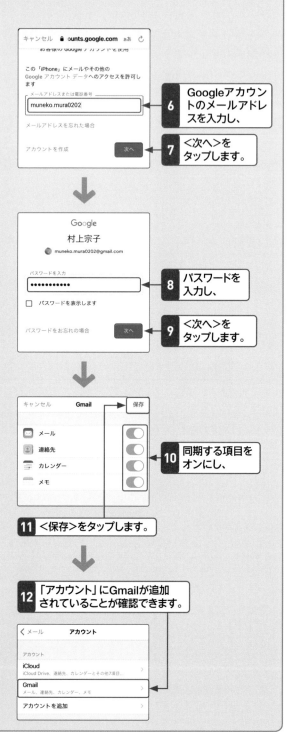

Q 04 Googleにバグなどの報告をしたい！

A フィードバック機能を使ってGoogleに連絡します。

Gmailを利用している際、バグ（システムの不具合）を発見したときなどはフィードバック機能を使うと、Googleに報告することができます。＜ヘルプ＞をクリックし、＜フィードバックを送信＞をクリックします。文字の入力欄には報告内容を記入します。＜スクリーンショットを含める＞にチェックを付けると、現在表示されている画面が出てきます。それをクリックすると、重要なところにハイライトを付けたり、機密情報などを隠すなどの加工をして、報告と一緒に送信することができます。

1 ＜ヘルプ＞をクリックします。

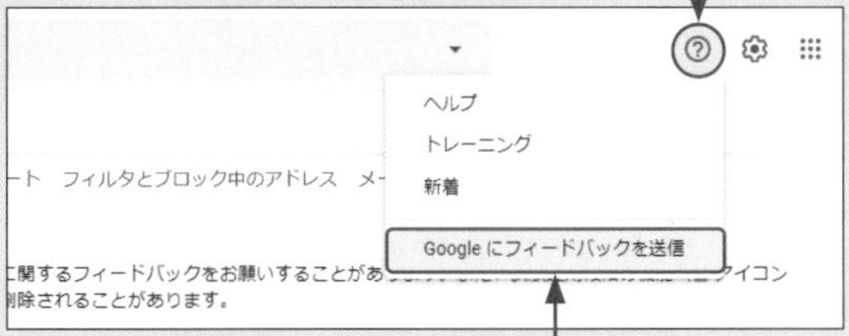

2 ＜Googleにフィードバックを送信＞をクリックします。

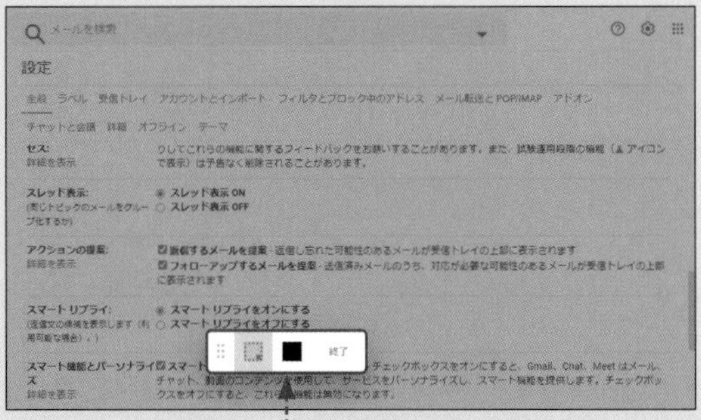

報告と一緒に画像を送りたい場合は、加工してから送ることもできます。

Q 05 送信メッセージの既定の書式は変更できない？

A 自分用の書式スタイルを既定にすることができます。

新規メッセージ画面に入力する書式スタイルは、既定では以下のように設定されています。

- フォント：Sans Serif　• サイズ：標準
- テキストの色：黒　• 背景色：白

この書式スタイルは、自分用に設定し直して、つねに既定にすることができます。ただし、既定として変更できるのは、フォント、サイズ、テキストの色のみです。設定するには、Gmail画面で＜設定＞をクリックし、＜すべての設定を表示＞をクリックすると表示される＜設定＞画面の＜全般＞タブで行います。設定を取り消したい場合は、＜書式をクリア＞をクリックすると、既定の書式スタイルにリセットされます。

1 ＜既定の書式スタイル＞の書式設定アイコンをクリックし（ここでは＜サイズ＞）、

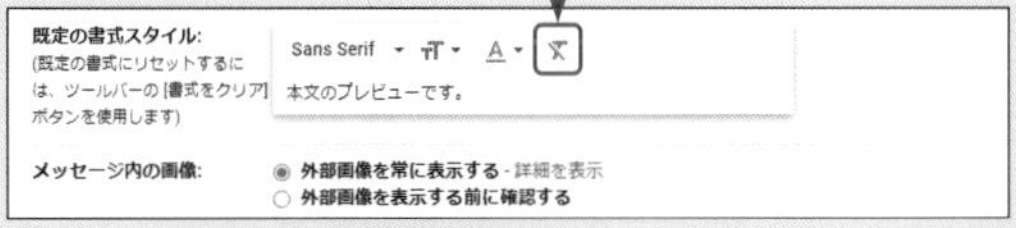

2 サイズをクリックすると（ここでは＜最大＞）、

3 ＜本文のプレビューです＞のサイズが変更になります。

4 同様に、変更したい書式を設定し（ここではフォントと色を変更）、＜変更を保存＞をクリックします。

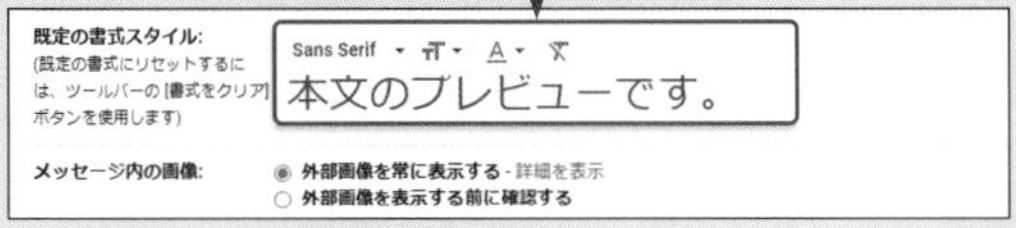

Q06 メールが<受信トレイ>に入らない！

A フィルタの設定によるものと考えられます。設定を確認しましょう。

受信したメールが<受信トレイ>の<メイン>タブに見当たらない場合は、<ソーシャル>や<プロモーション>などほかのタブに入っているかもしれません。あるいは、<迷惑メール>として振り分けられている可能性もあります。まずは、各タブや<迷惑メール>をクリックして確認しましょう。
いずれにも入っていない場合は、フィルタを設定しているか、もしくはメールの自動転送を設定している可能性があります。Gmail画面の<設定>をクリックし、<すべての設定を表示>をクリックして、<設定>画面を表示して確認しましょう。
フィルタを設定している場合は、Sec.44を参照してフィルタの編集画面を表示し、<受信トレイをスキップ（アーカイブする）>をオフにします。メールの自動転送を設定している場合は、<メール転送とPOP／IMAP>タブで<Gmailのメールを受信トレイに残す>を指定します。いずれかの設定を変更したら、最後に<変更を保存>をクリックします。

フィルタの場合

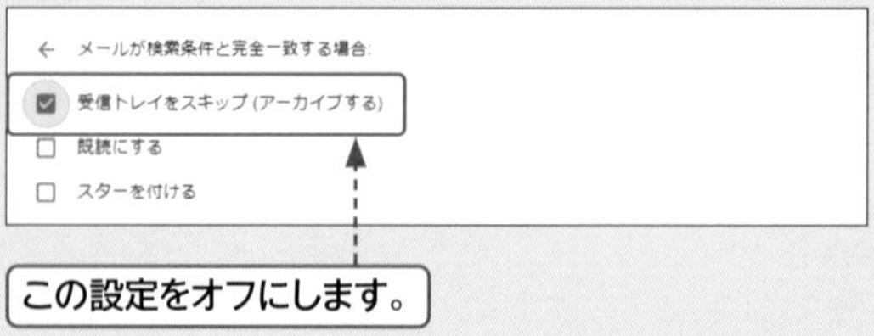

自動転送の場合

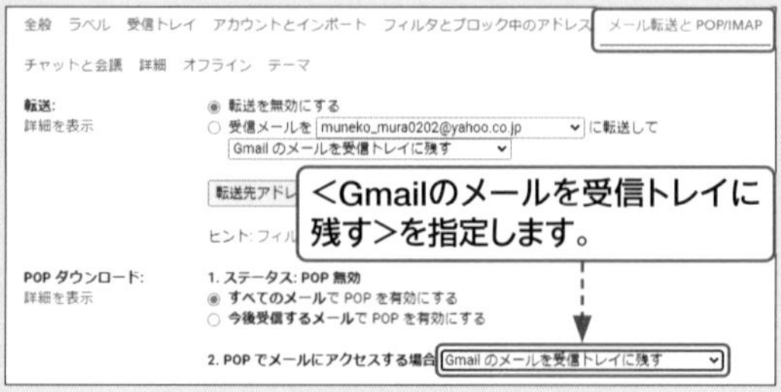

Q07 メールが<ゴミ箱>に入ってしまう！

A フィルタで<削除する>を設定しています。

受信したメールが<ゴミ箱>に入ってしまう原因としては、フィルタの設定で<削除する>にしている可能性があります。
まずは、フィルタの編集画面で確認しましょう。<設定>をクリックし、<すべての設定を表示>をクリックして、<設定>画面を表示します。<フィルタとブロック中のアドレス>タブをクリックし、作成したフィルタの横にある<編集>をクリックして編集画面を表示します。右下の<続行>をクリックし、処理設定の画面で<削除する>がオンになっていない場合はオフにして、ほかの処理を指定します。設定が終了したら、<フィルタを更新>をクリックします。
なお、フィルタ自体を削除する場合は、<フィルタ>タブで作成したフィルタの<削除>をクリックします。

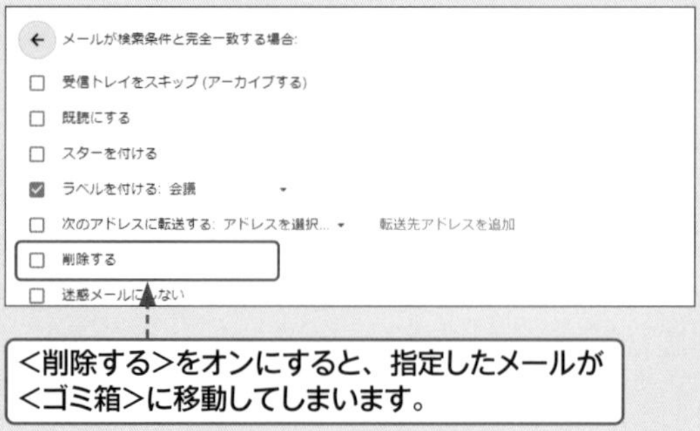

Q 08 Gmailの保存容量を知りたい！

A 無料で利用できるのは約15GBです。

Gmailの保存容量とは、Gmailで利用する＜受信トレイ＞内のメールと添付ファイル、＜すべてのメール＞や＜ゴミ箱＞内のメールも含まれます。Gmail画面の左下に現在の使用量が表示されているので、目安にするとよいでしょう。また、＜管理＞をクリックすると、＜ドライブストレージ＞画面が表示され、容量の合計や現在の利用プランが表示されます。なお、この容量はGoogleサービス全体での容量となります。容量を増やしたい場合はGoogle Oneと呼ばれる有料プランに加入する必要があります。100GB～30TBまでの容量を選択することが可能で、月額払いと年額払いの2種類の支払い方法があります。年額払いの方がお得になりますので、お試しではなく長く使いたい場合は年額払いにすると良いでしょう。

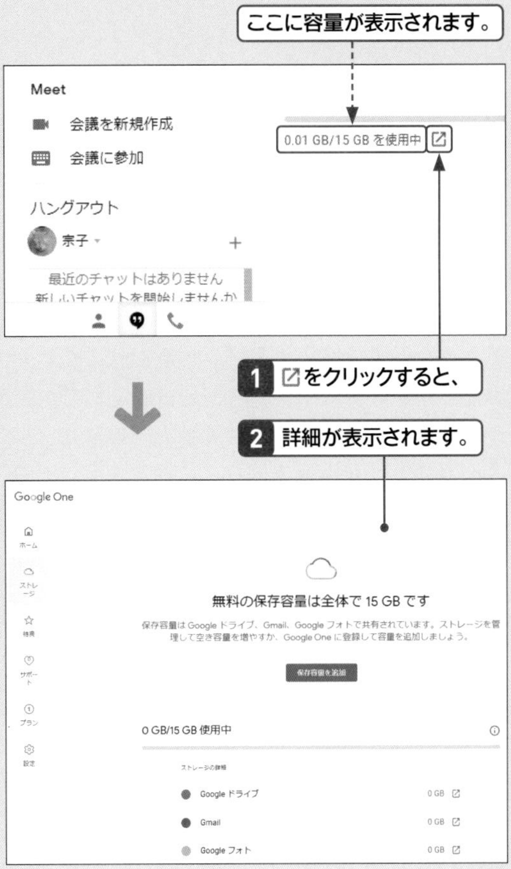

Q 09 自分がメーリングリスト宛に送ったメールが受信トレイに表示されない！

A 自動的に＜受信トレイ＞をスキップしてアーカイブするように設定されています。

自分も宛先に含まれるメールを送信した場合、その受信メールは＜受信トレイ＞に入ります。登録しているメーリングリストへメールを送信した場合、通常はメーリングリストのメンバーである自分宛にも受信されるはずですが、Gmailでは整理する手間を省くために、自動的に＜受信トレイ＞をスキップしてアーカイブするように設定しています。これに気付かずに、何度もメールを送信してしまう場合があるので、＜送信済みメール＞または＜すべてのメール＞を開いて、メーリングリストへ送信したメールの送受信を確認してください。

なお、このメールにほかのメンバーが返信したメールや、エラーで送信できなかったメールは、＜受信トレイ＞に入ります。

Q 010 パスワードを変更したい！

A Googleのアカウント設定画面で変更できます。

Googleアカウントのパスワードは、いつでも変更できます。また、安全性の上でも、定期的にパスワードを変更することをおすすめします。パスワードを変更する方法は、以下のとおりです。なお、パスワードを変更したあと、確認のメールが指定したメールアドレスに届きます。自分でパスワードを変更した場合は、とくに何もする必要はありません。

1 アカウントの画像をクリックし、

2 <Googleアカウントを管理>をクリックします。

3 <Googleアカウント>画面が表示されるので、

4 <セキュリティ>をクリックします。

5 <パスワード>をクリックし、

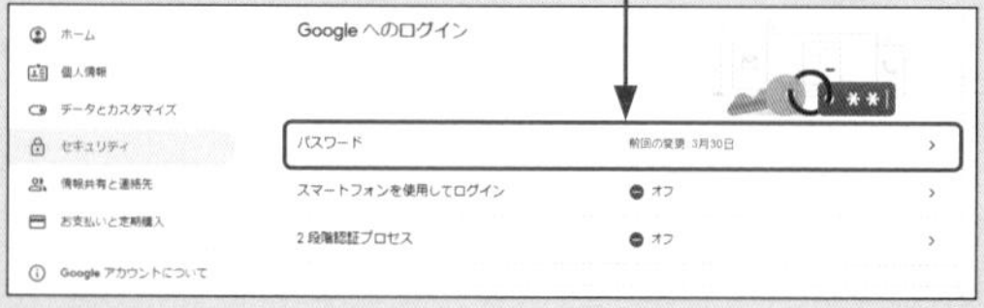

6 登録しているパスワードを入力して、

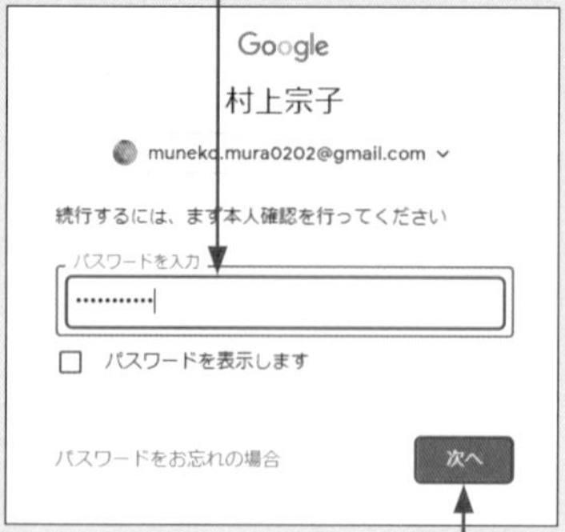

7 <次へ>をクリックします。

8 <新しいパスワード>に、変更するパスワードを入力し、

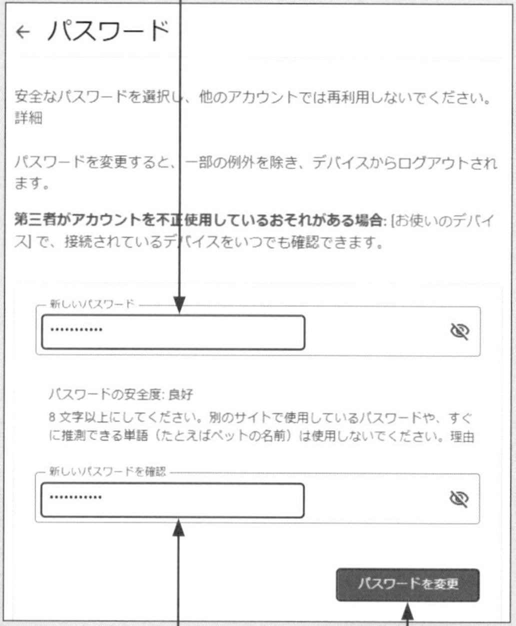

9 <新しいパスワードを確認>に、再度パスワードを入力して、

10 <パスワードを変更>をクリックします。

11 パスワードが変更されました。

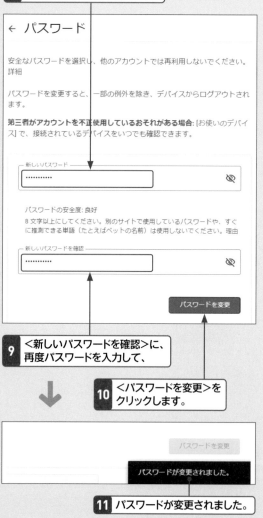

Q11 「再設定用の電話番号が変更されました」というメールが届いた！

A 変更した覚えがなければ、Googleアカウントのセキュリティを強化します。

Googleアカウントの登録の初期設定時に携帯電話番号を登録すると、指定したメールアドレス宛に、「再設定用の電話番号が変更されました」というメールが届きます。変更した覚えがないのにこのメールが届いた場合は、ほかの人が携帯電話番号を変更した際に、＜現在のメールアドレス＞に誤ったメールアドレスを指定したことが原因と考えられます。登録携帯番号を変更した覚えがない場合は、セキュリティ診断（Sec.71参照）などで、身に覚えがないアクセスなどがないか確認し、もしあった場合は、パスワードの変更やアカウントの復元などを行って、以降は不正なアクセスがされないようにしてください。

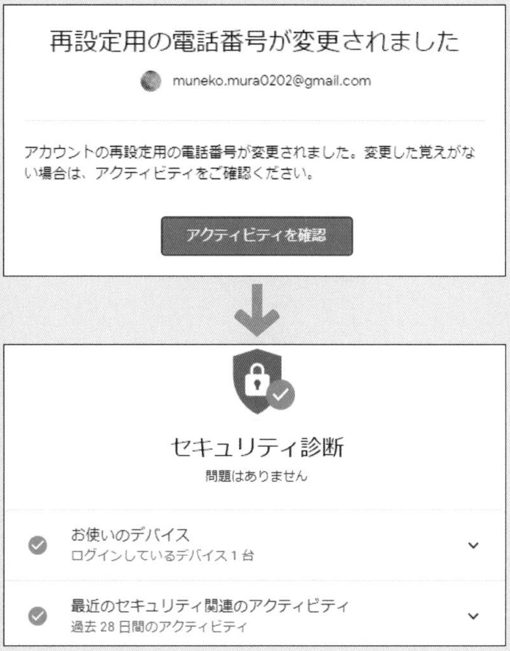
再設定用の電話番号が変更されました
muneko.mura0202@gmail.com
アカウントの再設定用の電話番号が変更されました。変更した覚えがない場合は、アクティビティをご確認ください。
アクティビティを確認
セキュリティ診断
問題はありません
お使いのデバイス
ログインしているデバイス 1 台
最近のセキュリティ関連のアクティビティ
過去 28 日間のアクティビティ

Q12 Googleアカウントのパスワードを忘れてしまった！

A 再設定用のメールアドレスを設定しておくと便利です。

Googleアカウントのパスワードを忘れてしまった場合、再設定用のメールアドレスを設定しておくと、比較的簡易にパスワードの変更を行うことができます。
＜パスワードをお忘れの場合＞をクリックし、＜最後のパスワード＞を入力してそれが間違えていた場合は、再設定用メールアドレスに確認コードが送信されます。この確認コードを入力すると、新たなパスワードを設定することができます。そのほかにもGoogleアカウントの作成時期を回答したり、連絡先メールアドレスを登録することでも再設定は可能ですが、あらかじめメールアドレスか電話番号を設定しておいたほうが便利です。

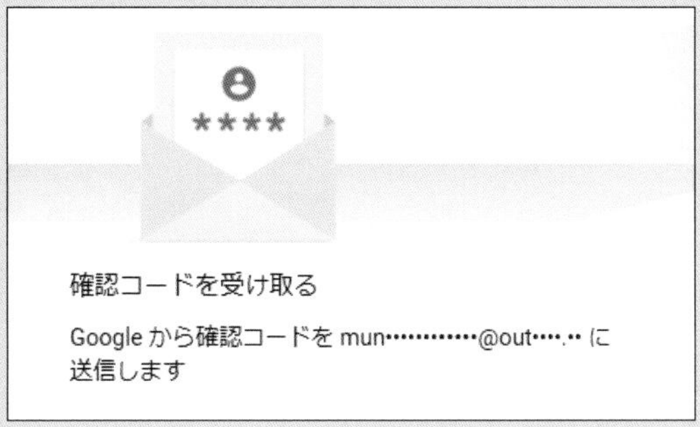
****
確認コードを受け取る
Google から確認コードを mun••••••••••@out••••.•• に送信します

Index

数字・英字

あ行

か行

さ行

た行

は行

ま行

や行

ら行

お問い合わせについて

本書に関するご質問については、本書に記載されている内容に関するもののみとさせていただきます。本書の内容と関係のないご質問につきましては、一切お答えできませんので、あらかじめご了承ください。また、電話でのご質問は受け付けておりませんので、必ずFAXか書面にて下記までお送りください。
なお、ご質問の際には、必ず以下の項目を明記していただきますよう、お願いいたします。

① お名前
② 返信先の住所またはFAX番号
③ 書名（今すぐ使えるかんたん　Gmail入門　［改訂3版］）
④ 本書の該当ページ
⑤ ご使用のOSとソフトウェアのバージョン
⑥ ご質問内容

なお、お送りいただいたご質問には、できる限り迅速にお答えできるよう努力いたしておりますが、場合によってはお答えするまでに時間がかかることがあります。また、回答の期日をご指定なさっても、ご希望にお応えできるとは限りません。あらかじめご了承くださいますよう、お願いいたします。

問い合わせ先

〒162-0846
東京都新宿区市谷左内町21-13
株式会社技術評論社　書籍編集部
「今すぐ使えるかんたん　Gmail入門　［改訂3版］」質問係
FAX：03-3513-6167
URL：https://book.gihyo.jp/116

■お問い合わせの例

FAX

① お名前
技術　太郎
② 返信先の住所またはFAX番号
03-XXXX-XXXX
③ 書名
今すぐ使えるかんたん
Gmail入門　［改訂3版］
④ 本書の該当ページ
83ページ
⑤ ご使用のOSとソフトウェアのバージョン
Windows 10
Microsoft Edge 91.0.864.37
⑥ ご質問内容
手順5の画面が表示されない

※ご質問の際に記載いただきました個人情報は、回答後速やかに破棄させていただきます。

今《いま》すぐ使《つか》えるかんたん
Gmail《ジーメール》入門《にゅうもん》　［改《かい》訂《てい》3版《ばん》］

2021年7月15日　初版　第1刷発行

著　者●技術評論社編集部《ぎじゅつひょうろんしゃへんしゅうぶ》
発行者●片岡　巌
発行所●株式会社 技術評論社
東京都新宿区市谷左内町21-13
電話　03-3513-6150　販売促進部
03-3513-6160　書籍編集部
編集●春原　正彦
装丁●田邉　恵里香
本文デザイン●リンクアップ
DTP●技術評論社制作業務部
製本／印刷●大日本印刷株式会社

定価はカバーに表示してあります。

ISBN978-4-297-12136-5　C3055
Printed in Japan